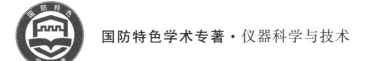

国防特色学术专著·仪器科学与技术

"十二五"国家重点图书
出 版 规 划 项 目

谐振式传感器
（第 2 版）

樊尚春　著

U0157988

北京航空航天大学出版社

内 容 简 介

本书讨论了谐振式传感器所涉及的共性基础理论和几种有代表性的谐振式传感器:谐振式压力传感器、谐振式加速度传感器、谐振式角速度传感器、谐振式直接质量流量传感器和声表面波谐振式传感器等。

本书可供仪器科学与技术、控制科学与工程、机械工程等学科领域的研究生、高年级本科生,以及工程技术人员参考。

图书在版编目(CIP)数据

谐振式传感器 / 樊尚春著. -- 2 版. -- 北京 :北京航空航天大学出版社,2023.8
ISBN 978 - 7 - 5124 - 4010 - 4

Ⅰ. ①谐… Ⅱ. ①樊… Ⅲ. ①谐振传感器 Ⅳ.
①TP212

中国国家版本馆 CIP 数据核字(2023)第 013269 号

版权所有,侵权必究。

谐振式传感器(第 2 版)

樊尚春 著

策划编辑 冯维娜　　责任编辑 蔡 喆

*

北京航空航天大学出版社出版发行

北京市海淀区学院路 37 号(邮编 100191)　http://www.buaapress.com.cn
发行部电话:(010)82317024　传真:(010)82328026
读者信箱: goodtextbook@126.com　邮购电话:(010)82316936
北京时代华都印刷有限公司印装　各地书店经销

*

开本:787×1 092　1/16　印张:12.75　字数:326 千字
2023 年 8 月第 2 版　2023 年 8 月第 1 次印刷　印数:1 500 册
ISBN 978 - 7 - 5124　4010 - 4　定价:49.00 元

若本书有倒页、脱页、缺页等印装质量问题,请与本社发行部联系调换。联系电话:(010)82317024

第 2 版前言

本书(专著)是"十二五"国家重点图书出版规划项目,于 2013 年 12 月首次出版。自出版以来,本书受到了许多专家、教师和学生的关注,期间收到一些读者来信,就书中涉及的谐振式传感器技术的发展、新原理、新技术以及出现的新应用进行研讨,提出了一些宝贵的建议和意见。在此,作者对为本书修订再版给予帮助与支持的读者表示衷心的感谢!

借再版之机,作者全面认真地检查了第 1 版,对当时出版中的疏漏逐一进行了核实、修正与补充;进一步完善了章节内容,包括相关知识点之间的衔接;进一步强化了全书的整体结构以及内容的科学性、系统性、逻辑性,使不同章节内容的相互联系更加紧密。同时,结合当前谐振式传感器的发展现状,对一些重点内容进行了增补和修改。其中增补的内容主要反映在:谐振式传感器核心关键问题的论述;谐振敏感元件品质因数对开环检测的影响;石墨烯材料、石墨烯谐振器、石墨烯谐振式压力传感器、石墨烯谐振式加速度传感器、石墨烯谐振式角速度传感器;压电激励谐振筒压力传感器;谐振式硅微传感器开环特性测试系统;谐振式直接质量流量传感器双闭环控制系统;SAW 谐振式角速度传感器等;本书可作为相关专业研究生或高年级本科生研修课的教材,因此修订了部分思考题,同时增加了 41 个思考题,使思考题总数达到了 82 个。

本书的特色主要体现在以下方面。

1. 进一步强化以谐振式传感器敏感机理为主线的编写思路,强调精确建立谐振式敏感结构参数定量模型,为谐振式敏感结构参数的设计提供了理论基础;突出了当今谐振式传感器技术的先进性、前沿性、综合性,定位于专业"学术特长"。

2. 作者以及带领团队在谐振式传感器研究中获得的一些最新成果,包括主持获得的国家科技成果,及时引入书中。如双模态谐振筒式压力传感器闭环控制系统与信号解算方法,谐振式直接质量流量传感器的敏感结构的抗干扰优化设计、数字式双闭环控制系统、微弱次干扰因素影响抑制方法、直接输出频率的硅微机械谐振式角速率传感器敏感结构模型、石墨烯谐振式传感器等。

3. 为了遵循读者的认知规律,使其更好地掌握谐振式传感器涉及的重要知识点,作者尝试以系统论讲述谐振式传感器,创新提出了"自然现象→科学问题→关键技术→工程应用→完善提高"的闭环学术研究与教学模式,有利于学生扎实掌握谐振式传感器知识、形成传感器的高阶思维。针对谐振式传感器的关键问题，精心设置了82个思考题，既能满足不同层次的教学需要，也提供了深入研究的线索。

清华大学丁天怀教授审阅了本书全稿并提出了许多宝贵的建议和意见，在此表示衷心感谢。本书作者联系方式:fsc@buaa.edu.cn。

作　者

2023 年 1 月

前　　言

　　传感器是信息技术的前端,是信息获取的核心,在当前科学技术进步中发挥着重要作用。基于自然界普遍存在的谐振现象,以敏感元件固有的谐振特性随被测量变化规律实现的谐振式传感器,与模拟式传感器相比,具有直接数字式输出、迟滞小、重复性好、稳定性好等优点,被公认为高性能传感器。谐振式传感器是当前传感器技术领域研究的重点与热点,更是以微处理器为核心的自动化与智能化测控系统中的首选,在航空、航天、石油、化工、冶金、食品、气象、计量等领域具有重要应用价值。

　　以自主研制高性能谐振式传感器为重点,把握谐振式传感器发展趋势,紧密围绕国防现代化与国民经济建设中的急需,作者自1984年起一直致力于谐振式传感器的理论研究、实验研究与工程实践,取得了一些成果,也积累了一定的教学经验。本书便是这些成果与经验的总结。

　　在开展谐振式传感器的研究过程中,作者渐渐地感悟到科学研究工作的基石是"源于自然",其灵魂是"创新"与"和谐"。而"和谐"正是谐振式传感器工作机理的本质。同时,伴随着研究过程中的不断思考与升华,逐渐形成了以"自然现象→科学问题→关键技术→工程应用→完善提高"为主线,五个重要环节相互依存、循环往复、不断优化的科学研究思路,如图0.1所示。

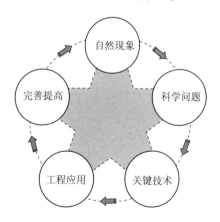

图 0.1　科学研究中的五个重要环节

　　科学研究工作源于自然。第一步是观察自然,感悟自然之妙,沿着正确方向认识自然现象、发现规律;第二步是总结规律,凝练科学问题,遵循普适原则揭示自然现象、建立模型;第三步是突破关键,提出实现途径,掌握核心技术,奠定理论跃迁、研制样机;第四步是实际应用,形成具体成果,实现批量生产用于工程实践、服务社会;第五步是日臻完善,针对实际应用,发现存在不足并加以完善提高,追求第一。

而"完善提高"的要领仍然是要进一步仔细观察"自然现象",进一步深入认识"自然现象",审视"科学问题"的凝练是否准确?"关键技术"的突破是否准确?"工程应用"的方式是否恰当? 因此上述五个重要环节应当是相互依存、循环往复、不断优化、逼近最佳的永续过程。需要指出,对于上述五个重要环节,既要准确定位、把握其内涵,更要广义理解、拓展其外延。

传感器技术的研究以基础器件、硬件为主,突出应用,突破"关键技术"的第三个环节是核心,样机研制的成功也应伴随着高层次技术创新与高水平发明专利;而要有实质性价值的创新与发明,必须要有重要规律的发现以及基础研究、应用基础研究等工作强有力的支持,即在第一个环节"自然现象"、第二个环节"科学问题"中形成有价值的成果,其表现形式主要为高水平的学术论文。第四个环节"工程应用"形成的成果应是整体性的,可以理解为科学研究成果及其成功转化,实现工程化与产业化,传感器技术稳定、可靠地批量应用,同时推动相关技术与产业的进步。第五个环节的"完善提高"更是不断追求完美、冲击世界一流水平的不竭动力。

对于谐振式传感器,最典型的技术特征是其工作于闭环系统状态,也称闭环自激状态,经典理解如图0.2所示。包括四个环节:用于敏感被测量(M)处于谐振状态的敏感元件、用于获取敏感元件谐振状态的检测单元、用于调节闭环系统中信号的放大单元、用于保证敏感元件始终处于谐振状态的激励单元。事实上,放大单元的重要作用是满足闭环系统的幅值条件和相位条件,在闭环系统中对信号进行幅值调节(或幅值放大)和相位调节。因此,谐振式传感器闭环系统的原理结构可以理解和表述为图0.3。从核心的处于谐振状态的敏感元件算起,包括五个基本要素:"敏感元件→检测单元→相位调节→幅值调节→激励单元"。

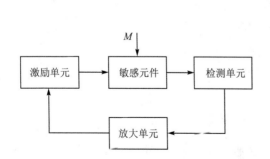

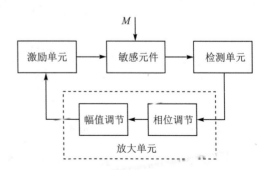

图0.2　谐振式传感器闭环系统经典原理结构　　　图0.3　谐振式传感器闭环系统原理结构图的一种理解

　　处于谐振状态的敏感元件也称谐振敏感元件,基于自然界普遍存在的谐振现象感受被测量 M,实现测量机理,可以映射为"自然现象";检测单元提取敏感元件谐振状态的有关信息(信号),通过解算得到被测量,可以映射为"科学问题";相位调节是实现闭环系统的核心与关键技术,通过优化相位条件,让谐振敏感元件在全测量范围工作于最佳谐振状态,即尽可能始终工作于敏感元件的固有频率处,以减小测量误差、提高传感器性能,可以映射为"关键技术";幅值调节就是放大闭环系统中信号的幅值与能量,关键是"放大",可以映射为"工程应用";激励单元是给谐振敏感元件不断补充所需要的谐振能量,使实用中有一定阻尼的敏感元件处于持续谐振状态,可以映射为"完善提高"。可见,谐振式传感器闭环系统的五个基本要素,与科学研究中的五个重要环节具有一一映射关系。

　　基于此,谐振式传感器闭环系统原理结构图可以表述为图0.4。

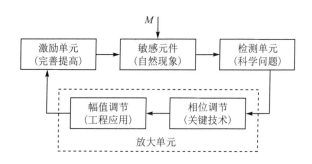

图0.4　谐振式传感器闭环系统原理结构图的一种表述

　　作者试图以上述思路审视在谐振式传感器方面所开展的科学研究工作,并系统讨论、总结谐振式传感器所涉及的共性基础理论和几种典型的谐振式传感器。第1章的共性基础理论包括:谐振现象及其评估、谐振式传感器的敏感机理、基本结构、闭环系统、动态特性、输出信号的检测方法、设计要点、应用特点以及谐振弹性敏感元件结构的材料等。第2～5章深入研究、重点讨论的几种典型的谐振式传感器包括:谐振弦式压力传感器、谐振膜式压力传感器、谐振筒式压力传感器、石英振梁式压力传感器、谐振式硅微结构压力传感器、石英振梁式加速度传感器、硅微机械谐振式加速度传感器、谐振式圆柱壳角速率传感器、半球谐振式角速度传感器、硅微机械谐振式角速度传感器、谐振式科氏直接质量流量传感器和声表面波谐振式传感器等。

　　在研究、讨论每一种谐振式传感器时,既重视基础理论分析,凝练科学问题开展共性研究,又重视工程实际应用,梳理核心技术开展共性研究。结合理论分析与实际应用,给出较为深入、系统的研究结果,总结一般的规律性结论,以指导谐振式传感器更深入、更系统的理论研究与工程应用。同时在每一章配有适量思考题，以便于读者掌握有关知识和开展深入研究。

　　作者在开展谐振式传感器研究过程中，先后承担、完成了 20 多项有关谐振式传感器的科研项目，包括国家自然科学基金、国家"863 计划"、国防基础科研、航空科学基金、航天创新基金等项目。在相关研究和本书总结过程中，参考并引用了一些专家、学者论著的有关内容。清华大学丁天怀教授、中国科学院电子学研究所夏善红研究员审阅了书稿并提出了许多宝贵意见与建议，在此一并表示衷心感谢。

　　谐振式传感器内容广泛且发展迅速，由于作者学识、水平有限，书中错误与不妥之处，敬请读者批评指正。本书作者联系方式：shangcfan@buaa.edu.cn；010 - 82338323。

作　者

2013 年 1 月

目　　录

第1章 谐振式传感器的基础理论

基本内容：

谐振、谐振现象

谐振敏感元件、谐振敏感单元、谐振敏感结构、谐振子

固有频率与谐振频率

谐振式传感器的基本结构

激励单元与检测单元

周期信号的频率、幅值、相位

开环特性及其测试

闭环自激系统

闭环系统的幅值与相位条件

机械品质因数 Q 值

谐振式传感器的动态特性

谐振式传感器与 Mathieu 方程

谐振式传感器输出信号的检测方法

频率输出的谐振式传感器

相位差输出的谐振式传感器

幅值比输出的谐振式传感器

调谐频率

谐振敏感元件的材料

精密恒弹合金材料

单晶硅

熔凝石英

压电石英晶体

1.1　概　　述

基于机械谐振技术，以敏感元件的固有谐振特性随被测量的变化规律而实现的传感器称为谐振式传感器(resonator transducers/sensors)。通常谐振式传感器的敏感元件可称为谐振敏感元件、谐振敏感单元、谐振敏感结构或谐振子。谐振式传感器以自身的周期信号作为输出(准数字信号)，且只用简单的数字电路(不是 A/D 或 V/F)即可将其转换为易与微处理器接口连接的数字信号。由于谐振敏感元件的重复性、分辨力和稳定性等非常优良，因此谐振式测量原理为当今人们研究的重点。

过去，在发展模拟控制系统时，相继研制了许多传感器。这些传感器通过改变位移、应变、应力实现改变电阻、电容或电感以测量诸如压力、温度与位移等参数，并通过电压信号或电流信号输出。这些传感器自身不适合于数字式测量、控制系统，因而在传感器与控制电路之间需

增加 A/D 或 V/F 变换器。这不仅降低系统的可靠性和响应速度,而且增加了成本。

严格地说,在现实中除了检测线位移和角位移的编码器外,几乎没有直接数字式传感器。发展自身具有数字输出的传感器,适应以微处理器为中心的数字控制系统是许多技术领域的共同追求。因此,基于周期性触发机理的一族传感器(如触发型传感器、CCDs 等光传感器)相继出现和不断发展。

基于机械谐振敏感元件的谐振式传感器是以自身振动频率、相位和幅值作为敏感信息的参数,用于获取被测量(如压力、力、加速度、角速度、转角、流量、温度、湿度、液位、密度和气体成分的测量等)。这类传感器已发展成为一类新的传感器家族。

现已实用的谐振式传感器主要是基于机械谐振敏感结构的固有振动特性实现的。按谐振敏感结构的特点可分为以下两类:

① 利用传统工艺实现的结构参数比较大的金属谐振式传感器,常用的谐振敏感元件为谐振筒、谐振梁、谐振膜和谐振测量管等。该类传感器都由精密合金通过精密机械加工制成,其性能优良,已在许多行业获得成功应用。

② 利用微机械加工工艺实现的新型硅或石英谐振式传感器。微型谐振敏感元件种类多样,其特征尺寸一般为微米级甚至纳米级。研究成果已证明,微机构谐振式传感器除了具有结构微小、功耗低、响应快等特点外,还有很好的重复性、稳定性和可靠性,因此已成为谐振式传感器中的重要分支。

本章主要阐述基于机械谐振敏感结构的谐振式传感器所涉及的共性基础理论。

1.2　谐振现象

谐振式测量原理是通过谐振敏感元件的固有振动特性实现的。谐振敏感元件工作时,可以等效为一个单自由度系统(见图 1.1(a)),其动力学方程为

$$m\ddot{x}+c\dot{x}+kx-F(t)=0 \tag{1.1}$$

式中:m——振动系统的等效质量(kg);

　　　c——振动系统的等效阻尼系数(N·s/m);

　　　k——振动系统的等效刚度(N/m);

　　　$F(t)$——作用外力(N)。

$m\ddot{x}$、$c\dot{x}$ 和 kx 分别反映了振动系统的惯性力、阻尼力和弹性力。它们的方向如图 1.1(b)所示。

根据谐振状态具有的特性,当上述振动系统处于谐振状态时,作用外力与系统的阻尼力平衡;惯性力与弹性力平衡,系统以其固有频率振动,即

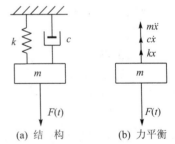

(a) 结　构　　(b) 力平衡

图 1.1　二阶单自由度振动系统

$$\left.\begin{array}{r}c\dot{x}-F(t)=0\\ m\ddot{x}+kx=0\end{array}\right\} \tag{1.2}$$

这时振动系统的外力超前位移矢量 90°,与速度矢量同相位。惯性力与弹性力之和为零。系统的固有角频率为

$$\omega_n = \sqrt{\frac{k}{m}} \tag{1.3}$$

式中:ω_n——系统的固有角频率(rad/s)。

这是一种理想的情况,在实际应用中很难实现,由于实际振动系统的阻尼力很难确定,因此,可以从系统的频谱特性来认识谐振现象。

当式(1.1)中的外力 $F(t)$ 是周期信号时,即

$$F(t) = F_m \sin \omega t \tag{1.4}$$

则系统的归一化幅值响应和相位响应分别为

$$A(\omega) = \frac{1}{\sqrt{(1-P^2)^2 + (2\zeta P)^2}} \tag{1.5}$$

$$\varphi(\omega) = \begin{cases} -\arctan \dfrac{2\zeta P}{1-P^2} & P \leqslant 1 \\ -\pi + \arctan \dfrac{2\zeta P}{P^2-1} & P > 1 \end{cases} \tag{1.6}$$

$$P = \frac{\omega}{\omega_n}$$

式中:ζ——系统的阻尼比,$\zeta = \dfrac{c}{2\sqrt{km}}$,对谐振敏感元件而言,$\zeta \ll 1$,为弱阻尼系统;

P——相对于系统固有角频率的归一化频率。

图 1.2 所示为系统的幅频特性曲线和相频特性曲线。

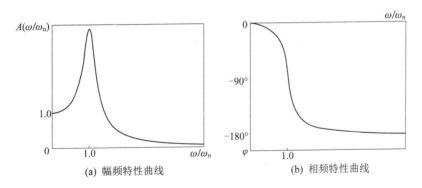

(a) 幅频特性曲线　　(b) 相频特性曲线

图 1.2　系统的幅频特性曲线和相频特性曲线

当 $P = \sqrt{1-2\zeta^2}$ 时,$A(\omega)$ 达到最大值,有

$$A_{max} = \frac{1}{2\zeta_n \sqrt{1-\zeta^2}} \approx \frac{1}{2\zeta} \tag{1.7}$$

这时系统的相位为

$$\varphi = -\arctan \frac{2\zeta P}{2\zeta^2} \approx -\arctan \frac{1}{\zeta} \approx -\frac{\pi}{2} \tag{1.8}$$

通常,工程上将系统的幅值增益达到最大值时的工作情况定义为谐振状态,相应的激励角频率($\omega_r = \omega_n \sqrt{1-2\zeta^2}$)定义为系统的谐振角频率。

1.3 谐振式传感器的基本结构及闭环系统实现

1.3.1 传感器的基本结构

图 1.3 所示从功能上给出了谐振式传感器的基本结构原理示意图。

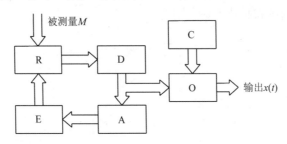

图 1.3 谐振式传感器基本结构原理

图中 R 为谐振敏感元件,是谐振式传感器的核心,工作时以其自身固有的振动模态持续振动,其振动特性直接影响谐振式传感器的性能。目前使用的谐振敏感元件有多种形式,如谐振梁、调谐音叉、谐振筒、谐振膜片、谐振半球壳和弹性弯管等。

D、E 分别为检测单元和激励单元,是实现机电、电机转换的必要部件,为组成谐振式传感器的闭环自激系统提供条件。检测单元实现对谐振敏感元件振动信号的检测,又称信号检测器、拾振单元或拾振器;激励单元给出激励信号,保证谐振敏感元件在谐振状态下工作,又称激励单元或激励器。常用的检测手段有磁电效应、电容效应、正压电效应、光电效应等;常用的激励方式有电磁效应、静电效应、逆压电效应、电热效应、光热效应等。

A 为放大单元。它与激励、检测密不可分,在闭环系统中用于调节信号的相位和幅值,从而保证谐振敏感元件在闭环自激状态下可靠稳定地持续。放大单元有模拟式和数字式两类。模拟式放大单元较为简单。早期模拟式放大单元多采用分离元件或集成运算放大器实现,近来主要以设计专用的多功能集成电路为主。随着微电子技术的发展,设计实现数字式放大单元成为可能。数字式放大单元的核心是微处理器,通过恰当的软件设计更容易实现闭环系统需要的信号幅值和相位的调节。

O 为系统检测输出装置,是实现对周期信号检测(有时也是解算被测量)的部件,用于检测周期信号的频率(或周期)、幅值(幅值比)或相位(相位差)。

C 为补偿装置,用来降低干扰因素的影响,主要对温度误差进行补偿,有时系统也对零位和测量环境的外界干扰因素进行补偿。

以上 6 个主要部件构成了谐振式传感器如下的 3 个重要环节。

① 由 E、R、D 组成的电-机-电一体化谐振子环节,是谐振式传感器的关键环节。适当地选择激励手段和检测手段,构成一个理想的 ERD,对设计谐振式传感器至关重要。

② 由 E、R、D、A 组成的闭环自激环节或闭环系统,是构成谐振式传感器的重要条件。

③ 由 R、D、O(C)组成的信号检测、输出环节,是准确获得被测量的重要手段。

1.3.2　闭环系统的时域分析

如图 1.4 所示,从信号激励单元考虑,某一瞬时作用于激励单元的输入电信号为

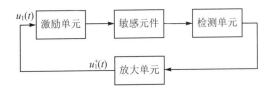

图 1.4　闭环自激条件的时域分析

$$u_1(t) = A_1 \sin \omega_V t \tag{1.9}$$

式中:A_1——激励信号的幅值,$A_1 > 0$;

　　　　ω_V——激励信号的角频率(即谐振敏感元件的振动角频率,非常接近于谐振敏感元件的固有角频率 ω_n)。

$u_1(t)$ 经谐振敏感元件、检测单元和放大单元后,输出为 $u_1^+(t)$,可写为

$$u_1^+(t) = A_2 \sin(\omega_V t + \varphi_T) \tag{1.10}$$

式中:A_2——输出电压信号 $u_1^+(t)$ 的幅值,$A_2 > 0$。

满足以下条件时,系统以角频率 ω_V 产生闭环自激,即

$$A_2 \geqslant A_1 \tag{1.11}$$

$$\varphi_T = 2n\pi \quad n = 0, \pm 1, \pm 2 \cdots \tag{1.12}$$

式(1.11)和式(1.12)称为系统可自激的时域幅值条件和相位条件。

1.3.3　闭环系统的复频域分析

如图 1.5 所示,$R(s)$、$E(s)$、$A(s)$、$D(s)$ 分别为谐振敏感元件、激励单元、放大单元和检测单元的传递函数,s 为拉普拉斯变换复变量。闭环系统的等效开环传递函数为

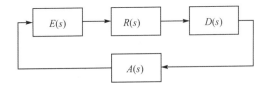

图 1.5　闭环自激条件的复频域分析

$$G(s) = R(s)E(s)A(s)D(s) \tag{1.13}$$

显然,满足以下条件时,系统将以角频率 ω_V 产生闭环自激,即

$$|G(\mathrm{j}\omega_V)| \geqslant 1 \tag{1.14}$$

$$\angle G(\mathrm{j}\omega_V) = 2n\pi \quad n = 0, \pm 1, \pm 2, \cdots \tag{1.15}$$

式(1.14)和式(1.15)称为系统可自激的复频域幅值条件和相位条件。

以上考虑的是在一点处的闭环自激条件。对于谐振式传感器,应在其整个工作频率范围 $[f_L, f_H]$(f_L、f_H 分别为谐振式传感器测量范围内的最低工作频率和最高工作频率)均满足

闭环自激条件,这对传感器特别是放大单元的设计、调试提出了特殊要求。

　　事实上,由于模拟式放大单元的幅值频率特性和相位频率特性的连续性,在谐振式传感器的整个工作频率范围 $[f_L, f_H]$,只有一个或少数几个离散频率点能够在敏感元件 $-\pi/2$ 相移处满足闭环自激条件。谐振式传感器的工作角频率为谐振敏感元件的固有角频率 ω_n(可称为最佳谐振点,有关讨论见 1.5 节),其余频率处敏感元件的相移不是 $-\pi/2$,即谐振式传感器不在谐振敏感元件的固有角频率 ω_n 处工作,从而引起随机漂移或测量误差。

　　而对于数字式放大单元,由于软件设计具有灵活性,故谐振式传感器在整个工作频率范围 $[f_L, f_H]$,传感器在敏感元件 $-\pi/2$ 相移处均满足闭环自激条件,即谐振敏感元件都工作于其固有角频率 ω_n 处,从而尽可能减小随机漂移或测量误差。

1.4　谐振式传感器的敏感机理

1.4.1　传感器的输出方式

　　基于上述分析,从检测信号的角度,谐振式传感器的输出可以写为

$$x(t) = Af(\omega t + \varphi) \tag{1.16}$$

式中:A——检测信号的幅值(V);

　　　ω——检测信号的角频率(rad/s);

　　　φ——检测信号的相位(rad)。

$f(\cdot)$ 为归一化周期函数。当 $nT \leqslant t \leqslant (n+1)T$ 时,$|f(\cdot)|_{\max} = 1$;$T = 2\pi/\omega$ 为周期;A、ω、φ 称为谐振式传感器检测信号 $x(t)$ 的特性参数。

　　显然,只要被测量能较显著地改变谐振敏感元件的谐振状态,即改变检测信号 $x(t)$ 的某一特征参数,谐振式传感器就能通过检测上述特征参数获得被测量。

　　在谐振式传感器中,目前国内外使用最多的是检测角频率 ω 的传感器,如谐振筒式压力传感器、谐振膜式压力传感器等。

　　对于敏感幅值 A 或相位 φ 的谐振式传感器,为提高测量精度,通常采用相对(参数)测量,即通过测量幅值比或相位差来实现,如谐振式直接质量流量传感器。

1.4.2　测量机理的讨论

　　基于上述讨论,谐振式传感器利用机械谐振敏感元件自身的谐振状态的固有特性实现对被测量的测量。考虑利用谐振频率实现测量的理想情况,结合式(1.3)和图 1.6,当谐振式传感器感受缓变被测量时,谐振敏感元件的固有角频率可以描述为

$$\omega_n(M) = \sqrt{\frac{k_{eq}(M)}{m_{eq}(M)}} \tag{1.17}$$

式中:M——谐振敏感元件感受的被测量;

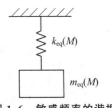

图 1.6　敏感频率的谐振式传感器的等效模型

$\omega_n(M)$——谐振敏感元件的等效固有角频率(rad/s);

$k_{eq}(M)$——谐振敏感元件的等效刚度(N/m);

$m_{eq}(M)$——谐振敏感元件的等效质量(kg)。

对于谐振式传感器,由于其谐振敏感元件的机械品质因数 Q 非常高,因此传感器的工作角频率 $\omega_V(M)$ 与敏感元件的固有角频率 $\omega_n(M)$ 非常接近。通过测量 $\omega_V(M)$ 可获得被测量 M。

事实上,基于图 1.6 所示的谐振敏感元件,也可以实现传统的基于位移检测的模拟式传感器,其工作原理可以描述为

$$x(M)=\frac{m_{eq}(M)g}{k_{eq}(M)} \tag{1.18}$$

式中:$x(M)$——谐振敏感元件的输出位移(m);

g——谐振敏感元件所处位置的重力加速度(m/s^2)。

对于模拟式传感器,也可以采用检测敏感元件特征点处的应变、应力来实现测量。

显然,谐振式传感器利用了表征敏感元件自身整体特性的等效刚度和等效质量的概念。这一概念反映了敏感元件的集中特征参数。这一特征参数是由谐振敏感元件处于谐振状态时,通过其输出的周期运动位移的频率信息(信号)来表征的。相对于传统的模拟式传感器的测量原理,谐振式传感器可利用平均值测量、滤波测量、积分测量来实现。

从实际测量技术实现的角度考虑,获取以正弦函数描述的周期运动信号(见图 1.7)的频率信息(信号),通常采用频率法和周期法(详见 1.7 节)。这实质上是间歇测量或采样测量,只能一个周期一个周期展示出来以反映一个周期内的“信息”,具有一定的延迟性。因此,如何细化刻度,在小于一个周期的采样中准确获取频率信息(信号),是谐振式传感器的一个关键技术。这对于提高传感器的性能,特别是实时性至关重要。

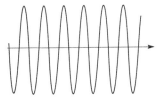

图 1.7　以正弦函数描述的周期运动信号

对于敏感幅值 A 或相位 φ 的谐振式传感器,其敏感机理也有类似的解读。

1.5　谐振敏感元件的机械品质因数

1.5.1　机械品质因数定义及内涵

基于上述分析,谐振敏感元件的阻尼比是影响其运动状态的重要参数,也是影响谐振式传感器的重要参数。为此,引入谐振敏感元件的机械品质因数(quality factor)Q 值,其能量的定义式为

$$Q=2\pi\frac{E_S}{E_C} \tag{1.19}$$

式中:E_S——谐振敏感元件储存的总能量;

E_C——谐振敏感元件每个周期阻尼消耗的能量。

在谐振式传感器中,谐振敏感元件为弱阻尼系统,$0<\zeta\ll1$,利用图 1.2(a)(或图 1.8)所示

的谐振敏感元件的幅频特性可给出

$$Q \approx \frac{1}{2\zeta} \approx A_{\max} \tag{1.20}$$

$$Q \approx \frac{\omega_r}{\omega_2 - \omega_1} \tag{1.21}$$

ω_1、ω_2 对应的幅值增益为 $\dfrac{A_{\max}}{\sqrt{2}}$，称为半功率点，如图 1.8 所示。

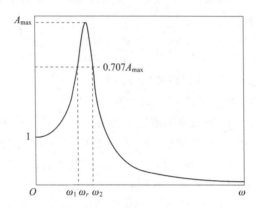

图 1.8　利用幅频特性获得谐振敏感元件的 Q 值

由上述分析可知，Q 值反映了谐振敏感元件振动中阻尼比的大小及消耗能量快慢的程度，也反映了幅频特性曲线谐振峰陡峭的程度，即谐振敏感元件选频能力的强弱。

从系统振动的能量来说，当谐振敏感元件每周储存的能量确定时，Q 值越高，表明阻尼等消耗的能量越少，谐振敏感元件在开环工作状态下衰减到初始振幅确定的比例所需的次数就多，衰减时间相对就长。利用开环模式工作时，更便于检测到谐振频率。Q 值越高，谐振系统的储能效率越高，维持系统固有振动的能力越强，系统抗外界干扰的能力越强，谐振式传感器的稳定性越好；从系统幅频特性曲线来说，Q 值越高，表明谐振敏感元件的谐振频率与固有角频率 ω_n 越接近，谐振系统的选频特性越好，越容易检测到谐振敏感元件的谐振频率，且谐振敏感元件的振动频率越稳定，重复性越好。总之，对于谐振式传感器，提高其谐振敏感元件的品质因数至关重要。也是设计谐振式传感器的核心问题。

1.5.2　对传感器闭环系统的影响

由式(1.13)和图 1.8 可知，当 Q 增大时，幅值条件易于满足。由式(1.6)可知

$$\varphi(\omega) = -\arctan \frac{P}{Q(1-P^2)} \tag{1.22}$$

$$\frac{\partial \varphi(\omega)}{\partial P} = -\frac{Q(1+P^2)}{P^2 + Q^2(1-P^2)^2} \tag{1.23}$$

当 $P=1$ 时，$\varphi = -\dfrac{\pi}{2}$，$\partial \varphi(\omega)/\partial P = -2Q$，考虑以 $-\dfrac{\pi}{2}$ 为中心的相角范围 $\varphi \in \left[-\dfrac{\pi}{2} - \varphi_m, -\dfrac{\pi}{2} + \varphi_m\right]$，当 $\varphi_m \leqslant \dfrac{\pi}{4}$，$|\partial \varphi(\omega)/\partial P|$ 随 Q 单调增加。这表明，相同的频率变

化所引起的相角变化量随 Q 值的增大而增加。当需要相同的相角变化量时，Q 值越大，ω 对 ω_n 的相对偏差小，即在相同的幅值增益下，Q 值大的谐振敏感元件所提供的相角范围大，便于构成闭环自激系统。

　　讨论 Q 值对传感器精度的影响。设系统工作的频率范围为 $[f_L, f_H]$，谐振敏感元件所提供的相移为 $[\varphi_L, \varphi_H]$。由式(1.22)可得在任意相角 φ 下对应的振频为

$$P \approx 1 + \frac{1}{2Q\tan\varphi} \tag{1.24}$$

　　显然，给定的 φ，Q 值增大时，$|P-1|$ 减小，即 ω 越接近于这时谐振敏感元件所对应的固有角频率 ω_n，此时传感器自激频率的随机漂移越小，系统的振动状态稳定性越好，精度越高。由上式可知：谐振式传感器具有最佳激励点，即 $P_B = 1$ 时，$\varphi_B = -\pi/2$，$\omega = \omega_n$，系统的振动频率就是谐振敏感元件的固有频率，不受 Q 值影响。这表明：当系统以一个固有频率振动时，可将其设置在最佳激励点。当系统在 $[f_L, f_H]$ 范围内工作时，为了减小干扰，可将最佳激励点按下式

$$|1-P_L| = |1-P_H| \tag{1.25}$$

设置，即

$$P_L + P_H = 2$$

$$\omega_B = \frac{2\omega_L\omega_H}{\omega_L + \omega_H} \tag{1.26}$$

　　这一结果对于设计放大单元有指导意义。为提高谐振式传感器的抗干扰能力，应使所设计的放大单元满足

$$\angle E(j\omega_B) + \angle A(j\omega_B) + \angle D(j\omega_B) = \frac{\pi}{2} + 2n\pi \quad (n \text{ 为整数}) \tag{1.27}$$

同时应尽可能使 $|\tan\alpha_L|$、$|\tan\alpha_H|$ 取大值。α_L、α_H 分别为

$$\left.\begin{array}{l} \alpha_L = \angle E(j\omega_L) + \angle A(j\omega_L) + \angle D(j\omega_L) \\ \alpha_H = \angle E(j\omega_H) + \angle A(j\omega_H) + \angle D(j\omega_H) \end{array}\right\} \tag{1.28}$$

　　正如 1.3 节的有关讨论，对于谐振式传感器的闭环自激系统，可以通过设计数字式放大单元，通过恰当的控制算法，使传感器在整个工作频率范围 $[f_L, f_H]$ 内，谐振敏感元件的相移保持在 $-\pi/2$ 处，可以大大提高谐振式传感器的性能。

1.5.3　提高机械品质因数的措施

　　通过上述的分析得知，高 Q 值的谐振敏感元件对于构成闭环自激系统及提高系统的性能非常重要，所以应采取各种措施提高谐振敏感元件的 Q 值。这是设计谐振式传感器的核心问题。

　　通常提高谐振敏感元件 Q 值的途径主要从以下四个方面考虑。

　　① 选择高 Q 值的材料。材料自身的特性由其晶格结构和内部分子运动状态决定，例如石英材料的 Q 值高达 $10^6 \sim 10^7$ 量级，而一般金属材料的 Q 值为 $10^4 \sim 10^5$ 量级。

　　② 采用较好的加工工艺手段，尽量减小由于加工过程引起的谐振敏感元件内部的残余应力。如对于测量压力的谐振筒敏感元件，由于其壁厚只有 0.08 mm 左右，所以通常采用旋拉工艺，但在谐振筒的内部容易形成一定的残余应力，其 Q 值大约为 3 000~4 000；而采用精密

车磨工艺,其 Q 值可达到 8 000 以上,远高于前者。

③ 注意优化设计谐振敏感元件的边界结构及封装方式,即阻止谐振敏感元件与外界干扰的耦合振动,有效地使谐振敏感元件的振动与外界环境隔离。为此通常采用调谐解耦的方式,并使谐振敏感元件通过其"节点"与外界连接。

④ 优化谐振敏感元件的工作环境,使其尽可能地不受被测介质的影响。

一般来说,实际的谐振敏感元件较其材料的 Q 值下降 $1 \sim 2$ 个数量级。这表明在谐振敏感元件的加工工艺和装配中仍有许多工作要做。

1.6　谐振式传感器的动态特性

谐振式传感器是以敏感元件固有的谐振特性随被测量变化的规律实现测量的。谐振式传感器以自身的周期信号为输出,即利用自身谐振频率、相位和幅值作为敏感信息的参数来获取被测量。当被测量随时间快速变化时,谐振式传感器敏感元件的谐振特性、闭环系统以及输出的周期信号的谐振频率、相位和幅值的变化过程都非常复杂。因此,研究谐振式传感器的动态特性相当困难。本节以改变等效刚度敏感谐振频率的谐振式传感器为例给出一些可能的研究线索。

1.6.1　阶跃特性

基于上述讨论,依式(1.1),改变等效刚度的谐振式传感器的敏感元件的动力学方程可以描述为

$$m\ddot{x} + c\dot{x} + k_{eq}(M)x - F(t) = 0 \qquad (1.29)$$

等效刚度可以描述为

$$k_{eq}(M) = k(0) + C_k M \qquad (1.30)$$

式中:$k(0)$——谐振式传感器敏感元件感受零被测量时($M = 0$)的等效刚度;

C_k——谐振式传感器敏感元件由被测量 M 引起的等效刚度的系数,该系数与敏感元件的结构形式、参数及其边界条件有关。

当谐振式传感器感受缓变被测量 M 时,上述方程可以描述为

$$\frac{d^2 x}{dt^2} + \frac{\omega_n(M)}{Q}\frac{dx}{dt} + \omega_n^2(M)x = \frac{1}{m}F(t) \qquad (1.31)$$

$$\omega_n(M) = \sqrt{\frac{k_{eq}(M)}{m}}$$

$$Q \approx \frac{\sqrt{k_{eq}(M)m}}{c}$$

式中:$\omega_n(M)$——敏感元件的固有角频率(rad/s),是被测量 M 的函数;

Q——敏感元件的等效品质因数。

对于通过改变等效刚度的谐振式传感器,当被测量 M 随时间快速变化时,敏感元件的等效刚度也随时间快速变化。考虑被测量 M 随时间产生阶跃变化,在时刻 $t = 0$ 由 M_1 变化为 $M_2(M_2 \neq M_1)$,即

$$M(t) = \begin{cases} M_1 & t \leqslant 0 \\ M_2 & t > 0 \end{cases} \tag{1.32}$$

当被测量变化时,引起等效刚度 $k_{\mathrm{eq}}(t)$ 随时间变化的谐振敏感元件"初始位移"将发生变化,引起初始弹性势能的变化,即由被测量 M 引起的等效刚度的变化,进一步引起谐振式传感器谐振敏感元件固有角频率的变化。根据谐振敏感元件的动力学规律,被测量引起等效刚度、固有角频率变化的信号转换过程可以近似描述为

$$\frac{\mathrm{d}^2 \Omega(t)}{\mathrm{d}t^2} + \frac{\Omega(t)}{Q} \frac{\mathrm{d}\Omega(t)}{\mathrm{d}t} + \Omega^2(t)\Omega(t) = \Omega^2(t)\Omega_{\mathrm{in}}(t) \tag{1.33}$$

$$\Omega_{\mathrm{in}}(t) = \begin{cases} \omega_{\mathrm{n}}(M_1) & t \leqslant 0 \\ \omega_{\mathrm{n}}(M_2) & t > 0 \end{cases} \tag{1.34}$$

式中: $\Omega(t)$ ——敏感元件固有角频率在被测量 $M(t)$ 变化过程中的瞬态值(rad/s);

$\Omega_{\mathrm{in}}(t)$ ——敏感元件等效的输入角频率(rad/s),这是一个"虚拟"概念。

定义谐振敏感元件固有角频率 $\Omega(t)$ 的误差带

$$\beta(t) = \frac{\Omega(t) - \Omega(\infty)}{\Omega(\infty) - \Omega(t=0)} = \frac{\Omega(t) - \omega_{\mathrm{n}}(M_2)}{\omega_{\mathrm{n}}(M_2) - \omega_{\mathrm{n}}(M_1)} \tag{1.35}$$

给定 β_{s} (例如 2% 或 5%),可以定义满足 $|\beta(t)| \leqslant \beta_{\mathrm{s}}$ 对应的时间为过渡过程时间或响应时间 T_{s}。

对于式(1.33)、式(1.34)描述的谐振敏感元件的固有角频率的动态特性方程,很难给出解析解,可以进行模拟计算。通过计算可以得到以下基本结论:

① 对于固定的动态误差带,响应时间与谐振式敏感元件的品质因数成正比,与谐振式传感器的工作频率成反比;

② 谐振式传感器的动态特性与传感器的灵敏度有关,提高谐振式传感器的灵敏度,有利于减小其响应时间;

③ 谐振式传感器感受变化剧烈的被测量时,其动态过程变化也很剧烈,有可能会影响谐振式传感器闭环自激系统工作的品质或稳定性,甚至导致传感器停振或破坏弹性敏感结构;

④ 由于谐振式传感器工作特性的非线性和具有较大的零工作频率(被测量为零时谐振敏感元件的频率),相同的被测量变化范围,初始值(终值)不同,以及正反行程不同,对应的动态响应也不同。这与线性系统完全不同。

对于改变幅值和相位的谐振式传感器,其时域动态特性也有类似规律。

1.6.2　正弦周期特性

改变等效刚度的谐振式传感器,当被测量 M 随时间以正弦周期规律变化时,即

$$M(t) = M_1 + M_2 \sin \omega_2 t \tag{1.36}$$

式中: M_1 ——谐振式传感器敏感元件感受的常值被测量;

M_2 ——谐振式传感器敏感元件感受的正弦交变被测量的幅值;

ω_2 ——谐振式传感器敏感元件感受的正弦交变被测量的角频率。

当被测量以式(1.36)变化时,只要被测量变化角频率 ω_2 相对于谐振式传感器的工作角频率而言是小量,则被测量引起的敏感元件等效刚度 $k_{\mathrm{eq}}(t)$ 随时间变化的规律也如式(1.36),

可以描述为

$$k_{eq}(t) = k(M_1) + k(M_2)\sin\omega_2 t \tag{1.37}$$

式中：$k(M_1)$——谐振式传感器敏感元件感受 M_1 被测量时的等效刚度；

　　　$k(M_2)$——谐振式传感器敏感元件感受 M_2 被测量时的等效刚度。

这时，谐振式传感器敏感元件的动力学方程可以描述为

$$m\ddot{x} + c\dot{x} + [k(M_1) + k(M_2)\sin\omega_2 t]x - F(t) = 0 \tag{1.38}$$

式(1.38)的求解非常困难，对不考虑阻尼的理想情况，讨论其固有频率时的运动方程为

$$m\ddot{x} + [k(M_1) + k(M_2)\sin\omega_2 t]x = 0 \tag{1.39}$$

此为典型的 Mathieu 方程。对于其求解可以给出一定近似程度的近似数值解。

需要指出，式(1.39)描述的 Mathieu 方程，也是第 4 章介绍的描述直接输出频率的谐振式角速度传感器工作原理的理论方程。

总之，谐振式传感器的动态特性是个相当复杂的问题，无论是开展有关理论研究还是在实际应用中给出提高其动态品质的方案，都很困难。

1.7　谐振式传感器输出信号的检测方法

对于谐振式传感器，根据敏感机理及其实现方式的不同，可以通过检测周期信号的频率、幅值比、相位差获取被测量。

1.7.1　频率输出

对于通过改变等效刚度、等效质量的谐振式传感器，如谐振式压力传感器(详见第 2 章)、谐振式加速度传感器(详见第 3 章)，当测量稳态或缓变信号时，其输出频率即为传感器闭环系统的输出信号频率。通过整形电路输出方波信号，其频率的测量方法通常有两种：频率法和周期法。

对于通过改变等效刚度、等效质量，测量快速变化信号的谐振式传感器，在传感器动态测量过程中，其输出信号为调谐频率。近年发展起来的直接输出频率的谐振式角速度传感器(谐振陀螺)在稳态或缓变信号测量过程中也属于这种情况。

1.　频率法

频率测量法是测量 1 s 内出现的脉冲数的方法，即该脉冲数为输入信号的频率，如图 1.9 所示。谐振式传感器的矩形波脉冲信号被送入门电路("门"的开关受标准钟频的定时控制，即用标准钟频信号 CP (其周期为 T_{CP})作为门控信号)，在 1 s 内通过"门"的矩形波脉冲数 n_{in} 就是输入信号的频率，即 $f_{in} = n_{in}/T_{CP}$。

由于计数器不能计算周期的分数值，因此，若门控时间为 1 s，则传感器的误差为 ± 1 Hz。如果传感器的频率从 4 kHz 变化到 5 kHz(满量程被测量的变化)，即 $\Delta f = 1$ kHz，则用此方法测量的传感器分辨率为 0.1%(测量时间是 1 s)。显然，这样的分辨率对于高精度的谐振式传感器是远远不够的。要想提高分辨率，就必须延长测量时间，但这又将影响传感器测量的实时性或动态性能。因此，对于常规的谐振式传感器，若其输出频率的变化范围在音频(100 Hz～

15 kHz),则不宜采用频率测量法;但对于高频信号,如在 100 kHz 以上时,可以考虑采用频率测量法。

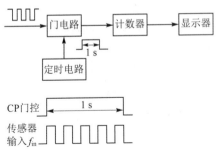

图 1.9　频率法测量

2. 周期法

周期测量法是测量信号完成一个循环所需时间的方法。周期是频率的倒数,其测量示意图如图 1.10 所示。

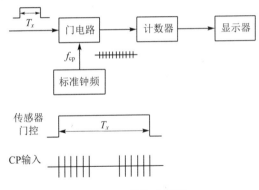

图 1.10　周期法测量

该电路用传感器输出作为门控信号。假设采用 12 MHz 标准频率信号作为输入端,如果传感器的输出为 4 kHz,则计数器在每一输入脉冲周期内对时钟脉冲所计脉冲数为 3 000 $(12×10^6/(4×10^3)=3\,000)$,测量周期 $T_{in}=n_{in}/f_{CP}=[3\,000/(12×10^6)]\text{s}=0.25\,\text{ms}$,即表示在 0.25 ms 测量时间内,传感器分辨率就可达 0.1%。这表明,对于上述测量需求,周期测量法所需时间只有频率法的四千分之一。当把门控时间延长到 2.5 ms 或 25 ms 时,其分辨率达到 0.01% 或 0.001%。

通过上述分析可知:对于常规的谐振式传感器,通常采用周期法测量。

3. 调谐频率检测

针对敏感刚度的谐振式传感器的动态问题或直接输出频率的谐振式传感器的稳态问题,其实质是处理调谐频率的输出信号。对其进行准确、可靠的检测至关重要,也是这类谐振式传感器亟待解决的关键技术之一。这一问题可根据具体谐振式传感器深入研究。

1.7.2　相位差输出

对于相位差输出的谐振式传感器,最典型的是谐振式科氏直接质量流量传感器(详见第 4 章)。假设需要检测相位差的两路输出信号分别为 S_1、S_2,可以描述为

$$S_1 = A_1 \sin(\omega t + \varphi_1) \tag{1.40}$$
$$S_2 = A_2 \sin(\omega t + \varphi_2) \tag{1.41}$$

式中:A_1、A_2——检测到的两路信号的幅值;

$\quad\quad$ φ_1、φ_2——检测到的两路信号的相位(rad);

$\quad\quad$ ω——两路信号的角频率(rad/s)。

相位差($\Delta\varphi = \varphi_2 - \varphi_1$)是被测量的函数,通过检测相位差实现对被测量的测量。

关于相位差的测量,通常采用模拟式检测原理,即利用模拟比较器进行过零点检测。由于实际使用现场存在各种机械振动及电磁干扰,造成检测电路的输入信号中存在许多噪声。这些噪声分量会改变正弦波的过零点位置,从而影响相位差测量精度。因此必须采用模拟滤波器滤除噪声。但是模拟滤波器阶数有限,难以消除与有用信号频率接近的噪声,而且存在两路滤波器特性不一致及元件参数漂移等问题,造成测量误差。而数字信号处理方法可以有效避免元件参数漂移等问题,且可以对噪声进行有效的抑制。目前基于数字信号处理技术的相位差检测方法主要有两种:一种是利用 FFT 在频域计算,一种是互相关求相位差。由于这两种算法要求整周期采样,而测量系统的信号周期不是固定的,因此需要一套较为复杂的测量电路来保证采样周期和信号周期的整数倍关系,而且运算方法较复杂。

基于先进数字处理技术的数字式过零点相位差检测方法,可以较好地解决上述问题。如利用 DSP 对信号波形进行实时的时域分析,计算出两路信号过零点的时间差与相位差。

图 1.11 所示为数字式过零点检测原理计算两路信号相位差的示意图。两路信号经 A/D 同步采样后,得到一系列数据点,在过零点附近对数据进行曲线拟合(图中曲线所示),求出拟合曲线与横轴的交点,作为曲线的过零点,可得到两路信号过零点的时间差,由时间差即可算出信号的相位差。

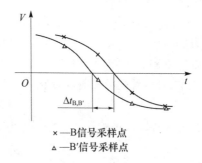

×—B 信号采样点

△—B'信号采样点

图 1.11　两路同频率周期信号相位差的数字式过零点检测原理

下面以一具体实例进行说明。

某科氏质量流量传感器的工作频率范围:65～110 Hz;相位差范围:0.09°～1.8°。图 1.12 所示为某一流体工况下实测输出信号的谱分析结果。从图中发现,信号中除了传感器工作频率 $f_0 = 77.32$ Hz 外,还存在着 $2f_0$、$3f_0$ 和 50 Hz 工频信号。其中 $2f_0$ 和 $3f_0$ 信号是由于传

感器本身的非线性造成的,与传感器的结构参数和工作状态有关;50 Hz 工频信号是由传感器工作周围环境的供电系统造成的。这些干扰信号对相位差计算的精度有较大影响,因此在相位差计算之前,必须对信号进行滤波,以提高信噪比。由于模拟滤波器的缺点,可以采用在DSP 中进行数字带通滤波的方案。

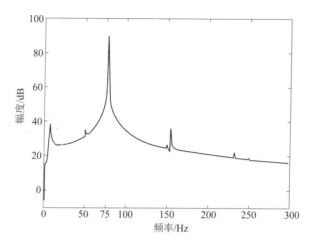

图 1.12　现场数据处理前的频谱图

为了更好地再现原始信号,提高系统相位差检测的精度,采用了远高于信号频率的采样频率 $f_{Sample}=19.2$ kHz。选定数字滤波器通带略大于传感器工作频率范围(55～120 Hz);由于某些干扰信号的频率很接近传感器工作频率,为有效抑制这些干扰信号,滤波器过渡带必须足够陡峭。为此选定 3 000 阶有限长单位冲激响应滤波器(Finite Impulse Response,FIR)实现带通滤波。

由于传统的 3 000 阶数字滤波器运算量很大,在实际的应用中很难实现。通过对现有比较成熟的数字滤波器的分析和计算机仿真,设计了改进的 FIR 来实现实时滤波处理。图 1.13 所示为带通滤波器结构。

图 1.13　改进的滤波算法结构

对 A/D 采集的数据人为进行二次采样,得到 50 个子序列,每一数据子序列都相当于是原始信号经过(19 200/50)Hz=384 Hz 的频率采样得到的。利用标准的 60 阶 FIR 带通滤波器($W_n=[W_1,W_2]=[0.143\ 2,0.312\ 5]$)对抽取后每一个数据子序列进行滤波,对滤波器输出的 50 组数据进行反向合成,得到最终滤波结果。每一次滤波运算时,并非对 50 组数据同时进行 FIR 滤波处理,而是只对当前一次采样所属的数据子序列进行 61 次乘法运算和 60 次加法运算。

这种改进的 FIR 滤波器保留了传统 FIR 滤波器线性相移的优点。同时在这种实时的信号处理系统中,在每一次采样时间间隔内,滤波计算只需要进行 61 次乘法运算和 60 次加法运算,而达到同样滤波效果的 3 000 阶 FIR 滤波器则需要 3 001 次乘法运算和 3 000 次加法运算,显然,计算量大大降低。

图 1.14 所示为利用上述带通算法,在 DSP TMS320VC33 上,将上述从现场采集回的原始数据进行滤波后,通过 MATLAB 分析的结果(横轴为频率,纵轴为幅度)。

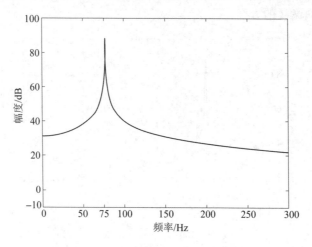

图 1.14　数据经滤波后的频谱图

比较图 1.14 和图 1.12 可以看出,滤波的效果相当明显。此种算法有效地抑制了信号的干扰,提高了信噪比,从而为后续相位差信号的提取提供了保障;由 FIR 滤波器的特点可知,它满足线性相移的特性。对于质量流量计而言,由于其流体密度的改变,传感器谐振频率会随之变化,因此在不同时刻的采样值代表不同频率的信息。数字滤波器的特性就是要利用其前面 N 个点的数据进行滤波。传统的非线性相移的滤波器将导致计算误差的存在;而只要质量流量计的两路信号通过同样系数的这种 FIR 滤波器,就可以使两路信号的相移为线性,可有效克服传统滤波器对两路信号相位差产生的影响。

改进 FIR 带通滤波器提高了信号的信噪比,并且两路信号相移相同,因此,有效地保证了上述相位差检测算法的精度。为了满足系统的实时性,系统必须在两次采样时间间隔内,完成两路数据的滤波、曲线拟合以及过零点、相位差和频率的计算。过零点检测算法的结构如图 1.15 所示,通过软件实时检测滤波后数据,当出现 $x(n)x(n+1)<0$,即认为过零点在 $x(n)$ 和 $x(n+1)$ 之间,则将 $x(n)$ 前后各 5 个点存储到指定的存储单元,为切比雪夫曲线拟合提供原始数据。通过仿真计算,采用 2 次曲线拟合可达到很高的计算精度。拟合后的 2 次曲线,通过传统的解方程的形式来计算信号的过零点,在实际应用中舍弃解方程中在 $x(n)$ 和 $x(n+1)$ 之外的根。这样就可以根据两路信号的过零点来计算信号的相位差。由于系统的采样时间间隔为 52.08 μs(1/19 200 Hz),DSP(以 TMS320VC33 为例)的运算速度为每个指令周期(17 ns),完成一次采样、滤波和相位差算法所需要的指令周期为 17 ns×2 000=34 μs,所以在采样的时间间隔内 DSP 完全可以完成计算,保证了系统测量的实时性。

图 1.15　过零点相位差检测算法结构

1.7.3　幅值比输出

对于幅值比输出的谐振式传感器,最典型的就是谐振式角速度传感器(详见第 3 章的非直接输出频率的谐振式角速度传感器,如半球谐振式角速度传感器、压电激励谐振式圆柱壳角速率传感器)、谐振式科氏直接质量流量传感器(详见第 4 章)。假设需要检测幅值比的两路输出信号为 S_1、S_2,前者为不感受被测量的参比信号,后者为与被测量有关的信号,可以描述为

$$S_1 = A_1 \sin(\omega t + \varphi_1) \tag{1.42}$$
$$S_2 = A_2 \sin(\omega t + \varphi_2) \tag{1.43}$$

式中:A_1——谐振敏感元件不感受被测量的信号(参比信号)的幅值;

　　　A_2——谐振敏感元件感受被测量的信号的幅值,通常 $A_1 \geqslant A_2$;

　　　φ_1,φ_2——从谐振敏感元件检测到的两路信号的相位(rad);

　　　ω——两路信号的角频率(rad/s)。

1. 方法 1

图 1.16 所示为两路同频率周期信号幅值比检测方法 1 的原理框图。其中 S_1 和 S_2 是谐振式传感器输出的需要检测幅值比($R_a = A_1/A_2$)的两路信号。微处理器通过对两路信号的幅值检测传感器算出幅值比 R_a,进而求出被测量。

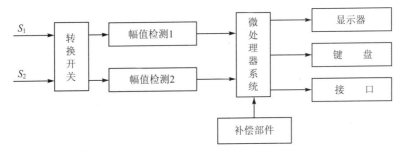

图 1.16　两路同频率周期信号幅值比检测方法 1 的原理框图

图 1.17 所示为一种周期信号幅值检测的原理电路。利用二极管正向导通、反向截止的特性对交流信号进行整流,利用电容的保持特性获取信号幅值。

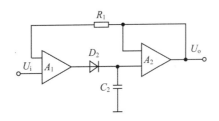

图 1.17　一种周期信号幅值检测电路

由图 1.16 可知,两路幅值检测部件的对称性越好,系统的精度就越高。但是由于器件的原因可能会产生不对称,所以在幅值测量及幅值比测量过程中,可按以下步骤进行。

① 用幅值检测 1 检测输入信号 S_1 的幅值,记为 A_{11};用幅值检测 2 检测输入信号 S_2 的幅

值,记为 A_{22}。

② 用幅值检测 2 检测输入信号 S_1 的幅值,记为 A_{12};用幅值检测 1 检测输入信号 S_2 的幅值,记为 A_{21}。

③ $B_1 = A_{11} + A_{12}$,$B_2 = A_{21} + A_{22}$,用 $C = B_1/B_2$ 作为输入信号的幅值比。

此外,根据前面的分析可知:传感器输出的两路正弦信号,其中一路是基准参考信号,在整个工作过程中会有微小的漂移;另一路的输出和质量流量存在函数关系,可利用这两路信号的比值解算以消除某些环境因素引起的误差(如电源波动等)。同时,检测周期信号的幅值比还具有较好的实时性和连续性。

2. 方法 2

图 1.18 所示为两路同频率周期信号幅值比检测方法 2 的原理图。该方法的设计思想是:首先对两路信号 S_1、S_2 进行整流,产生经整流后的半波正弦脉冲串;将这些脉冲串分别供给积分器,并保持积分器接近平衡,在给定的计算机采样周期结束时,幅值较大的脉冲数量与幅值较小的脉冲数量之比,可粗略认为是信号幅值之比;同时,积分器在采样周期结束时的失衡信息提供了精确计算所需的附加信息。

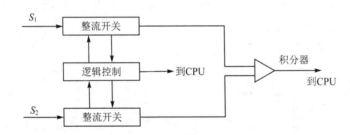

图 1.18　两路同频率周期信号幅值比检测方法 2 的原理图

检测到的信号 S_1 经全波整流后送入积分器,如图 1.19(a)所示。假定积分从时刻 $t=0$ 开始,该时刻波形正好过零点,在时刻 t_1 积分结束,其中完整半波的个数为 N_1,最后不足一个半波的时间小间隔为 $M_1 = t_1 - \dfrac{T}{2} N_1$,于是积分值为

$$A_{S1} = \frac{1}{\tau} \int_0^{t_1} |S_1(t)| \, dt = \frac{1}{\tau} \left[D_1 N_1 \int_0^{\frac{T}{2}} \sin \omega t \, dt + D_1 \int_0^{M_1} \sin \omega t \, dt \right] =$$

$$\frac{2D_1}{\pi \tau} \left(\frac{T}{2} N_1 + B(T, M_1) \right) \tag{1.44}$$

$$B(T, M_1) = \frac{T}{4} \left(1 - \cos \frac{2\pi M_1}{T} \right) \tag{1.45}$$

式中:τ——积分器的时间常数(s);

　　　T——信号的周期(s)。

由式(1.44)可知,积分值 A_{S1} 主要与前 N_1 个半波的时间有关,另一项 $B(T, M_1)$ 小量正是前面指出的失衡时的附加信息。在实际计算中,由于振动信号的周期($T = 2\pi/\omega$)是确定的常量或非常缓慢变化的量,$B(T, M_1)$ 可以通过分段插值获得,即给定一个 M_1,可"查出"一个对应的 $B(T, M_1)$ 值。

类似地可以给出 S_2 经整形、积分后的值(见图 1.19(b))为

$$A_{S2} = \frac{1}{\tau}\int_0^{t_2} |S_2(t)| \, \mathrm{d}t = \frac{1}{\tau}\left[D_2 N_2 \int_0^{\frac{T}{2}} \sin \omega t \, \mathrm{d}t + D_2 \int_0^{M_2} \sin \omega t \, \mathrm{d}t\right] =$$

$$\frac{2D_2}{\pi\tau}\left(\frac{T}{2}N_2 + B(T,M_2)\right) \tag{1.46}$$

$$B(T,M_2) = \frac{T}{4}\left(1 - \cos\frac{2\pi M_2}{T}\right) \tag{1.47}$$

由式(1.44)、式(1.46)得

$$\frac{D_2}{D_1} = \frac{A_{S2}\left[\dfrac{T}{2}N_1 + B(T,M_1)\right]}{A_{S1}\left[\dfrac{T}{2}N_2 + B(T,M_2)\right]} \tag{1.48}$$

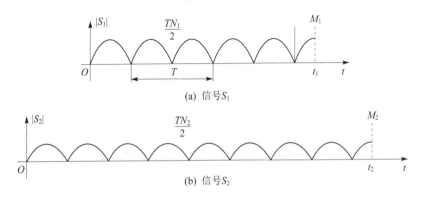

(a) 信号 S_1

(b) 信号 S_2

图 1.19　整形后信号

式(1.48)是图 1.18 检测两周期信号幅值比方案的数学模型。只要测出 A_{S1}、A_{S2}、N_1、N_2、M_1、M_2、T 七个参数就可以得到两路信号的幅值比。其中 A_{S1}、A_{S2} 通过 A/D 转换得到数字量,另外五个本身就是数字量,所以通过对数字量的测量,就可以得到幅值比的测量值。

该方案的优点是:把幅值的测量间接转换成时间间隔的测量和两个直流电信号的 A/D 转换,便可以获得高精度的测量结果;其次由上面的理论分析可知,该方法不必要求两路信号精确到同相位;对于某些非严格正弦波、相位误差、随机干扰具有一定的抑制性;可进行连续测量,实时性好。

应当指出,在设计硬件和软件时,应特别考虑小信号测量与零位误差的问题。

在小信号测量时,由于积分时间很长因此难以达到预定的参数值。为了保证系统的实时性和精度要求,可采用软件定时中断的技术,规定某一时间到达后,不再等待强行发出的复位信号;利用上一次的采样信息和本次的采样信息进行解算。为提高动态解算品质,积分预定值与软件定时器时间参数值均采用动态确定法,即每一个测量周期内,这两个参数都可以根据信号的实际变化情况赋予 CPU。

对于测量零位误差问题,可采用数字自校零技术,在发出测量时间控制信号以前,安插一校零阶段,检测出积分器模拟输出的偏差电压;进入测量阶段后,用该误差电压去补偿对结果产生影响的误差因素,使最终结果中不再包含零点偏差值。

1.8　谐振式传感器的核心关键问题

基于传感器工作机理与应用特点,谐振式传感器涉及的核心关键问题主要有以下3个。

① 设计传感器谐振工作模态,优化设计谐振敏感元件。谐振式传感器的敏感元件是一个连续的弹性体,有多个谐振模态(固有振动频率与相应的振型),不同的模态具有不同的灵敏度和抗干扰能力,而且不同模态相互影响。因此,必须针对应用背景创新设计传感器的整体实现方式,根据测量范围优化设计并研制出机械品质因数高、灵敏度高、稳定性好的谐振敏感元件;设计、确定谐振敏感元件的实际结构、几何参数。

② 设计非线性数字闭环系统,提高全测量范围的性能。谐振式传感器敏感元件在选定的谐振状态下工作,检测单元连续获取敏感元件的谐振特征参数,激励单元为谐振敏感元件持续补充能量,即谐振敏感元件应始终在闭环模式下工作。因此,必须在传感器全工作频率范围,实现敏感元件最小相移的数字闭环控制。为此,选择合适的检测单元、激励单元,优化与谐振敏感元件的配合、激励能量大小以及检测信号的接收、处理、转换尤为重要。对于敏感频率的谐振式传感器,上述单元的选择与优化要在全工作频率范围内综合考虑;而敏感幅值比、相位差的谐振式传感器,要合理设计出双检测单元的位置,并选择好参考信号。

③ 设计传感器正交解耦结构,提高传感器抗干扰能力。谐振式传感器敏感元件的谐振状态容易与其他外界扰动相互耦合,进行能量交换,影响敏感元件的谐振品质,降低传感器的性能,甚至破坏传感器正常的工作状态;因此,必须保证敏感元件处于解耦谐振状态,不受封装、连接方式与外界干扰因素的影响。同时,引入恰当的补偿机制,解算检测信号,给出被测量。

1.9　谐振式传感器的特征与优势

相对其他类型的传感器,谐振式传感器的本质特征和独特优势表现为以下几点:

① 输出信号是周期的,被测量能够通过检测周期信号解算出来。这一特征决定了谐振式传感器便于与计算机连接和远距离传输。

② 传感器系统是一个处于谐振状态的闭环系统。这一特征决定了传感器系统的输出自动跟踪输入。

③ 工作于固有谐振状态的敏感元件的谐振状态随被测量变化。这一特征决定了谐振式传感器具有高的灵敏度和分辨率。

④ 相对于谐振敏感元件的振动能量,系统的功耗是极小量。这一特征决定了传感器系统的抗干扰性强,稳定性好。

1.10　谐振弹性敏感元件的材料

谐振式传感器弹性敏感元件的材料主要有精密恒弹合金、单晶硅、熔凝石英、压电石英晶体。材料的性能及其加工工艺对谐振敏感元件以及谐振式传感器的性能有着极其重要的影响。通常对谐振式弹性敏感元件使用材料的一般要求包括以下几点:

① 具有良好的机械性能,如强度高、抗冲击韧性好、疲劳弹度高等;具有良好的机械加工

与热处理性能。

② 具有良好的弹性性能,弹性极限高,弹性滞后、弹性后效和弹性蠕变小。

③ 具有良好的温度特性,弹性模量的温度系数小且稳定,材料的线膨胀系数小且稳定,材料的热应变系数小且稳定。

④ 具有良好的化学性能、抗氧化性和抗腐蚀性。

下面介绍谐振式传感器中常用的几种典型的材料。

1.10.1　精密恒弹合金

本节重点介绍一类 Ni 基弥散硬化恒弹合金。绝大多数的金属与合金,其弹性模量的温度系数为负值,即 $dE/dT<0$(E 为弹性模量,若无特别说明,本书中 E 代表材料的弹性模量,单位为 Pa,T 为温度)。但并非所有金属与合金都如此,满足某些条件(如合金成分、加工和热处理工艺等)的许多物理过程会使弹性模量随温度变化出现反常现象,即 $dE/dT>0$。利用弹性模量反常变化的机理,在特定条件下,便能获得恒弹性的合金,即 $dE/dT=0$。这类合金的弹性模量温度系数(或频率温度系数)在 $-60\sim+80$ ℃时,具有恒定值或极小值(不超过 $\pm1\times10^{-6}$℃$^{-1}$)。常用的 Ni 基弥散硬化恒弹合金牌号有 3J53(Ni42CrTiAl)和 3J58(Ni44CrTiAl)。它们的固溶处理温度一般为 $950\sim980$ ℃,时效处理温度为 $550\sim650$ ℃(随炉冷却,约 4 h),材料在时效过程中产生弥散硬化,硬度 HRC≥40。经过上述处理后,材料达到高弹性和高机械品质因数,弹性滞后且漂移小,是制造谐振敏感元件的优选材料,如高精度谐振筒式压力传感器的谐振筒敏感元件就是选用这种恒弹性材料制造的。

1.10.2　单晶硅

硅在集成电路和微电子器件生产中应用广泛,但主要是利用其电学特性;在传感器设计中,往往同时利用硅优良的机械特性和电学特性,以研制不同敏感机理的传感器。

硅材料储量丰富,硅晶体易于生长,并能获得纯净无杂,不纯度在十亿分之一数量级,内耗小,机械品质因数高达 10^6 数量级。设计和制造得当的谐振敏感元件,能实现极小的迟滞和蠕变,极佳的重复性和长期稳定性。用硅材料制作传感器,有利于解决长期困扰传感器技术领域的三个难题:迟滞、重复性和长期漂移。

硅材质轻,密度为 2.33 g/cm³,是不锈钢密度的 1/3.5,而弯曲强度却为不锈钢的 3.5 倍,具有较高的强度/密度比和刚度/密度比。

单晶硅具有很好的热导性,是不锈钢的 5 倍,而热膨胀系数则不到不锈钢的 1/7,能很好地和低膨胀合金钢(Invar 合金)连接,以避免热应力产生。

单晶硅为对称立方晶体,是各向异性材料,许多机械特性和电学特性取决于晶向,如弹性模量、压阻效应等。

硅材料的制造工艺与集成电路工艺有很好的兼容性,可制造微型化、集成化的硅传感器。

基于上述优点,硅材料已成为制造微机械结构和微型化传感器的首选材料。但是,硅材料对温度很敏感,其电阻温度系数接近 $2\,000\times10^{-6}$ K^{-1} 数量级。而利用硅的机械谐振特性作为测量原理的传感器,由于没有利用硅材料的物理特性,不需要特别考虑温度对测量结果的影响。以上是硅微结构谐振式传感器性能非常优异的方面。

1.10.3　熔凝石英

熔凝石英(fused silica)是用高温熔化的二氧化硅(SiO_2)经快速冷却而形成的一种非结晶的石英玻璃。该材料材质纯、内耗低、机械品质因数高,能形成一个很单纯的振荡频率;弹性储能比($\sigma_e^2/E:\sigma_e$ 为材料的弹性极限)大、弹性滞后和蠕变极小,物理和化学性能极其稳定,是制造高精度传感器可靠且理想的敏感材料。例如,半球谐振陀螺的谐振敏感元件、精密标准压力计的压力敏感元件(石英弹簧管)都是用这种理想材料制成的。

熔凝石英与大多数材料的区别是:在 800 ℃以下,其弹性模量随温度升高而增大;在这个温度以上则随温度升高而下降。其允许使用温度为 1 100 ℃。

1.10.4　压电石英晶体

石英的化学组成是 SiO_2,石英晶体(quartz)为 SiO_2 的晶态形式,其理想形状为六角锥体。通过锥顶端的轴线称为 z 轴(光轴),通过六面体平面并与 z 轴正交的轴线称为 y 轴(机械轴),通过棱线并与 y 轴正交的轴线称为 x 轴(电轴)。

石英晶体是各向异性材料,不同晶向具有不同的物理特性。石英晶体又是压电材料,其压电效应与晶向有关。

石英晶体又是绝缘体,在其表面淀积金属电极引线,不会产生漏电现象。

石英晶体和单晶硅一样,具有优良的机械物理性质,具体表现为:材质纯、内耗低及功耗小;具有很高的机械品质因数,理想值可高达 10^7 数量级;迟滞和蠕变极小(小到可以忽略不计)。压电石英晶体的换能效率不够理想,主要用来制造诸如谐振器、振荡器及滤波器等。前两者利用材料本身的谐振特性,基于电-机和机-电转换原理进行工作,要求有较高的机械品质因数;滤波器主要用于将一种形式的能量转换为另一种形式的能量,要求换能效率高。

石英材质轻,密度为 2.65 g/cm^3,为不锈钢的 1/3,弯曲强度为不锈钢的 4 倍。

石英晶体的实际最高工作温度不宜超过 250 ℃,当温度在 20～200 ℃时,压电系数的温度系数典型值为 0.016 $℃^{-1}$。

1.10.5　石墨烯

1. 石墨烯材料

2004 年,英国曼彻斯特大学科学家安德烈·海姆和康斯坦丁·诺沃肖洛夫首次通过机械剥离法制备了稳定存在的单原子层石墨烯。石墨烯作为一种新兴的二维超薄纳米材料,以出色的机械和电学性能迅速引起了传感器领域专家、学者的广泛关注。相对于传统的硅微结构传感器,使用石墨烯材料制作敏感结构不仅有望大幅度降低现有传感器的结构尺寸,而且为结构设计更新颖、功能更强大的新一代传感器带来新的研究思路和机遇,有望取代硅材料在微纳传感器领域引发革命性的变化。

　　石墨烯是一种由 SP2 杂化的单层碳原子组成的二维蜂窝状平面晶体,其晶格结构如图 1.20 所示。单层石墨烯薄膜的厚度仅为碳单原子的厚度,理论值约 0.335 nm,单层石墨烯是目前已知最薄的材料。石墨烯独特的结构使其具有很多其他材料无法比拟的优异性能。

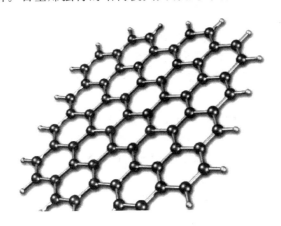

图 1.20　石墨烯晶体膜结构

　　石墨烯具有极佳的导电性,其载流子迁移率高达 2×10^5 cm^2 · V^{-1} · s^{-1},远远高于商用硅片的迁移率,相应的电阻率仅为 10^{-6} Ω · cm(低于铜和银的电阻率),有望在未来的电子器件中发挥重要作用。石墨烯还具有良好的导热性,其热导率高达 5 000 W · m^{-1} · K^{-1},若用于制备 NEMS 器件将有助于散热并降低功耗。

　　石墨烯的弹性模量约为 1 TPa,断裂强度达到 130 GPa,远大于硅、碳纳米管等材料的过载能力,是目前已知强度最高的材料;石墨烯具有优异的弹性性能,其弹性延展率高达 20%,高于绝大多数晶体。利用石墨烯材料优良的机械性能可以制成石墨烯谐振器,进而设计制作多种石墨烯谐振式传感器。

2. 石墨烯制备工艺

　　石墨烯作为谐振敏感元件,其制备过程中的高温、残余应力等制约了元件本身优良性能的发挥,因此,若要研制高性能的石墨烯谐振式 NEMS 传感器,首先需要选取合理的工艺制备高质量的石墨烯材料。石墨烯最初是通过机械剥离法获得的,该方法利用特殊胶带在高定向热解石墨表面反复撕揭,把得到的石墨烯薄片置于丙酮溶液,然后加入单晶硅片并施加超声振荡;石墨烯薄片通过分子间范德华力吸附在单晶硅片表面。这种工艺简单可行,易于获得结构完整、缺陷少的石墨烯膜;缺点是石墨烯的生产效率低且难以控制形状和尺寸,因此主要适用于实验室研究而难以量产。

　　近年来,随着石墨烯制备工艺不断取得进步,高质量、大面积的石墨烯得以批量生产,且制作成本迅速降低。目前主要的制备方法还包括氧化还原法、外延生长法、化学气相沉淀法(Chemical Vapor Deposition,CVD)等。

　　(1)氧化还原法

　　氧化还原法通常包括"氧化、剥离、还原"三个过程。具体是利用强氧化剂对石墨进行氧化处理,使石墨层间带有含氧基团(如羧基、羟基等),得到氧化石墨(Graphene Oxide,GO),经过超声分散形成单层氧化石墨烯,再进一步还原成所需的石墨烯。常用的还原方法包括化学液相还原、热还原、溶剂热还原等，其中化学还原法的研究及应用更为广泛。氧化还原法由于过程简单、工艺多元化等优点，已经成为目前功能化石墨烯制备的常用方法之一。但是氧化、还原等处理过程可能会造成碳原子缺失，导致制备的石墨烯含有较多的缺陷。

（2）外延生长法

外延生长法通常以碳化硅作为衬底材料，在高真空度下对氢气处理过的碳化硅晶体进行高温加热，晶体表面的硅原子被气化消除，而剩余的碳原子则在冷却过程中重新排列形成石墨烯层。这种方法生成的石墨烯可通过温度控制层数，但是高温、高真空度的苛刻条件增加了制备难度和成本，不利于批量生产。

近年来，在金属表面可控外延生长石墨烯的技术也得到了进一步发展，对多种金属单晶（Ru，Pt，Ni，Ir 等）表面上石墨烯的外延制备工艺和结构特性进行了深入研究，并在 Ru(001) 单晶表面获得了毫米量级高质量、连续无缺陷的单层石墨烯材料。

（3）化学气相沉积法

化学气相沉淀法制备石墨烯以有机分子或含碳化合物作为碳源，经过高温加热将其分解为碳原子，其中一些碳原子向金属基底扩散；冷却后，碳原子从金属内向表面析出，在金属表面发生二维重构形成石墨烯。如使用甲烷作为碳源在铜基底上生长了厘米量级的大面积石墨烯。由于铜对碳原子的溶解度较低，因此铜箔表面生成的单层石墨烯膜覆盖率约为 95%。也可以利用 ZnS 纳米带作为模板，通过 CVD 法制备了具有可控形状的石墨烯纳米带，该方法为批量合成具有规则形状的石墨烯膜提供了可能性。利用 CVD 法可以批量生产多组具有同样性能的石墨烯膜，且生长的石墨烯膜与通过机械剥离法得到的石墨烯膜具有同样优异的机械和电学性能。CVD 方法制备石墨烯通常需要进行基底转移，即把石墨烯从金属基底转移至待加工器件的基底上，转移过程要求尽可能保证石墨烯清洁不受污染，不能出现褶皱、破裂等。

CVD 法的特点是能够制备大面积、高质量的石墨烯，且容易控制石墨烯生长的速率和尺寸，目前已经成为石墨烯制备的主流方法。

以上几种方法中，由 CVD 和碳化硅外延生长法制备的石墨烯能应用于标准的晶片级光刻技术且和现阶段的集成电路工艺兼容。相对于碳化硅外延生长法，CVD 法制备效率更高、易于基底转移，因此在未来的电子器件、NEMS 传感器领域会有更广阔的应用前景。

思考题

1.1　有观点认为，谐振式传感器属于"仿生传感器"，谈谈你的理解。

1.2　谐振式敏感元件通常为连续弹性体，有无穷多个自由度，为什么说谐振式敏感元件工作时可以用质量块、弹簧和阻尼器组成的二阶系统力学行为来描述？

1.3　可否利用改变谐振敏感元件等效阻尼比的方式实现测量？简要说明你的理由。

1.4　谐振敏感元件可否工作于开环状态实现测量？简要说明你的理由。

1.5　实现谐振式测量原理时，通常需要构成以谐振敏感元件为核心的闭环自激系统。该闭环自激系统主要由哪几部分组成？各有什么用途？

1.6　对于工作于闭环自激系统的谐振式传感器，其闭环系统经常工作于非线性状态，说明该"非线性状态"对谐振式传感器的影响。

1.7　如何测量谐振敏感元件的 Q 值？如何提高测量精度？

1.8　从谐振式传感器的闭环自激条件来说明 Q 值越高越好。

1.9　讨论谐振式传感器的主要优点和可能的不足。

1.10　在频率输出的谐振式传感器中,主要采用什么方法来测量频率? 其特点是什么?

1.11　利用谐振现象构成的谐振式传感器,除了检测频率的敏感机理外,还有哪些敏感机理? 它们在使用时应注意什么问题?

1.12　简要讨论谐振式传感器在阶跃信号、周期信号作用下的动态特性。

1.13　谈谈你对谐振式传感器关键问题的理解。

1.14　简要说明幅值比检测的谐振式传感器的应用特点,并就图 1.18 所示的检测原理进行简要说明。

1.15　简述谐振敏感元件使用材料的主要特性。

1.16　说明石墨烯材料用于谐振敏感元件时的应用特点及应注意的问题。

第 2 章　谐振式压力传感器

基本内容:

谐振弦

谐振膜

谐振筒

谐振梁

石英振梁

硅微结构

石墨烯谐振子

电磁激励

压电激励

静电激励

电热激励

开环激励

闭环自激系统

差动输出检测

2.1　概　　述

　　谐振式压力传感器是一类典型的通过改变等效刚度、敏感频率的谐振式传感器。从 20 世纪 60 年代起,基于谐振弦丝、调谐音叉、谐振膜片、谐振筒等金属或石英材料加工制作的谐振敏感元件的谐振式压力传感器,主要用来测量气体压力。该传感器在航空机载大气参数(飞行速度、飞行高度)测量系统、航空航天地面测试系统、工业自动化领域、实验室计量测试等方面发挥了重要作用。20 世纪 90 年代后,采用单晶硅材料,通过微机械加工工艺制作而成的谐振式硅微结构压力传感器得到了快速发展。这类谐振式压力传感器,实现了二次敏感模式,可以让处于谐振状态的敏感元件工作于真空中,既可以测量气体压力,也可以测量液体压力。不仅具有谐振筒式压力传感器、谐振膜式压力传感器的直接输出数字信号、高性能等优点,在低成本、低功耗、快响应、批生产等方面展示出了明显的优势,大大提高了压力测量的总体技术水平,推动了相关应用领域的快速发展。

2.2　基本工作原理

　　图 2.1 所示为工作于闭环自激状态的谐振式压力传感器的拓扑结构示意图,其中图 2.1(a)为直接敏感模式,图 2.1(b)为间接敏感模式,被测流体介质压力作用于密闭容器状的敏感元件上。对于直接敏感模式,压力直接作用于谐振敏感元件上,改变其等效刚度;对于间接敏感模式,包括两个敏感环节,即直接感受压力的一次敏感元件和间接感受压力的二次谐

振敏感元件。二次谐振敏感元件多数为简单的双端固支梁谐振敏感元件,压力通过一次敏感元件转换为作用于梁谐振敏感元件上的集中力(F),改变梁谐振敏感元件的固有频率。

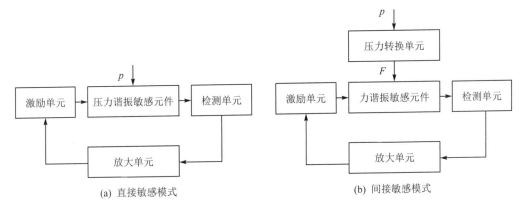

(a) 直接敏感模式　　　　　　　　　　　(b) 间接敏感模式

图 2.1　谐振式压力传感器的拓扑模型

被测压力直接或间接作用于谐振敏感元件上,主要改变了谐振敏感元件的等效刚度,基本不改变谐振敏感元件的等效质量。因此,谐振式压力传感器是一类典型的通过改变谐振频率实现测量的谐振式传感器。

谐振敏感元件直接敏感压力,敏感元件既是压力容器,又是谐振单元。流体介质参与谐振敏感元件的工作,不同压力状态对应谐振敏感元件不同的工作状态,特别是当压力较高时,谐振敏感元件的等效阻尼增大,大大降低了谐振敏感元件的机械品质因数,从而影响谐振式传感器的工作性能、测量精度,严重时将导致谐振敏感元件不能正常工作。

谐振敏感元件间接敏感压力,被测介质不与谐振敏感元件相互作用,谐振敏感元件可以封装于真空中,这有利于保持谐振敏感元件的高品质因数,使谐振式压力传感器在整个测量范围具有很好的工作品质与性能指标。该敏感元件不仅可以测量气体流体压力,而且可以测量液体流体压力。只要压力转换单元设计制作得当,也可以测量腐蚀性介质的压力。同时,对于不同量程,只要适当调整一次敏感元件(即压力转换单元)的结构参数,而不必对二次谐振敏感元件进行其他改变。这是间接敏感模式的突出优点,当然,这种敏感模式设计、制作较为复杂。

2.3　谐振弦式压力传感器

2.3.1　结构与原理

图 2.2 所示为谐振弦式压力传感器的原理示意图。该传感器由谐振弦(弹性弦丝)、磁铁线圈组件和谐振弦夹紧机构等元部件组成。

谐振弦是一根弦丝或弦带。其上端用夹紧机构夹紧,并与壳体固连;其下端用夹紧机构夹紧,并与膜片的硬中心固连。谐振弦夹紧时加一固定的预紧力。

磁铁线圈组件用于产生激励力和检测振动频率。磁铁可以是永久磁铁和直流电磁铁。根

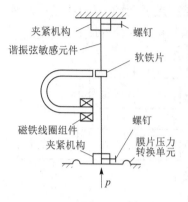

图 2.2　谐振弦式压力
传感器原理

据激励方式的不同,磁铁线圈组件可以是一个或两个。当用一个磁铁线圈组件时,线圈既是激励线圈,又是检测线圈。当线圈中通以脉冲电流时,固定在谐振弦上的软铁片被磁铁吸住,对谐振弦施加激励力。当不加脉冲电流时,软铁片被释放,谐振弦以某一固有频率自由振动,从而在磁铁线圈组件中感应出与谐振弦频率相同的感应电势。由于空气阻尼的影响,谐振弦的自由振动逐渐衰减,故在激励线圈中加上与谐振弦固有频率相同的脉冲电流,以使谐振弦维持振动。

若被测压力不同,则加在谐振弦上的张紧力不同,谐振弦的等效刚度不同,因此谐振弦的固有频率不同。从而通过测量谐振弦的谐振频率,就可以测出被测压力的大小。

2.3.2　频率特性方程

对于弹性弦丝,截面半径远远小于其长度,如图 2.3 所示。作用于弹性弦丝轴线方向的拉伸力为 F,弹性弦丝长为 L,截面积为 A,单位长度上的质量密度为 ρ_0(kg/m);双端固定、张紧的弹性弦丝在 xOz 平面作微幅横向振动,其位移为 $w(x,t)$。

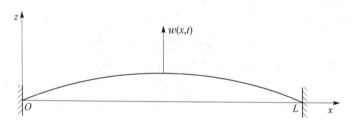

图 2.3　双端固支弹性弦丝振动位移

对于这样的弦丝,其自身的弹性和刚度可以忽略不计,只考虑由作用于弹性弦丝上的拉伸力 F 引起的弹性势能。拉伸力 F 相当于作用于弹性弦丝上的初始应力,其引起的弹性弦丝的初始弹性势能为

$$U_{ad} = -\frac{1}{2}\iiint\limits_{V}\sigma_x^0\left(\frac{\partial w}{\partial x}\right)^2 \mathrm{d}V = \frac{F}{2}\int_0^L\left(\frac{\partial w}{\partial x}\right)^2 \mathrm{d}x \tag{2.1}$$

式中:σ_x^0——作用于弦丝上的初始应力,其值为 F/A;

　　　V——弹性弦丝的积分体积。

弹性弦丝的动能为

$$T = \frac{\rho_0}{2}\int_0^L\left(\frac{\partial w}{\partial t}\right)^2 \mathrm{d}x \tag{2.2}$$

建立泛函

$$\pi_2 = U - T = -U_{ad} - T \tag{2.3}$$

依 $\delta\pi_2 = 0$ 可得弹性弦丝的微分方程为

$$\rho_0 \frac{\partial^2 w}{\partial t^2} - F \frac{\partial^2 w}{\partial x^2} = 0 \qquad (2.4)$$

方程(2.4)的解为

$$w = w(x,t) = w(x)\cos \omega t \qquad (2.5)$$

式中：ω——弹性弦丝横向振动的固有角频率(rad/s)；

　　$w(x)$——弹性杆弯曲振动沿轴线方向分布的振型。

弹性弦丝的边界条件为

$$\left. \begin{array}{l} x = 0, w(x) = 0 \\ x = L, w(x) = 0 \end{array} \right\} \qquad (2.6)$$

将式(2.5)代入式(2.4)，并利用边界条件式(2.6)，可得

$$\omega_n = \frac{n\pi}{L} \left(\frac{F}{\rho_0} \right)^{0.5} \ (\text{rad/s}) \qquad (2.7)$$

$$w_n(x) = W_{\max} \sin \left(\frac{n\pi x}{L} \right) \ (n = 1,\ 2,\ 3 \cdots) \qquad (2.8)$$

式中：$W_{\max}$——弦丝横向振动的最大位移(m)，由振动的初始条件决定。

弦丝横向振动基频和对应的一阶振型分别为

$$f_{\text{TR1}} = \frac{1}{2L} \left(\frac{F}{\rho_0} \right)^{0.5} \ (\text{Hz}) \qquad (2.9)$$

$$w_1(x) = W_{\max} \sin \left(\frac{\pi x}{L} \right) \qquad (2.10)$$

在实际测量中，作用于弹性弦丝上的集中力可以表述为

$$F = T_0 + T_p \qquad (2.11)$$

式中：T_p——由被测压力 p 转换为作用于谐振弦上的张紧力(N)；

　　T_0——谐振弦的初始张紧力(N)。

由式(2.9)、式(2.11)，可得在压力 p 作用下，谐振弦的最低阶固有频率为

$$f_{\text{TR1}}(p) = \frac{1}{2L} \left(\frac{T_0 + T_p}{\rho_0} \right)^{0.5} \ (\text{Hz}) \qquad (2.12)$$

由式(2.12)可知，谐振弦的固有频率与张紧力是非线性函数关系。当被测压力不同时，加在谐振弦上的张紧力不同，因此谐振弦的固有频率不同。测量此固有频率则可以测出被测压力的大小，亦即检测线圈中感应电势的频率与被测压力有关。

2.3.3　激励方式

图 2.4 所示为谐振弦式压力传感器的两种激励方式。图 2.4(a)为间歇式激励方式，图 2.4(b)为连续式激励方式。

在连续式激励方式中，有两个磁铁线圈组件：线圈 1 为激励线圈，线圈 2 为检测线圈。线圈 2 的感应电势经放大后，一方面作为输出信号，另一方面又反馈到激励线圈 1。只要放大后的信号满足谐振弦系统振荡所需的幅值和相位，谐振弦就会维持振动。

谐振弦式压力传感器具有灵敏度高、测量精确度高、结构简单、体积小、功耗低和惯性小等优点，故广泛用于压力测量中。

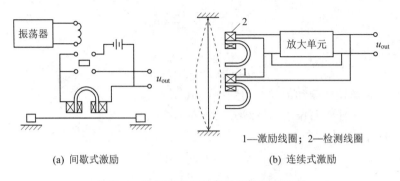

(a) 间歇式激励　　　　　　　　　　　(b) 连续式激励

1—激励线圈；2—检测线圈

图 2.4　谐振弦谐振敏感元件的激励方式

2.4　谐振膜式压力传感器

2.4.1　结构与原理

图 2.5 所示为谐振膜式压力传感器的原理图。周边固支的圆平膜片是弹性谐振敏感元件,在膜片中心处安装激励电磁线圈。膜片的边缘贴有半导体应变元件以检测其振动。在传感器的基座上装有引压管嘴。传感器的参考压力腔和被测压力腔为膜片所分隔。

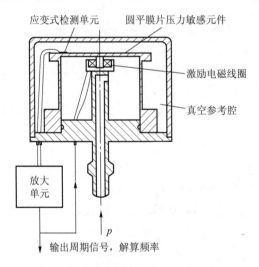

图 2.5　谐振膜式压力传感器原理

谐振膜式压力传感器的工作原理与谐振筒式压力传感器的工作原理一样,是利用谐振膜的固有频率随被测压力而变化来测量压力的。

当圆膜片受激励力后,以其固有频率振动。当被测压力变化时,圆膜片的刚度变化,导致固有频率发生相应的变化;同时,圆膜片振动使其边缘处的应力发生周期性变化,因而通过半导体应变片实现检测圆平膜片的振动信号,经电桥输出信号,送至放大电路。该信号一方面反馈到激励线圈,以维持膜片振动;另一方面经整形后输出方波信号输送给后续的测量电路。

谐振膜弹性敏感元件的频率、压力特性稳定性高,测量灵敏度高,体积小,质量小,结构简单。谐振膜式压力传感器具有很高的精度,可作为关键传感器应用于高性能超声速飞机上。

2.4.2　频率特性方程

如图 2.6 所示,R、H 分别为圆平膜片的半径(m)和厚度(m);E、μ、ρ_m 分别为材料的弹性模量(Pa)、泊松比和密度(kg/m³)(若无特别说明,这 3 个符号的物理意义不变);作用于膜片上的均布压力为 p,在圆平膜片中面建立平面极坐标系,膜片上、下表面分别记为 $+H/2$、$-H/2$。

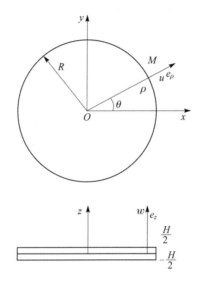

图 2.6　平面极坐标系中的圆平膜片

对于圆平膜片,沿其厚度方向的位移最显著,而且该位移分量与其厚度方向的坐标 z 无关。考虑到均布压力作用下会引起膜片的对称变形与振动,在膜片中面只有法线方向位移 w,在平行于中面的其他面内还有半径方向位移 u。

1. 圆平膜片的零压力频率

讨论圆平膜片零压力下的固有频率,圆平膜片上 M 点位移矢量可以描述为

$$\boldsymbol{V} = u(\rho, z, t)\boldsymbol{e}_\rho + w(\rho, t)\boldsymbol{e}_z \tag{2.13}$$

式中:$\boldsymbol{e}_\rho$、$\boldsymbol{e}_z$——圆平膜片沿半径方向、法线方向的单位矢量。

根据圆平膜片的几何特征及其小挠度振动,半径方向位移可以用法线方向位移表述

$$u(\rho, z, t) = -\frac{\partial w(\rho, t)}{\partial \rho} z \tag{2.14}$$

圆平膜片的弹性势能为

$$U = \frac{1}{2} \iiint_V (\sigma_\rho \varepsilon_\rho + \sigma_\theta \varepsilon_\theta + \sigma_{\rho\theta} \varepsilon_{\rho\theta}) \, \mathrm{d}V =$$

$$\frac{D}{2} \iint_S \left[\left(\frac{\partial^2 w}{\partial \rho^2} \right)^2 + \frac{2\mu}{\rho} \frac{\partial w}{\partial \rho} \frac{\partial^2 w}{\partial \rho^2} + \frac{1}{\rho^2} \left(\frac{\partial w}{\partial \rho} \right)^2 \right] \rho \, \mathrm{d}\rho \, \mathrm{d}\theta =$$

$$\pi D \int_0^R \left[\left(\frac{\partial^2 w}{\partial \rho^2} \right)^2 + \frac{2\mu}{\rho} \frac{\partial w}{\partial \rho} \frac{\partial^2 w}{\partial \rho^2} + \frac{1}{\rho^2} \left(\frac{\partial w}{\partial \rho} \right)^2 \right] \rho \, \mathrm{d}\rho \tag{2.15}$$

$$D = \frac{EH^3}{12(1-\mu^2)}$$

式中:D——膜片的抗弯刚度;

　　V——膜片的体积积分域;

　　S——膜片中面的面积积分域。

圆平膜片的动能为

$$T = \frac{1}{2} \iiint_V \left[\left(\frac{\partial u}{\partial t} \right)^2 + \left(\frac{\partial v}{\partial t} \right)^2 + \left(\frac{\partial w}{\partial t} \right)^2 \right] \rho_m \, \mathrm{d}V =$$

$$\frac{\rho_m H}{2} \iint_S \left[\left(\frac{\partial w}{\partial t} \right)^2 + \frac{H^2}{12} \left(\frac{\partial^2 w}{\partial \rho \partial t} \right)^2 \right] \rho \, \mathrm{d}\rho \, \mathrm{d}\theta =$$

$$\pi \rho_m H \int_0^R \left[\left(\frac{\partial w}{\partial t} \right)^2 + \frac{H^2}{12} \left(\frac{\partial^2 w}{\partial \rho \partial t} \right)^2 \right] \rho \, \mathrm{d}\rho \tag{2.16}$$

圆平膜片的对称振动的法线方向振动位移分量可以描述为

$$w(\rho,t) = w(\rho) w(t) = w(\rho) \cos \omega t \tag{2.17}$$

式中:ω——圆平膜片的弯曲振动的固有角频率(rad/s);

　　$w(\rho)$——对应于圆平膜片固有角频率 ω 的对称振动振型沿半径方向的分布规律;

　　$w(t)$——圆平膜片与时间相关的振动规律,$w(t) = \cos \omega t$。

基于周边固支圆平膜片的几何边界条件为

$$\left. \begin{array}{l} \rho = 0, \ \dfrac{\mathrm{d}w}{\mathrm{d}\rho} = 0 \\[2mm] \rho = R, \ w = \dfrac{\mathrm{d}w}{\mathrm{d}\rho} = 0 \end{array} \right\} \tag{2.18}$$

对于圆平膜片的最低阶弯曲振动,$w(\rho)$ 可以描述为

$$w(\rho) = W_{\max} \left(1 - \frac{\rho^2}{R^2} \right)^2 = W_{\max} \left(\frac{\rho^4}{R^4} - 2\frac{\rho^2}{R^2} + 1 \right) \tag{2.19}$$

式中:$W_{\max}$——圆平膜片最低阶弯曲振动中心处法线方向的最大位移(m),$W_{\max} = C_0$,由振动初始条件决定。

由式(2.15)、式(2.17)、式(2.19)可得

$$U = \pi D \cos^2 \omega t \int_0^R \left[\left(\frac{\partial^2 w}{\partial \rho^2} \right)^2 + \frac{2\mu}{\rho} \frac{\partial w}{\partial \rho} \frac{\partial^2 w}{\partial \rho^2} + \frac{1}{\rho^2} \left(\frac{\partial w}{\partial \rho} \right)^2 \right] \rho \, \mathrm{d}\rho =$$

$$\frac{32\pi D}{3R^2} C_0^2 \cos^2 \omega t = q_{10} C_0^2 \cos^2 \omega t$$

$$q_{10} = \frac{32\pi D}{3R^2} \tag{2.20}$$

由式(2.16)、式(2.17)、式(2.19)可得

$$T = \pi \rho_m H \omega^2 \sin^2 \omega t \int_0^R \left[w^2 + \frac{H^2}{12} \left(\frac{\partial w}{\partial \rho} \right)^2 \right] \rho \, \mathrm{d}\rho =$$

$$\pi \rho_m H \omega^2 \sin^2 \omega t \, C_0^2 \int_0^R \left[g_0^2(\rho) + \frac{H^2}{12} g_1^2(\rho) \right] \rho \, \mathrm{d}\rho = q_{20} C_0^2 \sin^2 \omega t$$

$$q_{20} = \pi \rho_m H \omega^2 \left(\frac{R^2}{10} + \frac{H^2}{18} \right) \tag{2.21}$$

由式(2.20)、式(2.21)可得周边固支圆平膜片弯曲振动的最低阶固有角频率为

$$\omega \approx \left(\frac{q_{10}}{q_{20}} \right)^{0.5} = \left[\frac{960D}{\rho_m H R^2 (9R^2 + 5H^2)} \right]^{0.5} (\text{rad/s}) \tag{2.22}$$

对于圆平膜片,$R^2/H^2 \gg 1$,故式(2.22)可以简化为

$$\omega \approx \frac{1}{R^2} \left(\frac{320D}{3\rho_m H} \right)^{0.5} (\text{rad/s}) \tag{2.23}$$

或

$$f_{\text{R,B1}} = \frac{\omega}{2\pi} \approx \frac{2H}{3\pi R^2} \left[\frac{5E}{\rho_m (1 - \mu^2)} \right]^{0.5} (\text{Hz}) \tag{2.24}$$

式(2.24)给出了谐振膜式压力传感器被测压力为零时的频率。这一结论比通常的精确解高 1%。

2. 圆平膜片的压力频率特性

考虑圆平膜片的压力频率特性,需要研究圆平膜片的大挠度变形。

依据板的大挠度变形理论,在对称载荷作用下,圆平膜片有中面位移 $u(\rho)$、$w(\rho)$,平行于中面的半径方向位移分量为

$$u(\rho, \theta, z) = u(\rho) - \frac{dw(\rho)}{d\rho} z \tag{2.25}$$

于是膜片的应变为

$$\left. \begin{aligned} \varepsilon_\rho &= \frac{du(\rho)}{d\rho} + \frac{1}{2} \left[\frac{dw(\rho)}{d\rho} \right]^2 - \frac{d^2 w(\rho)}{d\rho^2} z \\ \varepsilon_\theta &= \frac{u(\rho)}{\rho} - \frac{dw(\rho)}{\rho \, d\rho} z \\ \varepsilon_{\rho\theta} &= 0 \end{aligned} \right\} \tag{2.26}$$

圆平膜片的弹性势能为

$$U = \frac{1}{2} \iiint_V (\sigma_\rho \varepsilon_\rho + \sigma_\theta \varepsilon_\theta + \sigma_{\rho\theta} \varepsilon_{\rho\theta}) \, dV =$$

$$\pi D \int_0^R \left[\left(\frac{d^2 w}{d\rho^2} \right)^2 + \frac{2\mu}{\rho} \frac{dw}{d\rho} \frac{d^2 w}{d\rho^2} + \frac{1}{\rho^2} \left(\frac{dw}{d\rho} \right)^2 \right] \rho \, d\rho +$$

$$\frac{\pi E H}{1 - \mu^2} \int_0^R \left\{ \left[\frac{du}{d\rho} + \frac{1}{2} \left(\frac{dw}{d\rho} \right)^2 \right]^2 + \left(\frac{u}{\rho} \right)^2 + 2\mu \frac{u}{\rho} \left[\frac{du}{d\rho} + \frac{1}{2} \left(\frac{dw}{d\rho} \right)^2 \right] \right\} \rho \, d\rho \tag{2.27}$$

均布压力 p 对膜片做的功为

$$W = \iint_S p w(\rho) \rho \, d\rho \, d\theta = 2\pi \int_0^R p w(\rho) \rho \, d\rho \tag{2.28}$$

周边固支圆平膜片的几何边界条件除了法线方向位移分量满足式(2.18),半径方向位移分量还满足

$$\left. \begin{aligned} \rho &= 0, \ u(\rho) = 0 \\ \rho &= R, \ u(\rho) = 0 \end{aligned} \right\} \tag{2.29}$$

基于式(2.18)和式(2.29),圆平膜片的法线方向位移分量与半径方向位移分量可以近似表述为

$$w(\rho) = C_0\left(1 - \frac{\rho^2}{R^2}\right)^2 = C_0\left(\frac{\rho^4}{R^4} - 2\frac{\rho^2}{R^2} + 1\right) \tag{2.30}$$

$$u(\rho) = \left(\frac{\rho}{R} - \frac{\rho^2}{R^2}\right)\left(A_0 + A_1\frac{\rho}{R}\right) = A_0\left(\frac{\rho}{R} - \frac{\rho^2}{R^2}\right) + A_1\left(\frac{\rho^2}{R^2} - \frac{\rho^3}{R^3}\right) \tag{2.31}$$

式中:C_0——圆平膜片法线方向位移分量的最大值(m)。

由式(2.27)、式(2.30)和式(2.31)可得圆平膜片的弹性势能为

$$U = q_{10}C_0^2 + q_{11}A_0^2 + q_{12}A_1^2 + q_{13}C_0^4 + q_{14}A_0A_1 + q_{15}A_0C_0^2 + q_{16}A_1C_0^2 \tag{2.32}$$

$$q_{10} = \frac{32\pi D}{3R^2} \tag{2.33}$$

$$q_{11} = \frac{1}{4} \cdot \frac{\pi EH}{1-\mu^2} \tag{2.34}$$

$$q_{12} = \frac{7}{60} \cdot \frac{\pi EH}{1-\mu^2} \tag{2.35}$$

$$q_{13} = \frac{32}{105} \cdot \frac{\pi EH}{(1-\mu^2)R^2} \tag{2.36}$$

$$q_{14} = \frac{3}{10} \cdot \frac{\pi EH}{1-\mu^2} \tag{2.37}$$

$$q_{15} = \frac{-46+82\mu}{315} \cdot \frac{\pi EH}{(1-\mu^2)R} \tag{2.38}$$

$$q_{16} = \frac{4+44\mu}{315} \cdot \frac{\pi EH}{(1-\mu^2)R} \tag{2.39}$$

由式(2.28)、式(2.30)可得均布压力做的功为

$$W = q_{00}C_0 \tag{2.40}$$

$$q_{00} = \frac{\pi R^2 p}{3} \tag{2.41}$$

建立能量泛函

$$\pi_1(A_0, A_1, C_0) = q_{10}C_0^2 + q_{11}A_0^2 + q_{12}A_1^2 + q_{13}C_0^4 +$$
$$q_{14}A_0A_1 + q_{15}A_0C_0^2 + q_{16}A_1C_0^2 - q_{00}C_0 \tag{2.42}$$

利用 $\delta\pi_1 = 0$ 可得

$$\frac{\partial\pi_1(A_0, A_1, C_0)}{\partial A_0} = 0 \quad \Rightarrow$$

$$2q_{11}A_0 + q_{14}A_1 + q_{15}C_0^2 = 0 \tag{2.43}$$

$$\frac{\partial\pi_1(A_0, A_1, C_0)}{\partial A_1} = 0 \quad \Rightarrow$$

$$2q_{12}A_1 + q_{14}A_0 + q_{16}C_0^2 = 0 \tag{2.44}$$

$$\frac{\partial\pi_1(A_0, A_1, C_0)}{\partial C_0} = 0 \quad \Rightarrow$$

$$4q_{13}C_0^3 + 2(q_{10} + q_{15}A_0 + q_{16}A_1)C_0 - q_{00} = 0 \tag{2.45}$$

由式(2.33)~式(2.45)可得

$$A_0 = \frac{179-89\mu}{126} \cdot \frac{C_0^2}{R} \tag{2.46}$$

$$A_1 = \frac{-79+13\mu}{42} \cdot \frac{C_0^2}{R} \tag{2.47}$$

$$\frac{128}{105} \cdot \frac{\pi EH}{1-\mu^2} \cdot \frac{C_0^3}{R^2} + 2\frac{\pi EH}{(1-\mu^2)R}\left[\frac{8H^2}{9R} + \left(\frac{-46+82\mu}{315}\right)A_0 + \left(\frac{4+44\mu}{315}\right)A_1\right]C_0 - \frac{1}{3}\pi R^2 p = 0 \tag{2.48}$$

将式(2.46)和式(2.47)代入式(2.48),可得

$$k_1\left(\frac{C_0}{H}\right) + k_3\left(\frac{C_0}{H}\right)^3 = p \tag{2.49}$$

$$k_1 = \frac{16E}{3(1-\mu^2)}\left(\frac{H}{R}\right)^4 \tag{2.50}$$

$$k_3 = \frac{16E}{3(1-\mu^2)}\left(\frac{H}{R}\right)^4 \cdot \frac{7\,505+4\,250\mu-2\,791\mu^2}{17\,640} \tag{2.51}$$

事实上,圆平膜片的小挠度变形问题,可以描述为

$$\frac{16E}{3(1-\mu^2)}\left(\frac{H}{R}\right)^3 \cdot \frac{C_0}{R} - p = 0 \tag{2.52}$$

等效刚度为

$$k_{eq} = \frac{dF_{eq}}{dC_0} = \frac{d(A_{eq}p)}{dC_0} = \frac{16E}{3(1-\mu^2)}\left(\frac{H}{R}\right)^3\frac{A_{eq}}{R} \tag{2.53}$$

式中:F_{eq}——由压力引起的作用于圆平膜片上的等效集中力(N);

$\quad A_{eq}$——圆平膜片的等效面积(m^2)。

对应的最低阶固有频率为

$$f(0) = \frac{1}{2\pi}\left(\frac{k_{eq}}{m_{eq}}\right)^{0.5} (\text{Hz}) \tag{2.54}$$

式中:m_{eq}——圆平膜片的等效质量(kg)。

考虑到实际应用中,圆平膜片的等效面积 A_{eq} 与等效质量 m_{eq} 均变化非常小,故在大挠度变形情况下,由式(2.49)~式(2.51)可得圆平膜片的等效刚度为

$$k_{eq}(p) = \frac{dF_{eq}}{dC_0} = \frac{d(A_{eq}p)}{dC_0} = 3\left(\frac{15\,010+8\,500\mu-5\,582\mu^2}{6615}\right)\frac{EH}{(1-\mu^2)R}\left(\frac{C_0}{R}\right)^2\frac{A_{eq}}{R} +$$

$$\frac{16E}{3(1-\mu^2)}\left(\frac{H}{R}\right)^3\frac{A_{eq}}{R} = \left(\frac{15\,010+8\,500\mu-5\,582\mu^2}{2205}\right)\frac{EH}{(1-\mu^2)R}\left(\frac{C_0}{R}\right)^2\frac{A_{eq}}{R} +$$

$$\frac{16E}{3(1-\mu^2)}\left(\frac{H}{R}\right)^3\frac{A_{eq}}{R} \tag{2.55}$$

于是在压力 p 作用下,圆平膜片的最低阶固有频率为

$$f_{R,B1}(p) = \frac{1}{2\pi}\left[\frac{k_{eq}(p)}{m_{eq}}\right]^{0.5} (\text{Hz}) \tag{2.56}$$

结合式(2.24)、式(2.54)、式(2.56)可得

$$f_{R,B1}(p)=\frac{1}{2\pi}\left[\frac{k_{eq}(p)}{m_{eq}}\right]^{0.5}=\frac{1}{2\pi}\left(\frac{k_{eq}}{m_{eq}}\right)^{0.5}\left[1+\frac{\left(\dfrac{15\,010+8\,500\mu-5\,582\mu^2}{2205}\right)\dfrac{EH}{(1-\mu^2)R}\left(\dfrac{C_0}{R}\right)^2}{\dfrac{16E}{3(1-\mu^2)}\left(\dfrac{H}{R}\right)^3}\right]^{0.5}=$$

$$f(0)\left[1+\frac{7\,505+4\,250\mu-2791\mu^2}{5\,880}\cdot\left(\frac{C_0}{H}\right)^2\right]^{0.5}\ (\text{Hz}) \tag{2.57}$$

式中：$f_{R,B1}(p)$——压力 p 下圆平膜片最低阶固有频率(Hz)；

　　C_0——由被测压力引起的圆平膜片大挠度变形情况下中心处的最大法线方向位移，由
式(2.49)确定。

应当指出：计算圆平膜片在不同压力下的最低阶固有频率 $f_{R,B1}(p)$ 时，应首先由式
(2.49)计算出压力 p 对应的圆平膜片的最大法线方向位移 C_0，然后将 C_0 代入式(2.57)再计
算。利用上述模型，基于被测压力范围与圆平膜片适当的频率相对变化率，即可设计圆平膜片
的几何结构参数，即半径 R 和厚度 H。

2.5　电磁激励谐振筒式压力传感器

2.5.1　结构与原理

图 2.7 所示为谐振筒式压力传感器的原理结构示意图。它由传感器本体和闭环激励放大
单元两部分组成。

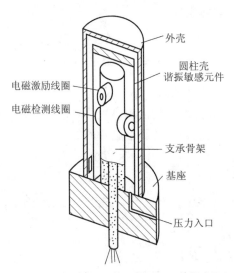

图 2.7　谐振筒式压力传感器原理结构

传感器本体由谐振筒压力敏感元件、电磁激励线圈和电磁检测线圈组成。该传感器是绝
压传感器，所以谐振筒与壳体间为真空。谐振筒由车削或旋压拉伸而成型，再经过严格的热处
理工艺制成。其材料通常为 3J53 -恒弹合金或 3J58 -恒弹合金(国外称 Ni-Span-C)。用丁人

气参数测量的谐振筒的典型尺寸为直径 16～18 mm、壁厚度 0.07～0.08 mm 以及有效长度 45～60 mm。一般要求其 Q 值大于 5 000。

近年来,国内外还发展了小型化谐振筒式压力传感器和用于高温环境的大压力谐振筒式传感器。小型化谐振筒式压力传感器直径为 9～12 mm、壁厚度为 0.03～0.04 mm、有效长度为 26～30 mm,大压力谐振筒式传感器直径为 18～22 mm、壁厚度为 0.15～0.3 mm、有效长度为 50～55 mm,压力最大可到 4 MPa。

根据谐振筒压力敏感元件的结构特点及参数范围,其可能具有的振动振型如图 2.8 所示。图 2.8(a)所示为谐振筒环线方向的振型;图 2.8(b)所示为谐振筒母线方向的振型。图中 m 为沿谐振筒母线方向振型的半波数,n 为沿谐振筒环线方向振型的整(周)波数。

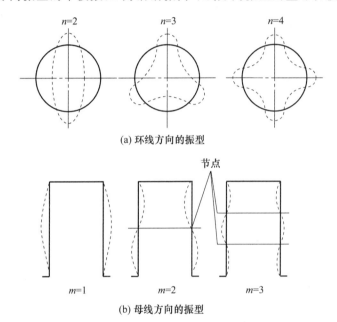

图 2.8　谐振筒可能具有的振动振型

图 2.9 所示为振动振型与应变能间的关系示意图。图 2.9(a)所示为最低阶固有频率随

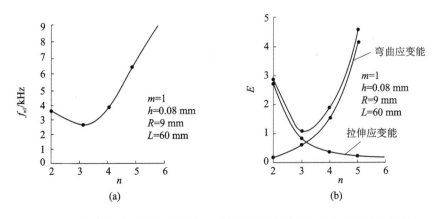

图 2.9　圆柱壳母线方向半波数为 1 时的零压力频率与弹性势能的变化规律

环线方向波数 n 的变化曲线;图 2.9(b)所示为拉伸和弯曲应变能与 n 的关系曲线。由图 2.9 可看出:当 $m=1$ 时,n 在 3~4 间所需的应变能最小,故电磁激励的谐振筒式压力传感器设计时一般都选择其 $m=1$,$n=4$。

当通入谐振筒的被测压力不同时,谐振筒的等效刚度也不同,故谐振筒的固有频率不同,因此通过测量谐振筒的固有频率就可以测出被测压力的大小。

2.5.2 频率特性方程

如图 2.10 所示,r、h、L 分别为圆柱壳体的中柱面半径(m)、壁厚(m)和有效长度(m);圆柱壳底端固支约束,顶端有一厚 H 的顶盖,内腔充有压力为 p 的气体。

圆柱壳体的壁厚 h 相对于中柱面半径 r 非常小,因此可以不考虑在圆柱壳体壁厚方向(半径方向)的变形,即在厚度方向(法线方向)的位移分量与厚度方向的坐标无关。如图 2.11 所示,在小挠度的线性变化范围,在圆柱壳的中柱面上,诸位移分量 u、v、w 只是母线方向和环线方向坐标 s、θ 的函数,与法线方向坐标 ρ 无关。在圆柱壳中柱面建立动坐标系,壳体在母线方向、切线方向、法线方向的位移分别为 u、v、w,相应的坐标分别为 s、θ、r,则中柱面上 M 点的位移矢量可以表示为

$$\boldsymbol{V}=u(s,\theta)\boldsymbol{e}_s+v(s,\theta)\boldsymbol{e}_\theta+w(s,\theta)\boldsymbol{e}_\rho \tag{2.58}$$

式中:$\boldsymbol{e}_s$、$\boldsymbol{e}_\theta$、$\boldsymbol{e}_\rho$——圆柱壳中柱面沿母线方向、切线方向、法线方向的单位矢量。

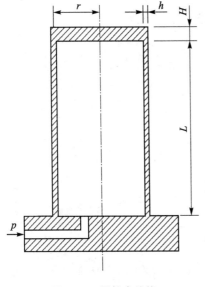

图 2.10 圆柱壳结构

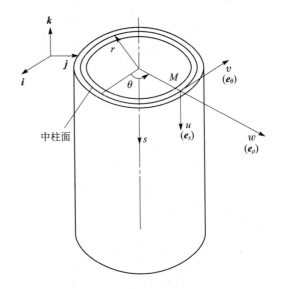

图 2.11 圆柱壳坐标系

1. 圆柱壳的能量方程

圆柱壳中柱面的几何方程为

$$\left.\begin{array}{l} \varepsilon_s^{(0)} = \dfrac{\partial u}{\partial s} \\[2mm] \varepsilon_\theta^{(0)} = \dfrac{\partial v}{r \partial \theta} + \dfrac{w}{r} \\[2mm] \varepsilon_{s\theta}^{(0)} = \dfrac{\partial u}{r \partial \theta} + \dfrac{\partial v}{\partial s} \end{array}\right\} \tag{2.59}$$

与圆柱壳中柱面平行,且与中柱面相距 z 的圆柱面定义为 z 柱面;图 2.11 所示的圆柱壳体,$z \in [-0.5h, 0.5h]$。

在 z 柱面,任一点 M 的坐标可以表示为 $(s, \theta, r+z)$,基于圆柱壳体的几何结构特征与上述分析,点 M 的位移矢量可以表示为

$$\boldsymbol{V}^{(z)} = u(s, \theta, z)\boldsymbol{e}_s + v(s, \theta, z)\boldsymbol{e}_\theta + w(s, \theta)\boldsymbol{e}_\rho \tag{2.60}$$

式中:$u(s, \theta, z)$、$v(s, \theta, z)$、$w(s, \theta)$——在 z 柱面的 M 点沿母线方向、切线方向和法线方向的位移分量。

以圆柱壳中柱面位移描述的 z 柱面上的几何方程为

$$\left.\begin{array}{l} \varepsilon_s^{(z)} = \varepsilon_s^{(0)} + zK_s \\[2mm] \varepsilon_\theta^{(z)} = \varepsilon_\theta^{(0)} + zK_\theta \\[2mm] \varepsilon_{s\theta}^{(z)} = \varepsilon_{s\theta}^{(0)} + zK_{s\theta} \end{array}\right\} \tag{2.61}$$

$$\left.\begin{array}{l} K_s = -\dfrac{\partial^2 w}{\partial s^2} \\[3mm] K_\theta = \left(\dfrac{\partial v}{\partial \theta} - \dfrac{\partial^2 w}{\partial \theta^2}\right)\dfrac{1}{r^2} \\[3mm] K_{s\theta} = 2\left(\dfrac{\partial v}{\partial s} - \dfrac{\partial^2 w}{\partial s \partial \theta}\right)\dfrac{1}{r} \end{array}\right\} \tag{2.62}$$

圆柱壳的弹性势能为

$$U = \frac{1}{2}\iiint_V (\sigma_s^{(z)}\varepsilon_s^{(z)} + \sigma_\theta^{(z)}\varepsilon_\theta^{(z)} + \sigma_{s\theta}^{(z)}\varepsilon_{s\theta}^{(z)})\,\mathrm{d}V = \frac{Eh}{2(1-\mu^2)}\iint_A \Big[(\varepsilon_s^{(0)})^2 + (\varepsilon_\theta^{(0)})^2 + 2\mu\,\varepsilon_s^{(0)}\varepsilon_\theta^{(0)} +$$

$$\frac{1-\mu}{2}(\varepsilon_{s\theta}^{(0)})^2 + \frac{h^2}{12}\Big(K_s^2 + K_\theta^2 + 2\mu K_s K_\theta + \frac{1-\mu}{2}K_{s\theta}^2\Big)\Big]\,\mathrm{d}A \tag{2.63}$$

式中:V——圆柱壳的积分体积;

A——圆柱壳中柱面的积分面积。

圆柱壳的动能为

$$T = \frac{1}{2}\iiint_V \Big[\Big(\frac{\partial u}{\partial t}\Big)^2 + \Big(\frac{\partial v}{\partial t}\Big)^2 + \Big(\frac{\partial w}{\partial t}\Big)^2\Big]\rho_m\,\mathrm{d}V = \frac{\rho_m h}{2}\iint_A \Big[\Big(\frac{\partial u}{\partial t}\Big)^2 + \Big(\frac{\partial v}{\partial t}\Big)^2 + \Big(\frac{\partial w}{\partial t}\Big)^2\Big]\,\mathrm{d}A \tag{2.64}$$

在压力 p 作用下,依图 2.12 的关系,圆柱壳内产生的初始应力 $\sigma_s^{(0)}$、$\sigma_\theta^{(0)}$ 满足

$$\left.\begin{array}{l} 2\pi rh\sigma_s^{(0)} = \pi p r^2 \\[2mm] 2h\sigma_\theta^{(0)} = 2p\displaystyle\int_0^{\frac{\pi}{2}} r\sin\theta\,\mathrm{d}\theta \end{array}\right\} \tag{2.65}$$

即

$$
\left.\begin{aligned}
\sigma_s^{(0)} &= \frac{1}{2}\frac{pr}{h} \\
\sigma_\theta^{(0)} &= \frac{pr}{2}
\end{aligned}\right\}
\tag{2.66}
$$

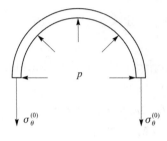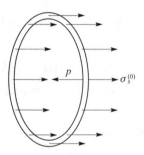

图 2.12 初始应力 $\sigma_s^{(0)}$、$\sigma_\theta^{(0)}$

初始应力 $\sigma_s^{(0)}$、$\sigma_\theta^{(0)}$ 引起的初始弹性势能为

$$
\begin{aligned}
U_{\mathrm{ad}} &= -\frac{1}{2}\iiint\limits_V \left[\sigma_s^{(0)}\left(\frac{\partial \boldsymbol{V}}{\partial s}\cdot\frac{\partial \boldsymbol{V}}{\partial s}\right) + \sigma_\theta^{(0)}\left(\frac{\partial \boldsymbol{V}}{r\partial\theta}\cdot\frac{\partial \boldsymbol{V}}{r\partial\theta}\right)\right]\mathrm{d}V \\
&= -\frac{h}{2}\iint\limits_A \left[\sigma_s^{(0)}\left(\frac{\partial \boldsymbol{V}}{\partial s}\cdot\frac{\partial \boldsymbol{V}}{\partial s}\right) + \sigma_\theta^{(0)}\left(\frac{\partial \boldsymbol{V}}{r\partial\theta}\cdot\frac{\partial \boldsymbol{V}}{r\partial\theta}\right)\right]\mathrm{d}A
\end{aligned}
\tag{2.67}
$$

式中：$\boldsymbol{V}$——圆柱壳中柱面上的位移矢量，由式(2.58)描述；

  V——圆柱壳的积分体积；

  A——圆柱壳中柱面的积分面积。

因此，在压力 p 的作用下，圆柱壳的总弹性势能为

$$
U_T = U - U_{\mathrm{ad}}
\tag{2.68}
$$

2. 圆柱壳固有频率的近似计算公式

对于谐振筒式压力传感器实际应用中的圆柱壳，在一定假设条件下，可以给出计算谐振筒内的压力 p 与所对应的固有频率的近似计算公式

$$
f_{nm}(p) = f_{nm}(0)(1 + C_{nm}p)^{0.5}\ (\mathrm{Hz})
\tag{2.69}
$$

$$
f_{nm}(0) = \frac{1}{2\pi}\left[\frac{E}{\rho_m r^2(1-\mu^2)}\right]^{0.5}(\Omega_{nm})^{0.5}\ (\mathrm{Hz})
\tag{2.70}
$$

$$
\Omega_{nm} = \frac{(1-\mu)^2\lambda^4}{(\lambda^2+n^2)^2} + \alpha(\lambda^2+n^2)^2
$$

$$
C_{nm} = \frac{0.5\lambda^2 + n^2}{4\pi^2 f_{nm}^2(0)\rho_m rh}
$$

$$
\lambda = \frac{\pi rm}{L}
$$

$$\alpha = \frac{h^2}{12r^2}$$

式中: $f_{nm}(0)$——压力为零时谐振筒所具有的固有频率(Hz);

　　　p——被测气体压力(Pa);

　　　m——振型沿圆柱壳体母线方向的半波数($m \geqslant 1$);

　　　n——振型沿圆柱壳体环线方向的整波数($n \geqslant 2$);

　　　C_{nm}——与圆柱壳体材料、物理参数和振动振型波数等有关的系数(Pa^{-1});

　　　Ω_{nm}——与圆柱壳体几何结构参数、泊松比和振动振型波数等有关的无量纲因子。

　　式(2.69)、式(2.70)给出的模型,对压力为零时谐振筒固有频率 $f_{nm}(0)$ 的计算较为准确,但对于 C_{nm} 或任意压力下的谐振频率 $f_{nm}(p)$ 的计算相当困难,相应振型得到较为精确的解更为困难,下面给出采用有限元法的相应公式。

3. 圆柱壳环单元的有限元列式

　　对于圆柱壳,其环线方向波数为 n 的对称振型可写为

$$\left.\begin{aligned} u &= u(s)\cos n\theta \cos \omega t \\ v &= v(s)\sin n\theta \cos \omega t \\ w &= w(s)\cos n\theta \cos \omega t \end{aligned}\right\} \tag{2.71}$$

式中: $u(s)$, $v(s)$, $w(s)$——沿圆柱壳母线方向分布的振型;

　　　ω——相应的固有角频率(rad/s)。

　　将式(2.71)分别代入式(2.63)、式(2.64)、式(2.67)可分别得到式(2.72)、式(2.73)、式(2.74)。

$$U = \frac{\pi r h \cos^2 \omega t}{2}\int_S (\boldsymbol{L}_s \boldsymbol{V}(s))^{\mathrm{T}}\boldsymbol{D}(\boldsymbol{L}_s \boldsymbol{V}(s))\,\mathrm{d}s \tag{2.72}$$

式中: S——沿圆柱壳母线方向的线积分域。

$$L_s = \begin{bmatrix} \dfrac{\mathrm{d}}{\mathrm{d}s} & 0 & 0 \\[2mm] 0 & \dfrac{n}{r} & \dfrac{1}{r} \\[2mm] -\dfrac{n}{r} & \dfrac{\mathrm{d}}{\mathrm{d}s} & 0 \\[2mm] 0 & 0 & -\dfrac{\mathrm{d}^2}{\mathrm{d}s^2} \\[2mm] 0 & \dfrac{n}{r^2} & \dfrac{n^2}{r^2} \\[2mm] 0 & \dfrac{2}{r}\dfrac{\mathrm{d}}{\mathrm{d}s} & \dfrac{2n}{r}\dfrac{\mathrm{d}}{\mathrm{d}s} \end{bmatrix}$$

$$\boldsymbol{V}(s) = \begin{bmatrix} u(s) & v(s) & w(s) \end{bmatrix}^{\mathrm{T}}$$

$$\boldsymbol{D} = \frac{E}{1-\mu^2} \begin{bmatrix} 1 & \mu & 0 & 0 & 0 & 0 \\ \mu & 1 & 0 & 0 & 0 & 0 \\ 0 & 0 & \dfrac{1-\mu}{2} & 0 & 0 & 0 \\ 0 & 0 & 0 & \dfrac{h^2}{12} & \dfrac{h^2}{12}\mu & 0 \\ 0 & 0 & 0 & \dfrac{h^2}{12}\mu & \dfrac{h^2}{12} & 0 \\ 0 & 0 & 0 & 0 & 0 & \dfrac{1-\mu}{24}h^2 \end{bmatrix}$$

$$T = \frac{\pi \rho_m h r \omega^2 \sin^2 \omega t}{2} \int_S \boldsymbol{V}(s)^{\mathrm{T}} \boldsymbol{V}(s)\,\mathrm{d}s \tag{2.73}$$

$$U_{\mathrm{ad}} = \frac{-\pi h r \cos^2 \omega t}{2} \int_S \{ \sigma_s^{(0)} [\boldsymbol{V}(s)\boldsymbol{O}_s]^{\mathrm{T}} [\boldsymbol{V}(s)\boldsymbol{O}_s] + \sigma_\theta^{(0)} \boldsymbol{V}(s)^{\mathrm{T}} \boldsymbol{O}_\theta \boldsymbol{V}(s) \}\,\mathrm{d}s \tag{2.74}$$

$$\boldsymbol{O}_s = \begin{bmatrix} \dfrac{\mathrm{d}}{\mathrm{d}s} & 0 & 0 \\ 0 & \dfrac{\mathrm{d}}{\mathrm{d}s} & 0 \\ 0 & 0 & \dfrac{\mathrm{d}}{\mathrm{d}s} \end{bmatrix}$$

$$\boldsymbol{O}_\theta = \frac{1}{r^2} \begin{bmatrix} n^2 & 0 & 0 \\ 0 & n^2+1 & 2n \\ 0 & 2n & n^2+1 \end{bmatrix}$$

依上述有关各式及 $\boldsymbol{L}_s$、$\boldsymbol{O}_s$、$\boldsymbol{O}_\theta$ 诸算子矩阵的特性,在圆柱壳的母线方向划分环单元,如图 2.13 所示,共分 N 个单元,第 i 个单元对应着第 i 个节点 s_i 和第 $i+1$ 个节点 s_{i+1},引入无量纲长度 $x=(s-s_i)/l-1$,$l=0.5(s_{i+1}-s_i)$,即 $s \in [s_i, s_{i+1}]$ 对应 $x \in [-1,1]$。在第 i 个单元,对 $\boldsymbol{V}(s)$ 引入 Hermite 插值,有

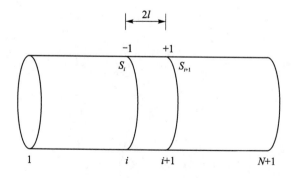

图 2.13　圆柱壳沿母线方向划分单元

$$V_i(s) = XGCa_i = XAa_i \tag{2.75}$$

$$X = \begin{bmatrix} X_1^{(0)} & 0 & 0 \\ 0 & X_1^{(0)} & 0 \\ 0 & 0 & X_2^{(0)} \end{bmatrix}_{3\times14}$$

$$X_1^{(0)} = \begin{bmatrix} 1 & x & x^2 & x^3 \end{bmatrix}$$

$$X_2^{(0)} = \begin{bmatrix} 1 & x & x^2 & x^3 & x^4 & x^5 \end{bmatrix}$$

$$G = \begin{bmatrix} G_1 & 0 & 0 \\ 0 & G_1 & 0 \\ 0 & 0 & G_2 \end{bmatrix}_{14\times14} \qquad G_1 = \frac{1}{4}\begin{bmatrix} 2 & 1 & 2 & -1 \\ -3 & -1 & 3 & -1 \\ 0 & -1 & 0 & 1 \\ 1 & 1 & -1 & 1 \end{bmatrix}$$

$$G_2 = \frac{1}{16}\begin{bmatrix} 8 & 5 & 1 & 8 & -5 & 1 \\ -15 & -7 & -1 & 15 & -7 & 1 \\ 0 & -6 & -2 & 0 & 6 & -2 \\ 10 & 10 & 2 & -10 & 10 & -2 \\ 0 & 1 & 1 & 0 & -1 & 1 \\ -3 & -3 & -1 & 3 & -3 & 1 \end{bmatrix}$$

$$A = GC$$

$$C = \begin{bmatrix} 1 & 0 & 0 & 0 & 0 & 0 & 0 & 0 & 0 & 0 & 0 & 0 & 0 & 0 \\ 0 & 0 & 0 & l & 0 & 0 & 0 & 0 & 0 & 0 & 0 & 0 & 0 & 0 \\ 0 & 0 & 0 & 0 & 0 & 0 & 1 & 0 & 0 & 0 & 0 & 0 & 0 & 0 \\ 0 & 0 & 0 & 0 & 0 & 0 & 0 & 0 & 0 & l & 0 & 0 & 0 & 0 \\ 0 & 1 & 0 & 0 & 0 & 0 & 0 & 0 & 0 & 0 & 0 & 0 & 0 & 0 \\ 0 & 0 & 0 & 0 & l & 0 & 0 & 0 & 0 & 0 & 0 & 0 & 0 & 0 \\ 0 & 0 & 0 & 0 & 0 & 0 & 0 & 0 & 1 & 0 & 0 & 0 & 0 & 0 \\ 0 & 0 & 0 & 0 & 0 & 0 & 0 & 0 & 0 & 0 & l & 0 & 0 & 0 \\ 0 & 0 & 1 & 0 & 0 & 0 & 0 & 0 & 0 & 0 & 0 & 0 & 0 & 0 \\ 0 & 0 & 0 & 0 & 0 & l & 0 & 0 & 0 & 0 & 0 & 0 & 0 & 0 \\ 0 & 0 & 0 & 0 & 0 & 0 & 0 & l^2 & 0 & 0 & 0 & 0 & 0 & 0 \\ 0 & 0 & 0 & 0 & 0 & 0 & 0 & 0 & 0 & 0 & 1 & 0 & 0 & 0 \\ 0 & 0 & 0 & 0 & 0 & 0 & 0 & 0 & 0 & 0 & 0 & 0 & l & 0 \\ 0 & 0 & 0 & 0 & 0 & 0 & 0 & 0 & 0 & 0 & 0 & 0 & 0 & l^2 \end{bmatrix}_{14\times14}$$

$$a_i = \begin{bmatrix} u(-1) & v(-1) & w(-1) & u'(-1) & v'(-1) & w'(-1) & w''(-1) \\ u(+1) & v(+1) & w(+1) & u'(+1) & v'(+1) & w'(+1) & w''(+1) \end{bmatrix}^{\mathrm{T}}$$

将式(2.75)分别代入式(2.72)～式(2.74),可得在单元 $s \in [s_i, s_{i+1}]$ 上的弹性势能、动能及由压力 p 引起的初始弹性势能,即

$$U^{(i)} = \frac{\pi r h l \cos^2 \omega t}{2} \int_{-1}^{+1} a_i^{\mathrm{T}} A^{\mathrm{T}} L_s^{(x)\mathrm{T}} D L_s^{(x)} A a_i \, \mathrm{d}x \tag{2.76}$$

$$\boldsymbol{L}_s^{(x)} = \begin{bmatrix} \dfrac{1}{l}\boldsymbol{X}_1^{(1)} & 0 & 0 \\[2ex] 0 & \dfrac{n}{r}\boldsymbol{X}_1^{(0)} & \dfrac{1}{r}\boldsymbol{X}_2^{(0)} \\[2ex] -\dfrac{n}{r}\boldsymbol{X}_1^{(0)} & \dfrac{1}{l}\boldsymbol{X}_1^{(1)} & 0 \\[2ex] 0 & 0 & -\dfrac{1}{l^2}\boldsymbol{X}_2^{(2)} \\[2ex] 0 & \dfrac{n}{r^2}\boldsymbol{X}_1^{(0)} & \dfrac{n^2}{r^2}\boldsymbol{X}_2^{(0)} \\[2ex] 0 & \dfrac{2}{rl}\boldsymbol{X}_1^{(1)} & \dfrac{2n}{rl}\boldsymbol{X}_2^{(1)} \end{bmatrix}$$

$$\boldsymbol{X}_1^{(1)} = \frac{\mathrm{d}}{\mathrm{d}x}\boldsymbol{X}_1^{(0)}$$

$$\boldsymbol{X}_2^{(1)} = \frac{\mathrm{d}}{\mathrm{d}x}\boldsymbol{X}_2^{(0)}$$

$$\boldsymbol{X}_2^{(2)} = \frac{\mathrm{d}^2}{\mathrm{d}x^2}\boldsymbol{X}_2^{(0)}$$

$$T^{(i)} = \frac{\pi rhl\rho_m\omega^2\sin^2\omega t}{2}\int_{-1}^{+1}\boldsymbol{a}_i^{\mathrm{T}}\boldsymbol{A}^{\mathrm{T}}\boldsymbol{X}^{\mathrm{T}}\boldsymbol{X}\boldsymbol{A}\boldsymbol{a}_i\,\mathrm{d}x \tag{2.77}$$

$$U_{\mathrm{ad}}^{(i)} = \frac{-\pi rhl\cos^2\omega t}{2}\int_{-1}^{+1}\boldsymbol{a}_i^{\mathrm{T}}\boldsymbol{A}^{\mathrm{T}}\{\sigma_s^{(0)}\boldsymbol{O}_x^{\mathrm{T}}\boldsymbol{O}_x + \sigma_\theta^{(0)}\boldsymbol{X}^{\mathrm{T}}\boldsymbol{O}_\theta\boldsymbol{X}\}\boldsymbol{A}\boldsymbol{a}_i\,\mathrm{d}x \tag{2.78}$$

$$\boldsymbol{O}_x = \frac{1}{l}\begin{bmatrix} \boldsymbol{X}_1^{(1)} & 0 & 0 \\ 0 & \boldsymbol{X}_1^{(1)} & 0 \\ 0 & 0 & \boldsymbol{X}_2^{(1)} \end{bmatrix}$$

利用式(2.76)~式(2.80)可得零压力下的环单元刚度矩阵、环单元质量矩阵、环单元初始刚度矩阵,即

$$\boldsymbol{K}^{(i)} = \pi rhl\boldsymbol{A}^{\mathrm{T}}\int_{-1}^{+1}\boldsymbol{L}_x^{\mathrm{T}}\boldsymbol{D}\boldsymbol{L}_x\,\mathrm{d}x\boldsymbol{A} \tag{2.79}$$

$$\boldsymbol{M}^{(i)} = \pi\rho_m rhl\boldsymbol{A}^{\mathrm{T}}\int_{-1}^{+1}\boldsymbol{X}^{\mathrm{T}}\boldsymbol{X}\,\mathrm{d}x\boldsymbol{A} \tag{2.80}$$

$$\boldsymbol{K}_{\mathrm{ad}}^{(i)} = \pi rhl\boldsymbol{A}^{\mathrm{T}}\int_{-1}^{+1}\{\sigma_s^{(0)}\boldsymbol{O}_x^{\mathrm{T}}\boldsymbol{O}_x + \sigma_\theta^{(0)}\boldsymbol{X}^{\mathrm{T}}\boldsymbol{O}_\theta\boldsymbol{X}\}\,\mathrm{d}x\boldsymbol{A} \tag{2.81}$$

任意压力下的单元总刚度矩阵为

$$\boldsymbol{K}_T^{(i)} = \boldsymbol{K}^{(i)} + \boldsymbol{K}_{\mathrm{ad}}^{(i)} \tag{2.82}$$

由式(2.82)、式(2.79)便可得到圆柱壳在 $s\in[0,L]$ 上的总体刚度矩阵 $\boldsymbol{K}$,总体质量矩阵 $\boldsymbol{M}$,则求解固有角频率和相应振型的方程为

$$(\boldsymbol{K} - \omega^2\boldsymbol{M})\boldsymbol{a} = 0 \tag{2.83}$$

振型向量 $\boldsymbol{a}$ 由诸 $\boldsymbol{a}_i$ 组合而成。结合具体边界条件,对式(2.83)处理后便可以求出环线方向波数 n 时的沿母线方向分布的各阶振型及相应的固有角频率。

4. 算例与分析

对于图 2.10 所示结构的圆柱壳,其顶盖厚度 H 不宜太厚,因此圆柱壳的边界条件可以表述为:

➤ 底端$(s=0)$固支,$u=v=w=w'=0$;

➤ 顶端$(s=L)$母线方向可滑动的固支,$v=w=w'=0$。

在下面的算例中,计算单元数 $N=9$。

例 2.1 圆柱壳环线方向波数 $n=4$ 的前两阶模态的压力-频率特性计算。已知 $E=2\times10^{11}$ Pa,$\rho_m=8.1\times10^3$ kg/m^3,$\mu=0.3$,$L=60\times10^{-3}$ m,$h=0.08\times10^{-3}$ m,$r=9\times10^{-3}$ m;压力计算范围为 $0\sim1.4\times10^5$ Pa。

图 2.14 所示为圆柱壳 $n=4$ 时前两阶模态在母线方向分布的振型曲线。其位移以法线方向位移 w 为主,该位移明显大于切线方向和母线方向位移 v、u;因 $w(s)$ 在母线方向分布的半波数分别为 $m=1$、2,故上述 $n=4$ 的前两阶模态又分别称为$(4,1)$次模和$(4,2)$次模,其频率分别记为 f_{41}、f_{42}。根据单元刚度矩阵的结构特征可知,对于确定的环线方向波数 n,圆柱壳的固有频率随母线方向半波数 m 单调增大,即最低阶固有频率为 f_{n1}。此外,其他环线方向波数 n 下的振型曲线沿母线方向的分布规律与图 2.14 相同,只是 w_{max}/v_{max}、w_{max}/u_{max} 略有变化。

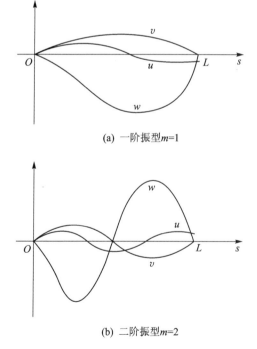

(a) 一阶振型$m=1$

(b) 二阶振型$m=2$

图 2.14 圆柱壳沿母线方向分布的振型曲线

图 2.15 所示为 f_{41}、f_{42} 随压力的变化曲线,为了便于比较,图中也给出了 f_{41} 的实验值(图中以·表示)。由图可知,对图 2.10 所示结构的圆柱壳,选定上述边界是恰当的,有限元数值计算结果与实验值很吻合。在上述计算压力范围内,f_{41}、f_{42} 的相对变化率分别为 23.5%、

9.2%。即 f_{41} 对压力的变化率高于 f_{42} 对压力的变化率。

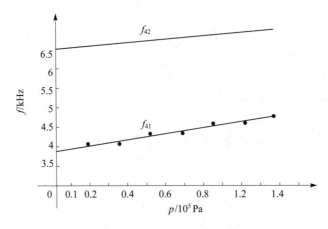

图 2.15 f_{41}、f_{42} 随压力的变化曲线

例 2.2 圆柱壳环线方向波数 $n = 2$、3、4、5、6 时的最低阶固有频率 f_{n1} 的计算。已知 $E = 1.95 \times 10^{11}$ Pa，$\rho_m = 7.8 \times 10^3$ kg/m³，$\mu = 0.3$，$L = 45 \times 10^{-3}$ m，$h = 0.08 \times 10^{-3}$ m，$r = 9 \times 10^{-3}$ m；压力计算范围为 $0 \sim 2 \times 10^5$ Pa。

图 2.16 所示为 f_{n1} 随压力的变化曲线。由图可知上述参数圆柱壳的最低频率的模态为 $(4,1)$ 次模，与其他阶模态相比，f_{41} 的相对变化率也很大，为 24.1%，f_{21} 的相对变化率最低，仅为 1%。

值得指出，圆柱壳参数选择不合适时，最低频率的模态不一定是 f_{41}，有可能是 f_{31}，在有的频率段(压力 p 较小时)还可能出现 f_{41} 与 f_{31} 相同的情况。这在设计圆柱壳时应当避免。

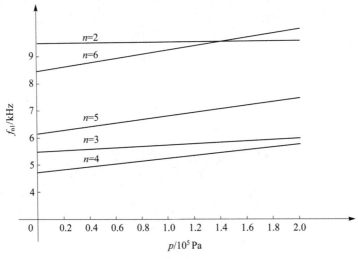

图 2.16 f_{n1} 随压力的变化曲线

2.5.3 激励方式

激励线圈和检测线圈都由铁芯和线圈组成。为了尽可能减小彼此间的电磁耦合，故两线

圈在支柱上保持一定距离且相互垂直。检测线圈的铁芯为磁钢;激励线圈的铁芯为软铁。检测线圈的输出电压与谐振筒的振动速度 $\mathrm{d}x/\mathrm{d}t$ 成正比;激励线圈的激励力 $f_\mathrm{B}(t)$ 与线圈中流过的电流的平方成正比。因此,若线圈中通入的是激励电流 $i(t)$,有

$$i(t) = I_\mathrm{m} \sin \omega t \tag{2.84}$$

则激励力为

$$f_\mathrm{B}(t) = K_f i^2(t) = K_f I_\mathrm{m}^2 \sin^2 \omega t = \frac{1}{2} K_f I_\mathrm{m}^2 (1 - \cos 2\omega t) \tag{2.85}$$

式中:K_f——转换系数($\mathrm{N/A^2}$)。

可见激励线圈的激励力 $f_\mathrm{B}(t)$ 中交变力的角频率是激励电流角频率的 2 倍,这在谐振传感器中是不允许的。为了使它们保持同频关系,应在线圈中通入一定的直流电流 I_0,即激励电流为

$$i(t) = I_0 + I_\mathrm{m} \sin \omega t \tag{2.86}$$

这时

$$f_\mathrm{B}(t) = K_f (I_0 + I_\mathrm{m} \sin \omega t)^2 = K_f \left(I_0^2 + \frac{1}{2} I_\mathrm{m}^2 + 2 I_0 I_\mathrm{m} \sin \omega t - \frac{1}{2} I_\mathrm{m}^2 \cos 2\omega t \right) \tag{2.87}$$

当满足 $I_0 \gg I_\mathrm{m}$ 时,由式(2.87)可以看出:此时激励线圈所产生的激励力 $f_\mathrm{B}(t)$ 中,交变力的主要成分是与激励电流 $i(t)$ 同频率的分量。由此可见,要使电磁激励的谐振筒式传感器正常工作,激励线圈中必须通入一定的直流电流 I_0,且应保证 I_0 大于所通交流分量幅值 I_m。

对于电磁激励方式,要防止外界磁场对传感器的干扰,故应把维持振荡的电磁装置屏蔽起来。通常可用高导磁率合金材料制成同轴外筒,即可达到屏蔽目的。

除了电磁激励方式外,也可以采用压电激励方式。利用压电换能元件的正压电特性检测谐振筒的振动,逆压电特性产生激励力;以电荷放大器构成闭环自激电路的核心部分。压电激励的谐振筒式压力传感器在结构、体积、功耗、抗干扰能力和生产成本等方面优于电磁激励方式,但传感器的迟滞可能稍高些。

2.5.4　特性线性化与误差补偿

通过检测单元得到的信号进一步放大后,传感器的输出已是准数字频率信号,稳定性高,不受传递信号的影响,可以用一般数字频率计读出,但是不能直接显示压力值。这是由于被测压力与输出频率不成线性关系(参见式(2.69)),一般具有图 2.17 所示的特性。当压力为零时,有较高的初始频率;随着被测压力增加,频率增大,被测压力与输出显示值之间的非线性误差太大,不便于判读。为此要对传感器的输出进行"线性化"处理。

谐振筒式压力传感器的线性化,早期多采用 MOS 集成电路与 TTL 逻辑元件等硬件构成补偿非线性误差或温度修正电路,但其结构比较复杂、价格昂贵、工艺性差,现在很少使用;随着计算机和微处理器在传感器中的应用日益增多,软件补偿方案逐步被采用。方案通常有两种:一种方案是利用测控系统已有的计算机进行解算,直接把传感器的输出转换为经修正的所需要的工程单位,由外部设备直接显示出被测值或记录下来;另一种方案是利用专用微处理器,通过一个可编程的存储器,把测试数据存储在内存中,通过查表方法和插值公式找出被测压力值。

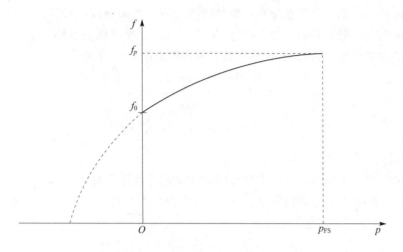

图 2.17　谐振筒式压力传感器的压力频率特性

谐振筒式压力传感器存在着温度误差。该传感器受温度的影响主要通过以下两种途径：

① 谐振筒金属材料的弹性模量 E 随温度而变化；其他尺寸如长度、厚度和半径等也随温度略有变化，但因采用的是恒弹材料，这些影响相对比较小。

② 温度对被测气体密度的影响。虽然用恒弹材料制造谐振敏感元件有诸多优点，但筒内的气体质量是随气体压力和温度变化的。测量过程中，被测气体充满筒内空间，因此，当圆筒振动时，其内部的气体也随筒一起振动，气体质量必然附加在筒的质量上。气体密度的变化引起测量误差。气体密度 ρ_{gas} 可用下式表示，即

$$\rho_{gas} = K_{gas}\frac{p}{T} \tag{2.88}$$

式中：p——待测压力（Pa）；

　　　　T——绝对温度（K）；

　　　　K_{gas}——取决于气体成分的系数。

可见，在谐振筒式压力传感器中，气体密度的影响表现为温度误差。实际测试表明，当温度为 $-55 \sim 125\ ℃$ 时，输出频率的变化约为 2%，即温度误差约为 $0.01\%/℃$。在要求不太高的场合，可忽略其影响；但在高精度测量的场合，必须进行温度补偿。

通过对谐振筒式压力传感器在不同温度和不同压力值下的测试，可得到不同压力下的传感器的温度误差特性。利用这一特性，可以对传感器温度误差进行修正，以达到预期的测量精度。温度误差补偿方法目前实用的有两种。一是采用石英晶体作为温度传感器，将其与谐振筒式压力传感器封装在一起，使之感受相同的环境温度。石英晶体是按具有最大温度效应的方向切割成的。石英晶体温度传感器的输出频率与温度呈单值函数关系，输出频率量可以与线性电路一起处理，使压力传感器在 $-55 \sim 125\ ℃$ 温度下工作的总精度达到 0.01%。二是用半导体二极管作为感温元件，利用其偏置电压随温度而变化的原理进行传感器的温度补偿。二极管安装在传感器底座上，与压力传感器感受相同的环境温度。二极管的偏置电压灵敏度可达 $2\ mV/℃$，感温灵敏度比热电偶高 $30 \sim 40$ 倍，而且其电压变化与温度近似呈直线关系。当然，也可以采用铂电阻测温，进行温度补偿（见图 2.7）。

此外，也可以采用"双重模态"即"差动检测"原理来减小谐振筒式压力传感器的温度误差，

详见 2.6.5 小节。

谐振筒式压力传感器的精度比一般模拟量输出的压力传感器高一二个数量级,工作极其可靠,长期稳定性好,重复性高,尤其适用于比较恶劣的测试环境条件。实测表明,该传感器在 $100~m/s^2$ 振动加速度作用下,误差仅为 0.004 5% FS;电源电压波动 20% 时,误差仅为 0.001 5% FS。由于这一系列独特的优点,近年来,高性能超声速飞机上已装备了谐振筒式压力传感器,可获得飞行中的准确高度和速度;经计算机直接解算可进行大气数据参数测量。同时,它还可以作为压力测试的标准仪器,也可用来代替无汞压力计。

2.6　压电激励谐振筒式压力传感器

2.6.1　结构与原理

2.5 节详细讨论了以圆柱壳为谐振敏感元件,采用电磁激励的谐振筒式压力传感器,这种方案的优点是采用非接触的方式实现了对谐振敏感元件的能量补充与振动频率的获得,因此激励单元与检测单元对谐振筒压力敏感元件的不良影响几乎不存在。但采用电磁激励与磁电检测的能量交换也有许多值得考虑的问题,首先是激励单元与检测单元均由铁芯和线圈组成,应尽可能减小它们之间的电磁耦合,这就需要将它们在空间呈正交安置,通过环氧树脂骨架固定。其次要防止外界磁场对传感器的干扰,应当把维持振荡的电磁装置屏蔽起来,这需要高导磁率合金材料制成同轴外筒,达到屏蔽目的。再者,基于谐振筒式压力传感器的工作原理,圆柱壳谐振敏感元件与外壳之间应形成真空腔,被测压力引入圆柱壳的内腔。而激励单元与检测单元在圆柱壳的内腔占有较大的空间,被测气体介质对谐振敏感元件的振动特性影响较大,特别是在被测压力较大时更为明显,会形成较大的压膜阻尼。这将引起谐振筒式压力传感器性能下降甚至停止工作。总之,电磁激励的谐振筒式压力传感器存在着能量转换效率较低、体积大、功耗高、抗干扰差、成品率较低的不足。为此,提出了采用压电元件作为谐振筒式压力传感器的激励单元与检测单元的设计方案,如图 2.18 所示。图中压电激励单元与检测单元均设置于圆柱壳压力敏感元件根部的波节处,筒内完全形成空腔。该方案利用压电换能元件的正

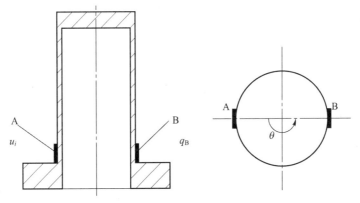

图 2.18　压电激励、压电检测方案

压电特性检测谐振筒的振动,实现机械振动信号到电信号的转换;逆压电特性产生对圆柱壳谐振敏感元件的激励力,实现电激励信号到机械激励力的转换。采用电荷放大器构成闭环自激电路。显然,与电磁激励方式相比,压电激励谐振筒式压力传感器克服了电磁激励谐振筒式压力传感器的一些缺陷,具有结构简单、机电转换效率高、易于小型化、功耗低、便于构成不同方式的闭环系统等优点,但迟滞误差较电磁方式略大些。下面对这种结构的谐振筒式压力传感器的有关问题进行详细讨论。

2.6.2 压电激励特性

在图 2.18 中,设 A 为激励压电元件,B 为检测压电元件。由逆压电效应,激励电压 u_i 到激励元件 A 上产生的应力为

$$\left.\begin{array}{l} T_1 = \dfrac{E_t}{1-\mu_t} \cdot \dfrac{u_i}{\delta} k_{31} \\[2mm] T_2 = T_1 \end{array}\right\} \tag{2.89}$$

式中:E_t、μ_t、δ——分别为压电陶瓷元件的弹性模量(Pa)、泊松比和厚度(m);

k_{31}——压电常数(C/N)。

T_1、T_2 即为圆柱壳在 A 点处受到的机械应力。在其作用下,圆柱壳上的位移 u、v、w(统记为 d)对外力的传递函数为

$$\frac{d(s)}{T_j} = \sum_{m=1}^{\infty} \sum_{n=0}^{\infty} \frac{k_{nmd}}{\left(\dfrac{s}{\omega_{nm}}\right)^2 + 2\zeta_{nm}\left(\dfrac{s}{\omega_{nm}}\right) + 1} \tag{2.90}$$

式中:k_{nmd}、ω_{nm}、ζ_{nm}——(n,m) 次模(即切线方向波数为 n,母线半波数为 m)的振动模态的增益、固有角频率(rad/s)和等效阻尼比。

公式(2.90)写成和的形式是基于圆柱壳振型的正交性。d 分别表示 u、v、w。于是对于壳体的 n 阶对称振型,可以写为

$$\left.\begin{array}{l} u = u(s_1)\cos n\theta \\ v = v(s_1)\sin n\theta \\ w = w(s_1)\cos n\theta \end{array}\right\} \tag{2.91}$$

注意 θ 从 A 点算起,s_1 为母线方向坐标。略去弯曲变形,圆柱壳的正应变和正应力分别为

$$\left.\begin{array}{l} \varepsilon_{s_1} = \dfrac{\partial u}{\partial s_1} \\[2mm] \varepsilon_\theta = \dfrac{\partial v}{r\partial \theta} + \dfrac{w}{r} \end{array}\right\} \tag{2.92}$$

$$\left.\begin{array}{l} \sigma_{s_1} = \dfrac{E}{1-\mu^2}(\varepsilon_{s_1} + \mu\varepsilon_\theta) \\[2mm] \sigma_\theta = \dfrac{E}{1-\mu^2}(\mu\varepsilon_{s_1} + \varepsilon_\theta) \end{array}\right\} \tag{2.93}$$

式中:r——中柱面半径(m)。

σ_{s_1}、σ_θ 即为检测元件 B 受到的应力,由正压电效应可得

$$q_{\text{B}} = d_{31}(\sigma_{s_1} + \sigma_\theta)A_0 \tag{2.94}$$

式中:q_{B}——检测元件 B 产生的电荷量(C);

A_0——电荷分布的面积(m^2)。

利用式(2.90)~式(2.94)可得

$$\frac{q_{\text{B}}}{u_i} = \sum_{m=1}^{\infty} \sum_{n=0}^{\infty} \frac{k_{nm} \cos n\theta}{\left(\dfrac{s}{\omega_{nm}}\right)^2 + 2\zeta_{nm}\left(\dfrac{s}{\omega_{nm}}\right) + 1} \tag{2.95}$$

$$k_{nm} = 2k_t P_t \left[\frac{\text{d}}{\text{d}s_1}k_{nmu} + \frac{1}{r}(nk_{nmv} + k_{nmw})\right]$$

$$k_t = \frac{A_0 d_{31} E}{1 - \mu}$$

$$P_t = \frac{k_{31} E_t}{(1 - \mu_t)\delta}$$

显然,k_{nm} 与圆柱壳的特性(包括边界条件)、压电陶瓷元件的特性有关。

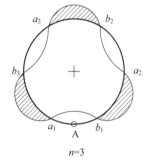

由式(2.95)知:q_{B} 对 u_i 的相移只决定于圆柱壳本身的机械特性,在一定的环线方向区域是相同的,不同的区域确定性地相差 π 或 0,而且环线方向区域仅仅由环线方向波数 n 与激励点的位置所确定。

图 2.19 所示为 $n=3$ 的区域划分及说明。在 A 点激励时,在弧 a_1b_1、弧 a_2b_2、弧 a_3b_3 内任一点检测均有相同的相移。由于弧 a_1b_1 包含着 A 点,称上述区域为"同相区";反之弧 b_3a_2、弧 b_2a_1、弧 b_1a_3 区域与上述区域相对应,称为"反相区"。

图 2.19　相位分布

以上结论是基于压电激励方式得到的,不随压力而变。它对于选取振型及压电元件粘贴位置有重要的指导意义。

2.6.3　检测信号的转换

当利用压电元件的正压电效应时,压电元件的特殊工作机制使之相当于一个静电荷发生器或电容器,如图 2.20(a)所示。图中 C_0 为静电容,R_0、C_x、L_x 均为高频动态参数。因谐振敏感元件工作于低频段,压电元件又处于紧固状态,所以其等效电路可如图 2.20(b)所示来表示。因此在实际检测时,必须考虑阻抗匹配问题。即要用具有高输入阻抗的变换器,将高阻输出的 q_{B} 变换成低阻输出的信号。

图 2.21 所示为一种由运放构成的电荷放大器方案,这时有

$$\frac{u_{\text{o}}}{u_{\text{B}}} = -\frac{R_f C_i s}{R_f C_f s + 1} \tag{2.96}$$

$$C_i = C_0 + \Delta C \tag{2.97}$$

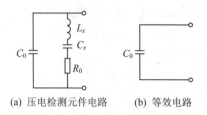

(a) 压电检测元件电路   (b) 等效电路

图 2.20　压电检测元件电路及其等效电路

$$\frac{u_o}{q_B}=-\frac{R_f s}{R_f C_f s+1} \tag{2.98}$$

　　这样经电荷放大器变换电路,可将不变量 q_B 转变为低阻抗输出的电压信号 u_o,后续按幅值、相位条件设计放大器的工作十分容易,此问题不再讨论。

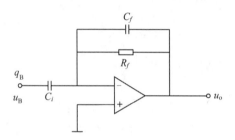

图 2.21　电荷放大器

2.6.4　稳定的单模态自激系统的实现

　　根据对谐振筒压力-频率特性的分析,$n=4,m=1$ 的 $(4,1)$ 次模具有很高的灵敏度,因此选用它为工作模态。下面讨论如何构成稳定的单模态自激系统。

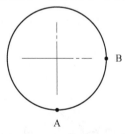

图 2.22　环线方向 A、B 相差 90°

　　单片激励和单片检测模式的系统,抗干扰性较差,很难确保系统在足够大的量程内满足唯一模态的自激条件。如图 2.22 所示,当检测压电元件与激励压电元件在环线方向相差 90°粘贴于筒壁上,由于 A、B 位于 $n=4$ 的同相区域的峰值点上,因而这样的配置使 $n=4$ 的振型最易自激。$m=1,n=2,3,4,5$ 的圆柱壳的固有频率比较接近,满足 $n=4$ 的自激条件也有可能使 $n=3$ 或 $n=5$ 自激。当压力变化时,圆柱壳的选频特性产生明显变化,使电路的频率特性也发生相应的变化。于是 $n=3$ 或 $n=5$ 的振型可能比 $n=4$ 更容易起振,出现由 $n=4$ 向 $n\neq4$ 过渡,产生"跳频"现象。这是单片激励、单片检测方式容易出现的问题。

　　依照前面论述的关于振型同相、反相区域的概念,根据激励片的位置可以画出 n 为不同值时的同相、反相区域。若希望出现环线方向波数为 n_0 的振型,那么激励元件、检测元件一定要配置于 n_0 的峰值点上,考虑到峰值点有许多个,所以选择的原则是:只产生所希望的振型 n_0,而不出现其他相邻的振型。

　　图 2.23 所示为 $n=3,4,5$ 时两个激励片的位置,即图中的 A、B 点,D 为检测点位置;字母

上加"一"者为与 D 反相,反之同相。

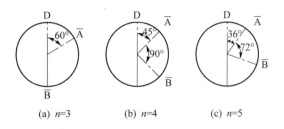

(a) n=3　　　　(b) n=4　　　　(c) n=5

图 2.23　激励元件、检测元件在环线方向的位置

以图 2.23(b)为例说明为什么可以使 $n=4$ 的振型稳定。设 A、B 两点的激励信号对 D 起的作用是相同的。那么只有 $\overline{A}$、D 时可以抑制 $n=5$ 的振型;只有 $\overline{B}$、D 时可以抑制 $n=3$ 的振型,又因 $\overline{A}$、$\overline{B}$ 间夹角为 90° 且同相,所以 $n=2$ 的振型也不会出现。即 $\overline{A}$、$\overline{B}$ 一起激励时,可以抑制 $n=2,3,5$ 的振型,确保 $n=4$ 的振型是稳定的。由于振型的同相,且反相区域不随压力而变,所以振型必能在足够大的压力范围内稳定,从而保证系统稳定、可靠地工作。

通常 $n=4$ 的振动模态可以采用如图 2.24 所示的方式构成稳定的闭环自激系统。图中的 R、R_1、R_2 均为电荷放大器,称为接收级;K 为放大级。理论上图 2.24(a)、图 2.24(b)方案是一样的,但考虑到在实际壳体加工时存在各种误差,双激励、单检测方案要比单激励、双检测方案稍差一些。

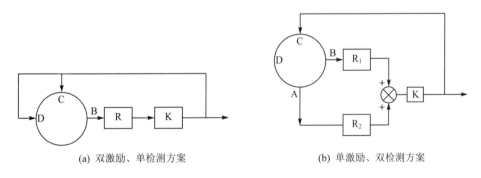

(a) 双激励、单检测方案　　　　　　(b) 单激励、双检测方案

图 2.24　闭环激励

基于压电激励、压电检测的应用特点,只要谐振筒敏感元件的参数设计合理,非常容易实现 $n=2,3,5$ 的高性能谐振筒式压力传感器。

2.6.5　双重模态的有关问题

上述讨论了单模态系统在足够大的压力量程范围内稳定可靠工作的相关问题。由于圆柱壳的谐振频率不仅是压力的函数,也受温度、老化、环境污染、气体密度等因素的影响。为抑制这些因素的影响,基于差动检测的思路,提出在圆柱壳上同时实现两个模态独立自激的方案,依敏感元件自身的特性进行改善。

基于上述分析,谐振筒的(2,1)次模的频率、压力特性变化非常小;(4,1)次模的频率、压力特性变化比较大,大约是(2,1)次模的 20 倍以上。同时,温度对上述两个不同振动模态的频率特性影响规律比较接近。可以采取主动抑制温度误差的方案,即用"双模态"技术来减小谐振筒式压力传感器的温度误差。当选择上述两个模态作为谐振筒的工作模态,谐振筒同时以两个模态工作时,对其加工工艺、激励方式及检测方式、放大电路和信号处理等方面都提出了更高的要求。

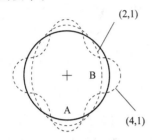

图 2.25   (2,1)次模与(4,1)次模振型在环线方向的分布

下面以(4,1)次模和(2,1)次模来讨论这两个模态独立自激的实现问题。

对于稳定的单模态振动,可以采用一个检测元件;而对于双模态振动的实现,一般要用两个用于检测的压电元件。这里以两个检测元件来讨论振型的选择。如图 2.25 所示,设 A、B 两点为检测点。依上述讨论知:当系统以(2,1)次模振动,则 A、B 点拾出的信号是反相的;对(4,1)次模的振动则是同相的。

由上述各点信号的相位关系可以看出:如果 A、B 两点信号相加再送回去作为激励信号,则系统稳定的振型必定是(4,1)次模,而把 A、B 两点的信号相减再送回去作为激励信号,则系统稳定的振型必然是(2,1)次模。

进一步考虑,将检测压电元件 A、B 引出的信号进行相加、相减处理,相加的信号记为 E,相减后的信号记为 F,如图 2.26 所示。这样 E 点与 C 点闭合起来可以产生稳定的(4,1)次模,F 点与 C 点闭合起来可以产生稳定的(2,1)次模。当然这都要与适当的电路配合起来。这时如将 E 和 F 再相加,记为 P,它与 A 点信号完全相同。这样做的结果使 P 点既包含了(4,1)次模的信号,又包含了(2,1)次模的信号。P 点与 C 点闭合起来,(4,1)和(2,1)次模均可起振。而且可以做到:当只接通 A 或 B 检测元件,某一次模先起振后,这时再接通另一检测压电元件,在合理的电路配置下也一定可以激起另一模态。这就充分保证了谐振筒式压力传感器可以稳定地工作于双模态。

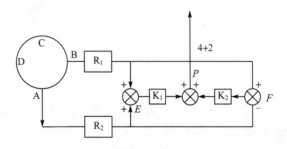

图 2.26   信号综合框图

为了使系统工作更可靠稳定,并在较精确的状态下工作,采用双激励、双检测的工作方式,即将信号 E 与 F 的差 M 送到 D 点。这样双模态振动系统示意图如图 2.27 所示。

对于图 2.27 所示的系统,从传递函数上考虑,式(2.95)可以简写为

在 A 点

$$\frac{q_A}{u_i}=\frac{k_{21}}{\left(\frac{s}{\omega_{21}}\right)^2+2\zeta_{21}\left(\frac{s}{\omega_{21}}\right)+1}+\frac{k_{41}}{\left(\frac{s}{\omega_{41}}\right)^2+2\zeta_{41}\left(\frac{s}{\omega_{41}}\right)+1} \tag{2.99}$$

在 B 点

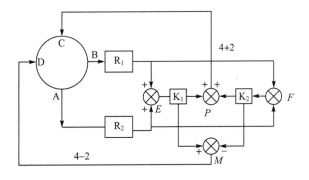

图 2.27 双模态谐振系统

$$\frac{q_B}{u_i}=\frac{-k_{21}}{\left(\dfrac{s}{\omega_{21}}\right)^2+2\zeta_{21}\left(\dfrac{s}{\omega_{21}}\right)+1}+\frac{k_{41}}{\left(\dfrac{s}{\omega_{41}}\right)^2+2\zeta_{41}\left(\dfrac{s}{\omega_{41}}\right)+1} \tag{2.100}$$

于是从 E 点看

$$\frac{q_E}{u_i}=\frac{2k_{41}}{\left(\dfrac{s}{\omega_{41}}\right)^2+2\zeta_{41}\left(\dfrac{s}{\omega_{41}}\right)+1} \tag{2.101}$$

从 F 点看

$$\frac{q_F}{u_i}=\frac{2k_{21}}{\left(\dfrac{s}{\omega_{21}}\right)^2+2\zeta_{21}\left(\dfrac{s}{\omega_{21}}\right)+1} \tag{2.102}$$

由式(2.101)、式(2.102)及上述分析,系统处于"解耦"状态,可以单独激励起(4,1)次模和(2,1)次模;而且这种工作状态也是稳定的,压力量程可以足够大。这就从原理上论证了双模态振动系统的可行性,同时也为设计双模态闭环自激系统提供了依据和方法。

下面采用等效的方法讨论双模态系统抑制某些干扰因素的问题。

由上述讨论知,当系统独立地以(4,1)次模和(2,1)次模振动时,假定此时圆柱壳谐振敏感元件的(4,1)次模和(2,1)次模提供的相移分别为 ϕ_{41}、ϕ_{21},由式(1.24)可得到系统检测的振动角频率分别为

$$\omega_{41V}\approx\omega_{41}\left(1+\frac{1}{2Q_{41}\tan\phi_{41}}\right) \tag{2.103}$$

$$\omega_{21V}\approx\omega_{21}\left(1+\frac{1}{2Q_{21}\tan\phi_{21}}\right) \tag{2.104}$$

检测的频率比为

$$\gamma=\frac{\omega_{21V}}{\omega_{41V}}=\frac{\omega_{21}\left(1+\dfrac{1}{2Q_{21}\tan\phi_{21}}\right)}{\omega_{41}\left(1+\dfrac{1}{2Q_{41}\tan\phi_{41}}\right)}=\gamma_n\beta \tag{2.105}$$

$$\gamma_n=\frac{\omega_{21}}{\omega_{41}}$$

$$\beta = \frac{1 + \dfrac{1}{2Q_{21} \tan \phi_{21}}}{1 + \dfrac{1}{2Q_{41} \tan \phi_{41}}} \approx 1 + \frac{1}{2Q_{21} \tan \phi_{21}} - \frac{1}{2Q_{41} \tan \phi_{41}}$$

由式(2.103)、式(2.104)知,闭环系统的谐振频率含有两部分,即与圆柱壳有关的固有角频率 ω_{21}、ω_{41} 和与等效阻尼比(或 Q 值)及工作点(ϕ_{21}、ϕ_{41})有关的量。等效方法是将引起谐振频率变化的环境因素等看成是圆柱壳的物理参数(弹性模量、泊松比、密度)的变化和系统等效阻尼比的变化。

由前面的分析知,圆柱壳的谐振频率与 $\sqrt{E/\rho_m}$ 成比例,故 ρ_m 或 E 的变化会引起 ω_{41}、ω_{21} 较大的变化,进而影响 ω_{41V}、ω_{21V},但 ρ_m 对 γ_n 没有影响;γ_n 可抑制由于弹性模量 E 变化引起的误差,但 γ_n 对由于泊松比 μ 变化引起的误差没有抑制作用。综上,有如下关系:

$$\left| \frac{\Delta \omega_{41V}}{\omega_{41V}} \right| > \left| \frac{\Delta \gamma_n}{\gamma_n} \right| \tag{2.106}$$

再从闭环看,环境干扰因素的影响可以等效为 Q_{41}、Q_{21} 的变化。由式(2.105)知,在设计双模态系统时,总可以做到 $\tan \phi_{21} \cdot \tan \phi_{41} > 0$,$(Q_{41} \tan \phi_{41})^{-1}$ 与 $(Q_{21} \tan \phi_{21})^{-1}$ 接近,所以有

$$\left| \frac{1}{2Q_{21} \tan \phi_{21}} - \frac{1}{2Q_{41} \tan \phi_{41}} \right| < \left| \frac{1}{2Q_{41} \tan \phi_{41}} \right| \tag{2.107}$$

γ 的变化率为

$$\alpha_1 = \beta \frac{\Delta \gamma_n}{\gamma_n} + \Delta \beta \tag{2.108}$$

ω_{41V} 的变化率为

$$\alpha_2 = \left(1 + \frac{1}{2Q_{41} \tan \phi_{41}} \right) \frac{\Delta \omega_{41}}{\omega_{41}} + \Delta \left(\frac{1}{2Q_{41} \tan \phi_{41}} \right) \tag{2.109}$$

由上面的分析知

$$|\alpha_2| > |\alpha_1| \tag{2.110}$$

这表明,由(4,1)次模和(2,1)次模组成的双模态系统的测量值 γ 的变化率要比(4,1)次模组成的单模态系统的测量值 ω_{41V} 变化率小得多,即双模态谐振系统在闭环系统设计合理时,可以抑制环境因素等引起的测量误差。

应当指出,由 2.5 节分析知,圆柱壳的(4,1)次模的振动频率对压力的灵敏度远远高于(2,1)次模,所以频率比 γ 的灵敏度也足够大。

表 2.1 所列为由图 2.27 组成的双模态谐振筒式压力传感器(筒体材料为 3J53,筒子有效长度为 54 mm,直径 18 mm,壁厚 0.08 mm)的测量结果。

理论和实践证明,组成双模态传感器的两个模态,其谐振频率的范围应相差较大些为好。这是设计谐振筒几何参数的主要依据。

表 2.1 (4,1)次模、(2,1)次模的输出周期值(μs)

(n,m) \ p/10⁵ Pa	正行程		反行程	
	(2,1)	(4,1)	(2,1)	(4,1)
0	151.964	229.671	151.960	229.674
0.2	151.707	222.973	151.705	222.970
0.4	151.473	216.709	151.468	216.712
0.6	151.234	210.895	151.231	210.891
0.8	150.971	206.837	150.973	206.831
1.0	150.837	201.045	150.840	201.038
1.2	150.628	196.511	150.626	196.505
1.4	150.340	192.123	150.341	192.119
1.6	150.133	188.604	150.135	188.599
1.8	149.958	184.379	149.959	184.385
2.0	149.705	180.971	149.707	180.976
2.2	149.457	177.764	149.456	177.760

2.7　石英振梁式压力传感器

上述三种谐振式压力传感器,由于采用金属材料做谐振敏感元件,因此材料性能的长期稳定性、老化和蠕变都可能造成频率漂移,而且易受电磁场的干扰和环境振动的影响,因此零点和灵敏度的稳定性较差。

石英晶体具有稳定的固有振动频率,当强迫振动的频率等于其固有振动频率时,便产生谐振。利用这一特性可制成石英晶体谐振器,用不同尺寸和不同振动模式可制成几 kHz 到几百 MHz 的石英谐振器。

利用石英谐振器,可以研制石英谐振式压力传感器。由于石英谐振器的机械品质因数非常高,固有频率高,频带很窄,故在抑制干扰和减少由相角差引起的频率误差方面有较好的作用。当用其做成压力传感器,其精度高、稳定性好和动态响应快。尽管石英的加工比较困难,但石英谐振式压力传感器仍然是一种极有前途的压力传感器。

2.7.1　结构与原理

图 2.28 所示为由石英晶体谐振器构成的振梁式压力传感器。两个相对的波纹管用于接受输入压力 p_1、p_2,作用在波纹管有效面积上的压力差产生一个合力,可形成一个绕支点的力矩。该力矩由石英晶体谐振梁(见图 2.29)的拉伸力或压缩力来平衡,这样就改变了石英晶体的谐振频率。谐振频率是被测压力的单值函数,从而达到了测量的目的。

图 2.29 所示为石英谐振梁及其隔离结构的整体示意图。石英谐振梁是该压力传感器的敏感元件,横跨在图 2.29 所示结构的正中央。谐振梁两端的隔离结构用于防止反作用力和力矩造成基座上的能量损失,从而防止品质因数 Q 值降低;同时,不让外界的有害干扰传递进

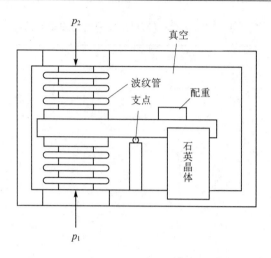

图 2.28 石英谐振梁式压力传感器结构原理

来,以防降低稳定性,影响谐振器的性能。谐振梁是一种以弯曲方式振动的两端固支梁,该形状的谐振梁感受力的灵敏度高。

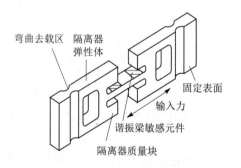

图 2.29 石英晶体梁谐振敏感元件

在谐振梁的上、下两面蒸发沉积着四个电极。利用石英晶体自身的压电效应,当四个电极加上电场后,梁在一阶弯曲振动状态下起振。未输入压力时,其谐振频率主要取决于梁的几何形状和结构。当电场加到梁晶体上时,矩形梁变成平行四边形梁,如图 2.30 所示。梁歪斜的方向取决于所加电场的极性。当斜对着的一组电极与另一组电极的极性相反时,梁呈一阶弯曲状态;一旦变换电场极性,梁就朝相反方向弯曲。这样,当用一个维持振荡电路代替所加电场时,梁就会发生谐振,并由闭环自激电路维持振荡。

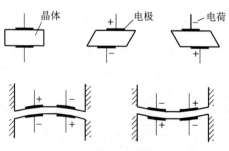

图 2.30 谐振梁振动模式

当输入压力 $p_2 > p_1$ 时,振动梁受拉伸力(见图 2.28、图 2.29),梁的刚度增加、谐振频率升高;当输入压力 $p_2 < p_1$ 时,振动梁受压缩力,谐振频率降低。因此,可通过输出频率的变化来反映输入压力的大小。

波纹管采用高纯度材料经特殊加工制成,其作用是将输入压力差转换为振动梁上的轴向力(沿梁的长度方向)。为了提高测量精度,波纹管的迟滞要小。

当石英晶体谐振器的形状、几何参数和位置确定后,可通过调节配重使运动组件的重心与支点重合。在受到外界加速度干扰时,配重还有补偿加速度的作用,因其力臂几乎为零,使得谐振器仅仅感受压力引起的力矩,而对其他方向的外力不敏感。

2.7.2　频率特性方程

图 2.28 所示结构的石英谐振梁式压力传感器,其核心敏感元件是双端固支梁,图 2.31 所示为梁的典型结构示意图,L、b、h 分别为梁谐振敏感元件的长、宽、厚;为充分体现梁的结构特征,满足 $L : b : h$ 约为 $100 : 10 : 1$。

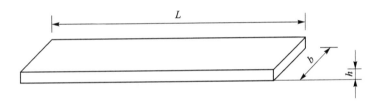

图 2.31　梁的典型结构

在梁的中面建立直角坐标系,如图 2.32 所示。当梁两端($x=0,L$)受拉伸轴向力 T_0 时,考虑梁的弯曲振动,在梁的中面只有沿 z 轴的法线方向位移 w,而在平行于中面的其他面内,还有轴向位移 u,且有

$$u = -\frac{\partial w}{\partial x}z \tag{2.111}$$

梁的应变为

$$\varepsilon_x = \frac{\partial u}{\partial x} = -\frac{\partial^2 w}{\partial x^2}z \tag{2.112}$$

梁的弹性势能为

$$U = \frac{1}{2}\iiint\limits_V \varepsilon_x \sigma_x \mathrm{d}V = \frac{Ebh^3}{24}\int_x \left(\frac{\partial^2 w}{\partial x^2}\right)^2 \mathrm{d}x = \frac{EJ}{2}\int_x \left(\frac{\partial^2 w}{\partial x^2}\right)^2 \mathrm{d}x \tag{2.113}$$

$$J = \frac{bh^3}{12}$$

式中:x——梁在轴线方向的线积分域;

　　J——梁的截面惯性矩(m^4);

　　EJ——为抗弯刚度($\mathrm{N \cdot m}^2$)。

梁的动能为

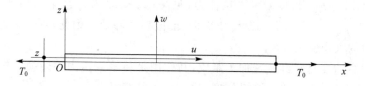

图 2.32　轴线方向受力的梁

$$T = \frac{\rho_m}{2} \iiint_V \left[\left(\frac{\partial w}{\partial t} \right)^2 + \left(\frac{\partial u}{\partial t} \right)^2 \right] \mathrm{d}V = \frac{\rho_m bh}{2} \int_x \left\{ \left(\frac{\partial w}{\partial t} \right)^2 + \frac{h^2}{12} \left[\frac{\partial}{\partial t} \left(\frac{\partial w}{\partial x} \right) \right]^2 \right\} \mathrm{d}x \approx$$

$$\frac{\rho_m bh}{2} \int_x \left(\frac{\partial w}{\partial t} \right)^2 \mathrm{d}x \tag{2.114}$$

作用于梁两端的轴线方向力 T_0，相当于在梁两端作用密度为 T_0/bh 的均布力，即在梁的任一点处的横截面上有初始应力

$$\sigma_x^{(0)} = \frac{T_0}{bh} \tag{2.115}$$

$\sigma_x^{(0)}$ 引起的初始弹性势能为

$$U_{ad} = -\frac{1}{2} \iiint_V \sigma_x^{(0)} \left[\left(\frac{\partial w}{\partial x} \right)^2 + \left(\frac{\partial u}{\partial x} \right)^2 \right] \mathrm{d}V = -\frac{\sigma_x^{(0)} bh}{2} \int_x \left[\left(\frac{\partial w}{\partial x} \right)^2 + \frac{h^2}{12} \left(\frac{\partial^2 w}{\partial x^2} \right)^2 \right] \mathrm{d}x \approx$$

$$-\frac{\sigma_x^{(0)} bh}{2} \int_x \left(\frac{\partial w}{\partial x} \right)^2 \mathrm{d}x \tag{2.116}$$

即梁的总弹性势能为

$$U_T = U - U_{ad} \tag{2.117}$$

建立泛函

$$\pi_2 = U_T - T \tag{2.118}$$

依 $\delta\pi_2 = 0$ 可得梁的微分方程为

$$\frac{Eh^2}{12} \frac{\partial^4 w}{\partial x^4} - \sigma_x^{(0)} \frac{\partial^2 w}{\partial x^2} + \rho_m \frac{\partial^2 w}{\partial t^2} = 0 \tag{2.119}$$

设方程式(2.119)的解为

$$w = w(x,t) = w(x) \cos \omega t \tag{2.120}$$

式中：ω——梁的固有角频率(rad/s)；

$w(x)$——梁沿轴线方向分布的振型。

将式(2.120)代入式(2.119)可得

$$w(x) = A \sin \lambda_1 x + B \cos \lambda_1 x + C \operatorname{sh} \lambda_2 x + D \operatorname{ch} \lambda_2 x \tag{2.121}$$

$$\left. \begin{aligned} \lambda_1 &= \left[-\frac{\alpha}{2} + \left(\frac{\alpha^2}{4} + \beta^2 \right)^{0.5} \right]^{0.5} \\ \lambda_2 &= \left[\frac{\alpha}{2} + \left(\frac{\alpha^2}{4} + \beta^2 \right)^{0.5} \right]^{0.5} \end{aligned} \right\} \tag{2.122}$$

$$\left. \begin{aligned} \alpha &= \frac{12T_0}{Eh^2} \\ \beta &= \left[\frac{12\omega^2 \rho_m}{Eh^2} \right]^{0.5} \end{aligned} \right\} \tag{2.123}$$

两端固支梁的边界条件为

$$x=0,\ w(x)=w'(x)=0 \\ x=L,\ w(x)=w'(x)=0 \Bigg\} \tag{2.124}$$

由式(2.124)得

$$w'(x)=A\lambda_1\cos\lambda_1 x - B\lambda_1\sin\lambda_1 x + C\lambda_2\,\mathrm{ch}\,\lambda_2 x + D\lambda_2\,\mathrm{sh}\,\lambda_2 x \tag{2.125}$$

利用式(2.121)、式(2.124)、式(2.125)得

$$C=-A\frac{\lambda_1}{\lambda_2} \tag{2.126}$$

$$D=-B \tag{2.126}$$

$$\left(\sin\lambda_1 L - \frac{\lambda_1}{\lambda_2}\,\mathrm{sh}\,\lambda_2 L\right)A + (\cos\lambda_1 L - \mathrm{ch}\,\lambda_2 L)B = 0 \tag{2.127}$$

$$(\cos\lambda_1 L - \mathrm{ch}\,\lambda_2 L)A - \left(\sin\lambda_1 L + \frac{\lambda_2}{\lambda_1}\,\mathrm{sh}\,\lambda_2 L\right)B = 0 \tag{2.128}$$

式(2.127)、式(2.128)为关于系数 A、B 的代数方程,它们应有非零解,即

$$\begin{vmatrix} \sin\lambda_1 L - \dfrac{\lambda_1}{\lambda_2}\,\mathrm{sh}\,\lambda_2 L & \cos\lambda_1 L - \mathrm{ch}\,\lambda_2 L \\[2mm] \cos\lambda_1 L - \mathrm{ch}\,\lambda_2 L & -\sin\lambda_1 L - \dfrac{\lambda_2}{\lambda_1}\,\mathrm{sh}\,\lambda_2 L \end{vmatrix} = 0$$

即

$$2 - 2\cos\lambda_1 L\,\mathrm{ch}\,\lambda_2 L + \frac{\alpha}{\beta}\sin\lambda_1 L\,\mathrm{sh}\,\lambda_2 L = 0 \tag{2.129}$$

式(2.129)即为受轴线方向力 T_0 的两端固支梁的频率方程,由它可以解出梁的各阶固有频率,其中一、二阶固有频率为

$$f_1(T_0)=f_1(0)\left(1+0.2949\frac{L^2}{Ebh^3}T_0\right)^{0.5} \tag{2.130}$$

$$f_2(T_0)=f_2(0)\left(1+0.1453\frac{L^2}{Ebh^3}T_0\right)^{0.5} \tag{2.131}$$

其中零压力下的一、二阶固有频率 $f_1(0)$、$f_2(0)$ 分别为

$$f_1(0)\approx\frac{4.730^2 h}{2\pi L^2}\left(\frac{E}{12\rho_m}\right)^{0.5} \tag{2.132}$$

$$f_2(0)\approx\frac{7.853^2 h}{2\pi L^2}\left(\frac{E}{12\rho_m}\right)^{0.5} \tag{2.133}$$

给定一双端固支石英谐振梁的参数: $E=7.6\times10^{10}$ Pa, $\rho_m=2.5\times10^3$ kg/m³, $\mu=0.17$, $L=600\times10^{-6}$ m, $b=50\times10^{-6}$ m, $h=6\times10^{-6}$ m,可计算出 $T_0=0$ 时, $f_1(0)=94.43$ kHz, $f_2(0)=260.3$ kHz。图 2.33 给出了双端固支梁的第一阶固有频率 $f_1(T_0)$ 相对于拉伸力 $T_0=0$ 时的频率 f_1 的变化率 $\Delta f/f_1(0)=[f_1(T_0)-f_1(0)]/f_1(0)$。轴线方向力的计算范围为 $-5\times10^{-3}\sim5\times10^{-3}$ N。图 2.34 给出了梁的一、二阶振型曲线。

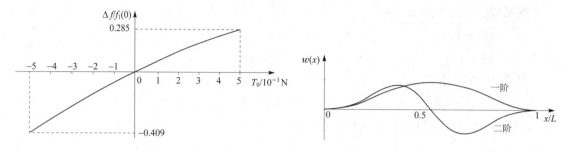

图 2.33　梁的一阶频率的相对变化　　　　　图 2.34　梁的一阶、二阶振型

根据图 2.28 的结构,输入压力 p_1、p_2 转换为梁所受到的轴线方向力的关系为

$$T_0 = \frac{L_1}{L_2} A_E (p_2 - p_1) = \frac{L_1}{L_2} A_E \Delta p \tag{2.134}$$

式中:A_E——波纹管的有效面积(m^2);

　　　Δp——压力差(Pa),$\Delta p = p_2 - p_1$;

　　　L_1——波纹管到支撑点的距离(m);

　　　L_2——振动梁到支撑点的距离(m)。

当传感器工作于基频时,利用式(2.130)、式(2.134)可知:压力差 Δp 使梁受有轴线方向作用力 T_0;在力 T_x 作用下,其最低阶(一阶)固有频率 $f_1(\Delta p)$ 与压力差 Δp 的关系为

$$f_1(\Delta p) = f_1(0) \left(1 + 0.294\ 9\ \frac{L^2}{Ebh^3} T_0 \right)^{0.5} =$$

$$f_1(0) \left(1 + 0.294\ 9\ \frac{L^2 L_1 A_E}{Ebh^3 L_2} \Delta p \right)^{0.5} \tag{2.135}$$

该传感器有许多优点,对温度、振动和加速度等外界干扰不敏感。实测数据表明:其灵敏度温漂为 $4 \times 10^{-5}\%/℃$,加速度灵敏度为 $8 \times 10^{-5}\%/(\mathrm{m \cdot s^{-2}})$,稳定性好,体积小($2.5 \times 4 \times 4\ \mathrm{cm}^3$),质量小(约 0.7 kg),$Q$ 值高(达 40 000),动态响应快(10^3 Hz)。石英振梁式压力传感器目前已用于大气数据系统、喷气发动机试验、数字程序控制及压力二次标准仪表等。

2.8　谐振式硅微结构压力传感器

从 20 世纪 80 年代中期开始,人们逐渐将微机械加工技术和谐振传感技术结合在一起,研制出多种谐振式硅微结构传感器。所谓"微结构"是指利用微机械加工技术,将常规机械结构和巧妙的新结构以微型化的形式再现出来。由微结构组成的谐振式传感器,除具有经典谐振式传感器的优良性能外,还具有质量小、功耗低、快响应和便于集成化的特点,可实现微型化、低功耗,由此测量机制相应地出现了一些新变化,例如,可做出热激励的工作方式等。

由于谐振式硅微结构传感器具有诸多优点,现今已成为传感器发展的一个新方向。当前的许多研究成果表明,不久谐振式硅微结构传感器将达到实用阶段,特别在精密测量场合,会展示出越来越重要的应用价值。本节以一种典型的热激励谐振式硅微结构压力传感器进行讨论。

2.8.1　结构与原理

图 2.35 所示为一种典型的热激励谐振式硅微结构压力传感器的敏感元件,由矩形平膜片或方形平膜片、梁谐振敏感元件和边界隔离部分构成。硅平膜片作为一次敏感元件,直接感受被测压力,将被测压力转化为膜片的应变与应力;在膜片的上表面制作浅槽和硅梁,以硅梁作为二次敏感元件,感受膜片上的应力,即间接感受被测压力。梁谐振敏感元件在外部压力 p 的作用下等效刚度发生变化,从而使梁的固有频率随之而变化。因此,通过检测梁谐振敏感元件的固有频率的变化,即可间接测出外部压力的变化。为了实现微传感器的闭环自激系统,可以采用电阻热激励、压阻检测方式。基于激励单元、检测单元的作用与信号转换过程,热激励电阻设置在梁谐振敏感元件的正中间,检测压敏电阻设置在梁谐振敏感元件一端的根部。

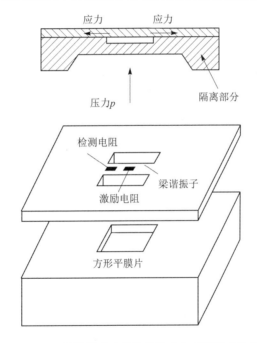

图 2.35　一种谐振式硅微结构压力传感器敏感结构

2.8.2　频率特性方程

1. 一次敏感元件的位移特性

图 2.35 所示为谐振式硅微结构压力传感器的一次敏感元件为一个半边长分别为 A、B,厚度为 H 的矩形平膜片,边界结构参数如图 2.36 所示。作用于膜片上的均布压力为 p。

对于上述结构,考虑到 H_1、H_2 远大于 H,因此在建立模型时,可以将其看成一个周边固支的矩形平膜片。

基于均布载荷作用于矩形平膜片上,在膜片中心建立三维直角坐标系,如图 2.37 所示。

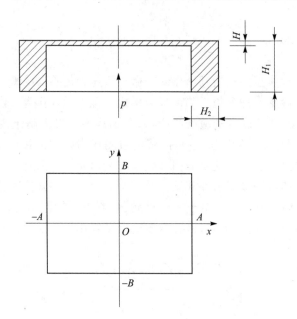

图 2.36   矩形平膜片压力敏感元件结构

x 轴为长度方向,y 轴为宽度方向$(A \geqslant B)$,xOy 平面与膜片的中平面重合,z 轴向上,对应于坐标轴的相应位移为 u、v、w,膜片上、下表面分别为 $+H/2$、$-H/2$。

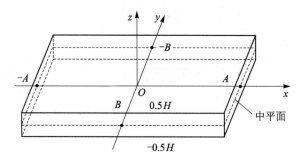

图 2.37   矩形平膜片模型

在均布压力 p 的作用下,考虑膜片的小挠度变形,在膜片中面只有法线方向位移,膜片在 x、y、z 三个方向的位移可写为

$$\left.\begin{array}{l} u(x,y,z)=\lambda_x z \\ v(x,y,z)=\lambda_y z \\ w(x,y,z)=w_0(x,y) \end{array}\right\} \tag{2.136}$$

$$\left.\begin{array}{l} \lambda_x = -\dfrac{\partial w_0}{\partial x} \\[2mm] \lambda_y = -\dfrac{\partial w_0}{\partial y} \end{array}\right\} \tag{2.137}$$

式中:$w_0(x,y)$——在膜片中面沿 z 方向的位移。

利用板弯曲小挠度变形理论,几何方程为

$$\left.\begin{array}{l} \varepsilon_x = zk_x \\ \varepsilon_y = zk_y \\ \varepsilon_{xy} = zk_{xy} \end{array}\right\} \tag{2.138}$$

$$\left.\begin{array}{l} k_x = -\dfrac{\partial^2 w_0}{\partial x^2} \\[3mm] k_y = -\dfrac{\partial^2 w_0}{\partial y^2} \\[3mm] k_{xy} = -2\dfrac{\partial^2 w_0}{\partial x \partial y} \end{array}\right\} \tag{2.139}$$

式中：k_x，k_y，k_{xy}——在膜片中面的弯曲变形。

膜片的弹性势能为

$$U = \frac{1}{2}\iiint_V (\varepsilon_x \sigma_x + \varepsilon_y \sigma_y + \varepsilon_{xy}\sigma_{xy})\,\mathrm{d}V =$$

$$\frac{Eh}{2(1-\mu^2)}\iint_S \left(k_x^2 + k_y^2 + 2\mu k_x k_y + \frac{1-\mu}{2}k_{xy}^2\right)\mathrm{d}S \tag{2.140}$$

式中：S——xOy 面内积分域。

均布压力 p 做的功为

$$W = \iint_S p w_0(x,y)\,\mathrm{d}S \tag{2.141}$$

建立泛函

$$\pi_1 = U - W \tag{2.142}$$

利用 $\delta\pi_1 = 0$ 可得到压力 p 与膜片中面位移 $w_0(x,y)$ 的方程。

下面采用 Ritz 法给出一种较精确的解析解。

周边固支的矩形平膜片的边界条件为

$$\left.\begin{array}{l} x = \pm A,\quad w_0 = \dfrac{\partial w_0}{\partial x} = \dfrac{\partial w_0}{\partial y} = 0 \\[3mm] y = \pm B,\quad w_0 = \dfrac{\partial w_0}{\partial x} = \dfrac{\partial w_0}{\partial y} = 0 \end{array}\right\} \tag{2.143}$$

于是，矩形平膜片的法线方向位移分量可以表述为

$$w_0 = C_0\left(\frac{x^2}{A^2}-1\right)^2\left(\frac{y^2}{B^2}-1\right)^2 \tag{2.144}$$

式中：C_0——静挠度在 z 方向的最大值（m），可记为 $W_{\text{Rec,max}}$。

利用式（2.142）、式（1.144）可得

$$k_1 C_0 = p \tag{2.145}$$

$$k_1 = \frac{32EH^4}{147(1-\mu^2)A^4B^4}(7A^4 + 4A^2B^2 + 7B^4) \tag{2.146}$$

$$w_0(x,y) = W_{\text{Rec,max}}\left(\frac{x^2}{A^2}-1\right)^2\left(\frac{y^2}{B^2}-1\right)^2 = \overline{W}_{\text{Rec,max}}H\left(\frac{x^2}{A^2}-1\right)^2\left(\frac{y^2}{B^2}-1\right)^2 \tag{2.147}$$

$$\overline{W}_{\text{Rec,max}} = \frac{147p(1-\mu^2)}{32\left(\dfrac{7}{A^4}+\dfrac{7}{B^4}+\dfrac{4}{A^2B^2}\right)EH^4} \tag{2.148}$$

$$W_{\text{Rec,max}} = \overline{W}_{\text{Rec,max}} H \tag{2.149}$$

式中：$\overline{W}_{\text{Rec,max}}$——矩形平膜片的最大法线方向位移与其厚度的比值，量纲为一。

利用式(2.136)、式(2.137)可得矩形平膜片上表面($z = +H/2$)在 x 方向与 y 方向的位移

$$\left.\begin{aligned}
u(x,y) &= -2\overline{W}_{\text{Rec,max}} \left(\frac{H}{A}\right)^2 \left(\frac{x^2}{A^2}-1\right)\left(\frac{y^2}{B^2}-1\right)^2 \cdot x \\
v(x,y) &= -2\overline{W}_{\text{Rec,max}} \left(\frac{H}{B}\right)^2 \left(\frac{x^2}{A^2}-1\right)^2\left(\frac{y^2}{B^2}-1\right) \cdot y
\end{aligned}\right\} \tag{2.150}$$

取 $A = B$，可以得到周边固支方形平膜片(Square Diaphragm)的有关结论。

在均布压力 p 的作用下，方形平膜片的法线方向位移为

$$w(x,y) = \overline{W}_{\text{S,max}} H \left(\frac{x^2}{A^2}-1\right)^2 \left(\frac{y^2}{A^2}-1\right)^2 \tag{2.151}$$

$$\overline{W}_{\text{S,max}} = \frac{49p(1-\mu^2)}{192E}\left(\frac{A}{H}\right)^4 \tag{2.152}$$

式中：$\overline{W}_{\text{S,max}}$——方平膜片的最大法线方向位移与其厚度的比值，量纲为一。

方形平膜片上表面在 x 方向与 y 方向的位移分别为

$$\left.\begin{aligned}
u(x,y) &= -2\overline{W}_{\text{S,max}} \left(\frac{H}{A}\right)^2 \left(\frac{x^2}{A^2}-1\right)\left(\frac{y^2}{A^2}-1\right)^2 \cdot x \\
v(x,y) &= -2\overline{W}_{\text{S,max}} \left(\frac{H}{A}\right)^2 \left(\frac{x^2}{A^2}-1\right)^2\left(\frac{y^2}{A^2}-1\right) \cdot y
\end{aligned}\right\} \tag{2.153}$$

2. 二次敏感元件的频率特性

常用的一次敏感元件为方形平膜片，根据敏感元件的实际情况及工作机理，当梁谐振敏感元件沿着 x 轴满足 $x \in [X_1, X_2]$($X_2 > X_1$)时，借助式(2.153)，由压力 p 引起梁谐振敏感元件的初始应力为

$$\sigma_0 = E\frac{u_2 - u_1}{L} \tag{2.154}$$

$$u_1 = -2H^2\overline{W}_{\text{S,max}}\left(\frac{X_1^2}{A^2}-1\right)\frac{X_1}{A^2} \tag{2.155}$$

$$u_2 = -2H^2\overline{W}_{\text{S,max}}\left(\frac{X_2^2}{A^2}-1\right)\frac{X_2}{A^2} \tag{2.156}$$

式中：σ_0——梁所受到的轴线方向应力(Pa)；

　　u_1、u_2——梁在其两个端点 X_1、X_2 处的轴线方向位移(m)；

　　X_1、X_2——梁在方形平膜片的直角坐标系中的坐标值；

　　L——梁的长度(m)，且有 $L = X_2 - X_1$。

借助于式(2.130)，在初始应力 σ_0(即压力 p)的作用下，双端固支梁的一阶固有频率为

$$f_1(p) = f_1(0)\left(1 + 0.294\,9\,\frac{KL^2}{h^2}p\right)^{0.5} \tag{2.157}$$

$$f_1(0) \approx \frac{4.730^2 h}{2\pi L^2}\left(\frac{E}{12\rho_m}\right)^{0.5}$$

$$K = \frac{0.51(1-\mu^2)}{EH^2}(-L^2 - 3X_2^2 + 3X_2L + A^2)$$

式中: H——膜片的厚度(m);

    h——梁的厚度(m)。

式(2.157)给出了上述谐振式硅微结构压力传感器的压力、频率特性方程。这里提供一组微传感器敏感元件参数的参考值:方形平膜片边长 4 mm,膜厚 0.1 mm;梁谐振敏感元件沿 x 轴设置于方形平膜片的正中间,长 1.3 mm,宽 0.08 mm,厚 0.007 mm;此外,浅槽的深度为 0.007 mm。基于对方形平膜片的静力学分析结果,可以给出方形平膜片结构参数优化设计的准则。结合对加工工艺实现的考虑,可以取方形平膜片的边界隔离部分的内半边长为 1 mm,厚为 1 mm。

当硅材料的弹性模量、密度和泊松比分别为 $E = 1.3 \times 10^{11}$ Pa, $\rho_m = 2.33 \times 10^3$ kg/m³, $\mu = 0.278$,被测压力范围为 0~0.1 MPa 时,利用上述模型计算出梁谐振敏感元件的频率范围为 31.80~48.42 kHz。

2.8.3 信号转换过程

图 2.38 所示为微传感器敏感中梁谐振敏感元件部分的激励单元、检测单元结构示意图。热激励电阻 R_E 设置于梁的正中间,检测压敏电阻 R_D 设置在梁的端部。当敏感元件开始工作时,在激励电阻上加载交变的正弦电压 $U_{ac}\cos\omega t$ 和直流偏压 U_{dc},激励电阻 R_E 上将产生热量

$$P(t) = \frac{U_{dc}^2 + 0.5U_{ac}^2 + 2U_{dc}U_{ac}\cos\omega t + 0.5U_{ac}^2\cos 2\omega t}{R_E} \tag{2.158}$$

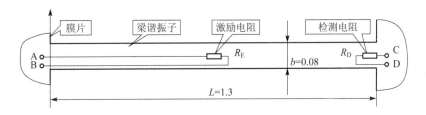

图 2.38 梁谐振敏感元件平面结构

$P(t)$ 包含常值分量 P_s、与激励频率相同的交变分量 $P_{d1}(t)$ 和二倍频交变分量 $P_{d2}(t)$,分别为

$$P_s = \frac{2U_{dc}^2 + U_{ac}^2}{2R_E} \tag{2.159}$$

$$P_{d1}(t) = \frac{2U_{dc}U_{ac}\cos\omega t}{R_E} \tag{2.160}$$

$$P_{d2}(t) = \frac{U_{ac}^2\cos 2\omega t}{2R_E} \tag{2.161}$$

交变分量 $P_{d1}(t)$ 使梁谐振敏感元件产生交变的温度差分布场 $\Delta T(x,t)\cos(\omega t + \phi_1)$,从而在梁谐振敏感元件上产生交变热应力

$$\sigma_{\text{ther}} = -E\alpha\Delta T(x,t)\cos(\omega t + \phi_1 + \phi_2) \tag{2.162}$$

式中：α——硅材料的热应变系数($1/℃$)；

　　　x、t——梁谐振敏感元件的轴线方向位置(m)和时间(s)；

　　　ϕ_1——由热功率到温度差分布场产生的相移(rad)；

　　　ϕ_2——由温度差分布场到热应力产生的相移(rad)。

显然，相移 ϕ_1、ϕ_2 与激励电阻在梁谐振敏感元件上的位置、激励电阻的参数、梁的结构参数及材料参数等有关。

设置在梁根部的检测压敏电阻感受此交变的热应力。由压阻效应，其电阻变化为

$$\Delta R_{\text{D}} = \beta R_{\text{D}}\sigma_{\text{axial}} = \beta R_{\text{D}} E\alpha\Delta T(x_0,t)\cos(\omega t + \phi_1 + \phi_2) \tag{2.163}$$

式中：σ_{axial}——电阻感受的梁端部的应力值(Pa)；

　　　β——压敏电阻的灵敏系数(Pa^{-1})；

　　　x_0——梁端部坐标(m)。

利用电桥可以将检测电阻的变化转换为交变电压信号的变化 $\Delta u(t)$，可描述为

$$\Delta u(t) = K_{\text{B}}\frac{\Delta R_{\text{D}}}{R_{\text{D}}} = K_{\text{B}}\beta E\alpha\Delta T(x_0,t)\cos(\omega t + \phi_1 + \phi_2) \tag{2.164}$$

式中：K_{B}——电桥的灵敏度(V)。

当 $\Delta u(t)$ 的角频率 ω 与梁谐振敏感元件的固有角频率一致时，梁谐振敏感元件谐振。故 $P_{\text{d1}}(t)$ 是所需要的交变信号，由它实现了"电—热—机"转换。

2.8.4　梁谐振敏感元件的温度场模型与热特性分析

常值分量 P_{s} 将使梁谐振敏感元件产生恒定的温度差分布场 ΔT_{av}，在梁谐振敏感元件上引起初始热应力，从而对梁谐振敏感元件的谐振频率产生影响。

梁谐振敏感元件的温度场引起的初始热应力为

$$\varepsilon_T = -\alpha\Delta T_{\text{av}} \tag{2.165}$$

式中：ΔT_{av}——梁谐振敏感元件上的平均温升($℃$)，与 P_{s} 成正比。

综合考虑被测压力、激励电阻的温度场分布，梁谐振敏感元件一阶固有频率为

$$f_1(p,\Delta T_{\text{av}}) = \frac{4.730^2 h}{2\pi L^2}\left[\frac{E}{12\rho}\left(1 + 0.294\,9\,\frac{L^2(Kp + \varepsilon_T)}{h^2}\right)\right]^{0.5} \tag{2.166}$$

由上述分析及式(2.166)可知，激励电阻引起的温度场使梁谐振敏感元件的等效刚度减小，因此必须对刚度的减小量进行限制，以保证梁谐振敏感元件稳定可靠地工作。通常加在梁谐振敏感元件上的常值功率 P_{s} 由下式确定

$$0.294\,9\alpha\frac{L^2}{h^2}\Delta T_{\text{av}} \leqslant \frac{1}{K_{\text{s}}} \tag{2.167}$$

式中：K_{s}——安全系数，通常可以取为 5～7。

由式(2.166)可知，温度场对梁谐振敏感元件压力、频率特性的影响规律是：当考虑激励电阻的热功率时，梁谐振敏感元件的频率将减小，而且减小的程度与激励热功率 P_{s} 呈单调变化；当激励电阻的热功率保持不变时，温度场对梁谐振敏感元件压力、频率特性的影响是固定的。

2.8.5 开环特性测试系统

1. 问题的引出

高性能的谐振式传感器是指在其工作的全量程内始终保证其谐振敏感结构处于接近理想的谐振状态。这对于硅微机械谐振式传感器不仅是重要的问题,也是非常难的问题。谐振式传感器工作时,就必须要让该敏感结构处于谐振状态,这就必须对谐振敏感结构施加一定的激励。通常谐振敏感结构在实际工作中不可能处于理想的谐振状态。对于微机械传感器,如果激励能量"过低",则表征谐振敏感结构的谐振状态展示不充分或出不来,同时,由于信噪比太低使传感器闭环系统不能正常工作,通常称之为"欠激励";而当激励能量"过高",容易使微小的微机械谐振敏感结构处于较为显著的非线性振动状态,甚至可能毁坏传感器,通常称之为"过激励"。因此,如何确保微机械谐振敏感结构处于最佳工作状态是能否实现高性能硅微机械谐振式传感器的关键。而如何准确评估微机械谐振敏感结构的工作状态(包括敏感结构的力学行为,激励单元、检测单元的电学行为以及机-电耦合行为)更是重中之重,以上研究内容归属于硅微结构谐振式传感器的开环特性测试。对于深入研究硅微结构谐振式传感器的工作机理、关键技术的突破以及高性能微机械谐振式传感器闭环系统的实现具有重要的意义,更是高性能微机械谐振式传感器生产的重要技术支撑。

由于硅微结构谐振式传感器的开环特性测试的重要性和专业性,以及技术需求的特殊性,目前国际商业市场上还没有单一的专用仪器、系统来实现上述功能,国外实力雄厚的科研机构与生产厂商,多采用由若干台价格昂贵、性能优异的通用仪器搭建成一个测试系统,辅以较为强大的信息综合处理系统实现上述重要功能。图 2.39 所示为一个典型的特性测试系统,显然该测试系统庞大,携带不方便,价格昂贵,只用到其中一小部分功能,因此,研制谐振式硅微机械传感器的专用开环特性测试系统尤为必要。

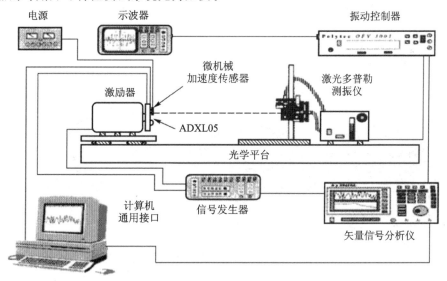

图 2.39 一个典型的硅微结构谐振式加速度传感器开环特性测试系统

2. 开环特性测试系统工作原理

图 2.40 所示为谐振式硅微机械传感器的专用开环特性测试系统,该测试系统通常采用单点稳态频率扫描的方法获得谐振器的频率响应特性,在此基础上,分析谐振敏感结构的特性。测试系统主要包括以下功能模块:激励信号发生单元、微弱信号处理单元、频率扫描控制单元、输出显示单元等。其中,微弱信号处理单元是其核心部件。

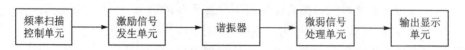

图 2.40　谐振式硅微结构传感器专用开环特性测试系统功能

该测试系统工作过程为:将频率扫描控制单元发出的控制指令输送到激励信号发生单元,使之产生某一频率的正弦激励信号,谐振器在该激励信号下受迫振动,待其达到稳态响应后,由微弱信号处理单元对该微弱振动输出信号进行检测和处理,然后送到输出显示单元并绘制出频率响应曲线,计算相关参数(如机械品质因数 Q 值、谐振频率、谐振相位等)。

3. 几个典型的开环特性测试系统

在谐振式硅微机械传感器开环特性测试中的微弱信号处理技术中,逐步取得了阶段性的突破,基于每阶段的微弱信号处理技术,分别研制了三类开环特性测试系统。

(1)第一类开环特性测试系统

第一类开环特性测试系统的相关检测是在强噪声背景下来提取微弱周期信号,该系统通常由乘法器和积分器组成。现有的模拟乘法器由于自身输入等效噪声大,且存在直流失调和非线性,无法直接用到谐振式硅微机械传感器的输出信号处理中。因此,基于相关检测原理,利用欧姆定律的直接相关算法,巧妙地将拾振电阻作为乘法器,有效地克服了模拟乘法器的缺陷,突破了微弱信号检测的技术瓶颈,实现了谐振式硅微机械压力传感器的开环特性测试。图 2.41 所示为某一谐振式硅微机械传感器样件的测试结果:谐振频率为 71.588 9 kHz,Q 值约为 500。

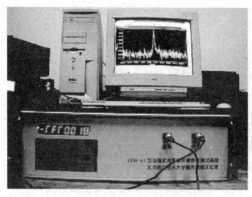
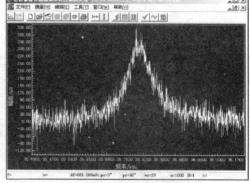

图 2.41　开环特性测试系统及对一硅微结构谐振敏感元件的测试结果

该开环特性测试系统的最小频率扫描步长为 0.01 Hz,弱信号测试精度为 110 nVp-p,具有友好的交互式图形界面,操作简单,结果直观;但测量速度慢,每个点的测量时间需要

120 ms。此外,该测试系统需要手动调节扫频范围、扫描步长以及参考相位,直至精确搜索到谐振频率,且每次测量时需要手动调节初始参考相位直至曲线对称,无法直接获得谐振频率点处的相位信息。

（2）第二类开环特性测试系统

在已有技术基础上,针对第一类开环特性的不足,经过改进和优化,研制了第二类开环特性测试系统,如图 2.42 所示。其中微弱信号检测方法沿用了基于欧姆鉴相的直接相关算法,但是提出了分时正交差动的概念,即分别在四个相邻时刻对拾振电阻施加相位相差 90° 的参考信号后获得对应的输出,将输出的两对反相信号进行差动,消除共模干扰,再将这一组差动后所得的正交信号进行矢量运算,即可同时获得该频率点的振幅和相位。该方法不仅提高了检测信噪比,而且能够将相位独立解算出来。图 2.42 所示为某一谐振式硅微机械传感器样件的测试结果:谐振频率为 57.525 8 kHz,相位为 8°,Q 值约为 3 000。

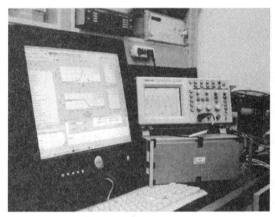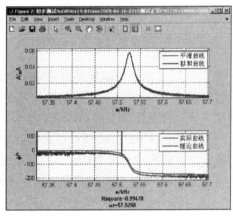

图 2.42　第二类开环特性测试系统和硅微结构谐振敏感元件测试结果

第二类开环特性测试系统的优点是扫频控制算法智能化,不仅能自动调整扫频范围和步长完成谐振频率的搜索,而且增加了传感器测试系统的控制接口和算法,实现对谐振式硅微机械传感器进行一系列基于开环特性的整体特性测试分析（如灵敏度、重复性、时漂和温漂等）;测试界面友好,操作方便。其不足是只能针对电阻拾振的谐振式传感器。

（3）第三类开环特性测试系统

为了拓宽仪器的适用范围,开发了第三类开环特性测试系统,如图 2.43 所示。该仪器采用板卡式电路体系结构设计,将压阻式、电容式、磁电式的拾振检测信号处理模块以板卡的形式集成到同一个测试平台上,使仪器具有很好的开放性和灵活性。针对压阻拾振的微弱信号处理技术,提出并实现了快速互相关检测方法,图 2.43 所示为某一谐振式硅微机械传感器样件的测试结果:谐振频率为 71.040 2 kHz,Q 值约为 3 000。

第三类开环特性测试系统的压阻检测模块的检测精度提高到 50 nVp-p,比第一类开环特性测试系统有所提高,同时单点测量时间降至 10 ms,缩短到第一类测试系统的 1/12,大大提高了测试效率。

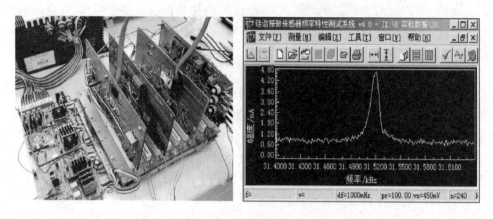

图 2.43　第三类开环特性测试系统和硅微结构谐振敏感元件快速互相关检测结果

2.8.6　闭环系统

基于图 2.38 所示的微传感器敏感中梁谐振敏感元件激励单元、检测单元结构以及相关的信号转换规律,当采用激励电阻上加载交变的正弦电压 $U_{ac}\cos \omega t$ 和直流偏压 U_{dc} 时,重点需要解决二倍频交变分量 $P_{d2}(t)$ 带来的干扰信号问题。通常可选择适当的交直流分量,使 $U_{dc} \gg U_{ac}$,或在调理电路中进行滤波处理。可得出图 2.44 所示的传感器闭环自激系统的原理框图。图中由检测桥路测得的交变信号 $\Delta u(t)$ 经差分放大器进行前置放大,通过带通滤波器滤除掉通带范围以外的信号,再由移相器对闭环电路其他各环节的总相移进行调整。

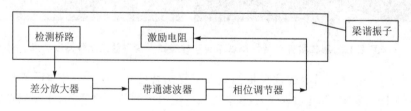

图 2.44　加直流偏置的闭环自激系统原理框图

利用幅值、相位条件(式(1.14)和式(1.15)),可以设计、计算放大器的参数,以保证谐振式硅微结构压力传感器在整个工作频率范围内自激振荡,使传感器稳定、可靠地工作。但这种方案使传感器性能易受到温度差分布场 ΔT_{av} 的影响。

为了尽量减小 ΔT_{av} 对梁谐振敏感元件频率的影响,可以考虑采用单纯交流激励的方案。借助于式(2.158),这时的热激励功率为

$$P(t) = \frac{U_{ac}^2 + U_{ac}^2 \cos 2\omega t}{2R_E} \tag{2.168}$$

考虑到梁谐振敏感元件的机械品质因数非常高,激励信号 $U_{ac}\cos \omega t$ 可以选得非常小,因此这时的常值功率 $P_s = \dfrac{U_{ac}^2}{2R_E}$ 非常低,可以忽略其对梁谐振敏感元件谐振频率的影响。而交流分量不再包含一倍频的信号,只有二倍频交变分量 $P_{d2}(t) = \dfrac{U_{ac}^2 \cos 2\omega t}{2R_E}$,纯交流激励的闭环自

激系统必须解决分频问题。一个实用的方案是在电路中采用锁相分频技术,即在设计的基本锁相环的反馈支路中接入一个倍频器,以实现分频,其原理如图 2.45 所示。假设由检测电阻相位比较器对两个信号频率 $2\omega_D$ 和 $N\omega_E$ 进行比较,当环路锁定时,则有 $2\omega_D = N\omega_E$,即 $\omega_E = \dfrac{2\omega_D}{N}$。其中 N 为倍频系数,由它决定分频次数。当 $N = 2$ 时,压控振荡器的输出角频率 ω_{out} 等于检测到的梁谐振敏感元件的固有角频率 ω_D。由于该角频率受被测压力的调制,因此直接检测压控振荡器的输出角频率 ω_{out} 就可以实现对压力的测量;同时,以 $\omega_E = \omega_{out}$ 为激励信号角频率并反馈到激励电阻,这就构成微传感器的闭环自激系统。

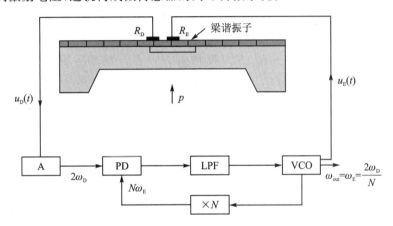

图 2.45　纯交流激励的闭环自激系统

2.9　具有差动输出的谐振式硅微结构压力传感器

2.9.1　结构与原理

图 2.46 所示为差动输出的谐振式硅微结构压力传感器结构示意图,这是一种利用硅微机械加工工艺制成的一种精巧的复合敏感元件。被测压力 p 直接作用于 E 形圆膜片的下表面;

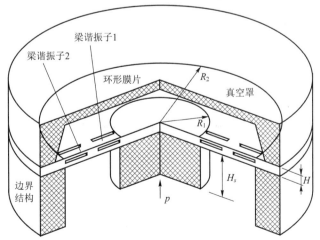

图 2.46　差动输出的谐振式硅微结构压力传感器结构

在其环形膜片的上表面,制作一对起差动作用的硅梁谐振敏感元件,并封装于真空腔内。考虑到梁谐振敏感元件 1(梁谐振子 1)设置在膜片的内边缘,梁谐振敏感元件 2(梁谐振子 2)设置在膜片的外边缘,梁谐振子 1 受拉伸应力,梁谐振子 2 受压缩应力(见图 3.52)。因此梁谐振子 1 随测压力单调递增,而梁谐振子 2 随被测压力单调递减,即被测压力 p 增加时,梁谐振子 1 的固有频率增大,梁谐振子 2 的固有频率减小。上述分析为由梁谐振子 1 与梁谐振子 2 构成差动输出的谐振式硅微结构压力传感器提供了理论依据。

2.9.2　频率特性方程

图 2.47 所示为 E 形圆膜片的典型结构示意图和位移示意图。其有效敏感部分是一个圆环平膜片。内半径、外半径分别为 R_1、R_2,膜厚为 H。在该圆环平膜片中面建立三维柱坐标系,膜片上、下表面分别为 $+H/2$、$-H/2$;在膜片上作用有对称分布的载荷 $p(\rho)$ 或集中力 F。

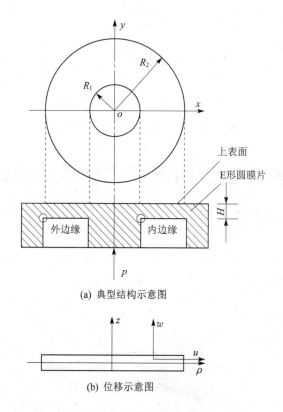

(a) 典型结构示意图

(b) 位移示意图

图 2.47　E 形圆膜片模型

依据板的小挠度变形理论,当膜片受对称载荷时,在其中面只有法线方向位移 $w(\rho)$(在不引起误解的情况下,可以简写为 w),在平行于中面的其他面内还有半径方向位移 $u(\rho,z)$(见图 2.47(b)),而且满足

$$u(\rho,z) = -\frac{\mathrm{d}w}{\mathrm{d}\rho}z \qquad (2.169)$$

膜片的应变为

$$\left.\begin{aligned} \varepsilon_\rho &= -\frac{d^2 w(\rho)}{d\rho^2} z \\ \varepsilon_\theta &= -\frac{dw(\rho)}{\rho d\rho} z \\ \varepsilon_{\rho\theta} &= 0 \end{aligned}\right\} \tag{2.170}$$

由式(2.170)可得膜片的应力

$$\left.\begin{aligned} \sigma_\rho &= \frac{-zE}{1-\mu^2}\left(\frac{d^2 w}{d\rho^2} + \frac{\mu}{\rho}\frac{dw}{d\rho}\right) \\ \sigma_\theta &= \frac{-zE}{1-\mu^2}\left(\mu\frac{d^2 w}{d\rho^2} + \frac{1}{\rho}\frac{dw}{d\rho}\right) \\ \sigma_{\rho\theta} &= 0 \end{aligned}\right\} \tag{2.171}$$

显然由上述公式可知膜片的位移、应变、应力均为法线方向位移 $w(\rho)$ 的函数;沿着法线方向,膜片上、下表面的应变、应力的绝对值最大,中面内的应变、应力为零。

于是 E 形圆膜片的弹性势能为

$$U = \frac{1}{2}\iiint_V (\sigma_\rho \varepsilon_\rho + \sigma_\theta \varepsilon_\theta + \sigma_{\rho\theta}\varepsilon_{\rho\theta})\,dV = \pi D\int_{R_1}^{R_2}\left[\left(\frac{d^2 w}{d\rho^2}\right)^2 + \frac{2\mu}{\rho}\frac{dw}{d\rho}\frac{d^2 w}{d\rho^2} + \frac{1}{\rho^2}\left(\frac{dw}{d\rho}\right)^2\right]\rho\,d\rho \tag{2.172}$$

$$D = \frac{EH^3}{12(1-\mu^2)}$$

式中:D——膜片的抗弯刚度;

V——E 形圆膜片的体积积分域。

分布力 $p(\rho)$ 对膜片做的功为

$$W = \iint_S p w(\rho)\rho\,d\rho\,d\theta \tag{2.173}$$

式中:S——E 形圆膜片环形中面的面积积分域。

建立泛函

$$\pi_1 = U - W \tag{2.174}$$

利用 $\delta\pi_1 = 0$ 可得

$$D\left[\frac{d^4 w}{d\rho^4} + \frac{1}{\rho}\frac{2d^3 w}{d\rho^3} - \frac{1}{\rho}\frac{d^2 w}{d\rho^2} + \frac{1}{\rho^3}\frac{dw}{d\rho}\right]\rho = p(\rho)\rho \tag{2.175}$$

该式可变换为标准型

$$D\frac{1}{\rho}\frac{d}{d\rho}\left\{\rho\frac{d}{d\rho}\left[\frac{1}{\rho}\frac{d}{d\rho}\left(\rho\frac{dw}{d\rho}\right)\right]\right\} = p(\rho) \tag{2.176}$$

由于 $p(\rho)$ 的作用范围为 $\rho \in [0, R_2]$,故可对上式在 $p(\rho)$ 的作用范围内积分,有

$$\int_0^{2\pi}\int_0^\rho D\frac{1}{\rho}\frac{d}{d\rho}\left\{\rho\frac{d}{d\rho}\left[\frac{1}{\rho}\frac{d}{d\rho}\left(\rho\frac{dw}{d\rho}\right)\right]\right\}\rho\,d\rho\,d\theta = \int_0^{2\pi}\int_0^\rho p(\rho)\rho\,d\rho\,d\theta \tag{2.177}$$

式(2.177)右边的物理意义很明确,是分布力 $p(\rho)$ 作用在以 ρ 为半径的圆上的外力,由平衡条件可知,该外力必然和作用于这个圆上周边的剪力平衡,如图 2.48 所示。式(2.177)左边也必然相当于剪力 $Q(\rho)$ 在 $\theta \in [0, 2\pi]$ 上的积分,即有如下关系

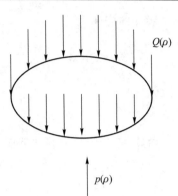

$$\int_0^{2\pi} D\left\{\rho\,\frac{\mathrm{d}}{\mathrm{d}\rho}\left[\frac{1}{\rho}\,\frac{\mathrm{d}}{\mathrm{d}\rho}\left(\rho\,\frac{\mathrm{d}w}{\mathrm{d}\rho}\right)\right]\right\}\mathrm{d}\theta = \int_0^{2\pi} Q(\rho)\rho\,\mathrm{d}\theta$$

(2.178)

式中：$Q(\rho)$——作用于半径为 ρ 的圆上，单位弧长的剪力（N/m）。

即剪力 $Q(\rho)$ 为

$$Q(\rho) = D\,\frac{\mathrm{d}}{\mathrm{d}\rho}\left[\frac{1}{\rho}\,\frac{\mathrm{d}}{\mathrm{d}\rho}\left(\rho\,\frac{\mathrm{d}w}{\mathrm{d}\rho}\right)\right]$$

(2.179)

图 2.48 环线方向
剪力 $Q(\rho)$

式（2.175）与式（2.179）等价，但后者更适合于求解微分方程。式（2.177）也可以通过对微元体的力平衡条件得到。简单说明如下：如图 2.49 所示，应力 σ_ρ、σ_θ 在膜片的横截面上产生弯矩 M_ρ、M_θ。

$$\left.\begin{aligned}M_\rho &= \int_{-\frac{H}{2}}^{\frac{H}{2}} \sigma_\rho z\,\mathrm{d}z = -D\left(\frac{\mathrm{d}^2 w}{\mathrm{d}\rho^2} + \frac{\mu}{\rho}\,\frac{\mathrm{d}w}{\mathrm{d}\rho}\right)\\[2mm] M_\theta &= \int_{-\frac{H}{2}}^{\frac{H}{2}} \sigma_\theta z\,\mathrm{d}z = -D\left(\mu\,\frac{\mathrm{d}^2 w}{\mathrm{d}\rho^2} + \frac{1}{\rho}\,\frac{\mathrm{d}w}{\mathrm{d}\rho}\right)\end{aligned}\right\}$$

(2.180)

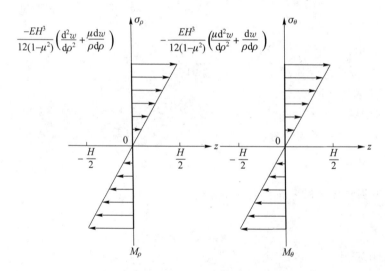

图 2.49 应力 σ_ρ、σ_θ 产生的弯矩 M_ρ、M_θ

图 2.50 所示为微元体的受力分析，利用力矩平衡条件可得

$$\left(M_\rho + \frac{\partial M_\rho}{\partial \rho}\,\mathrm{d}\rho\right)(\rho+\mathrm{d}\rho)\,\mathrm{d}\theta - M_\rho \rho\,\mathrm{d}\theta - M_\theta\,\mathrm{d}\rho\sin\frac{\mathrm{d}\theta}{2} - \left(M_\theta + \frac{\partial M_\theta}{\partial \theta}\,\mathrm{d}\theta\right)\mathrm{d}\rho\sin\frac{\mathrm{d}\theta}{2} + Q_\rho\rho\,\mathrm{d}\rho\,\mathrm{d}\theta = 0$$

略去上式中的二阶小量可得

$$Q_\rho = -D\left[\frac{\partial M_\rho}{\partial \rho} + \frac{M_\rho - M_\theta}{\rho}\right]$$

(2.181)

将式（2.180）代入上式，有

$$Q_\rho = D\left(\frac{\mathrm{d}^3 w}{\mathrm{d}\rho^3} + \frac{1}{\rho}\,\frac{\mathrm{d}^2 w}{\mathrm{d}\rho^2} - \frac{1}{\rho^2}\,\frac{\mathrm{d}w}{\mathrm{d}\rho}\right) = D\,\frac{\mathrm{d}}{\mathrm{d}\rho}\left[\frac{1}{\rho}\,\frac{\mathrm{d}}{\mathrm{d}\rho}\left(\rho\,\frac{\mathrm{d}w}{\mathrm{d}\rho}\right)\right]$$

(2.182)

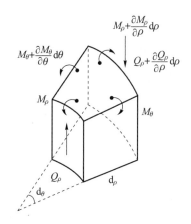

图 2.50　微元体的受力分析

显然 $Q_\rho = Q(\rho)$，式（2.182）与式（2.181）相同。

当均布压力 p 作用于 E 形圆膜片时（见图 2.47(a)），有

$$2\pi\rho Q(\rho) = \pi\rho^2 p \tag{2.183}$$

结合式（2.179）、式（2.183）可得

$$\frac{\mathrm{d}}{\mathrm{d}\rho}\left[\frac{1}{\rho}\frac{\mathrm{d}}{\mathrm{d}\rho}\left(\rho\frac{\mathrm{d}w}{\mathrm{d}\rho}\right)\right] = \frac{6p(1-\mu^2)\rho}{EH^3} \tag{2.184}$$

对 E 形圆膜片，内环的转角为零，外环为固支，有如下边界条件：

$$\left.\begin{array}{l} \rho = R_1, w'(\rho) = 0 \\ \rho = R_2, \ w = w'(\rho) = 0 \end{array}\right\} \tag{2.185}$$

在边界条件式（2.185）下，对式（2.184）直接积分可得

$$w(\rho) = \frac{3p(1-\mu^2)\rho^4}{16EH^3} + \frac{C_1\rho^2}{4} + C_2\ln\frac{\rho}{R_2} + C_3 \tag{2.186}$$

$$C_1 = \frac{-3p(1-\mu^2)(R_2^2 + R_1^2)}{2EH^3}$$

$$C_2 = \frac{3p(1-\mu^2)R_2^2 R_1^2}{4EH^3}$$

$$C_3 = \frac{3p(1-\mu^2)R_2^2(R_2^2 + 2R_1^2)}{16EH^3}$$

经变换后，有

$$w(\rho) = \frac{3p(1-\mu^2)R_2^4}{16EH^3}\left[R^4 - 2(1+K^2)R^2 + 4K^2\ln R + (1+2K^2)\right] \tag{2.187}$$

$$R = \frac{\rho}{R_2}$$

$$K = \frac{R_1}{R_2}$$

$$\overline{W}_{Ep,\max} = \frac{3p(1-\mu^2)}{16E}\left(\frac{R_2}{H}\right)^4\left[1 - K^4 + 4K^2\ln K\right] \tag{2.188}$$

式中：$\overline{W}_{Ep,\max}$——均布压力 p 作用下的 E 形圆膜片最大法线方向位移与其厚度的比值，量纲为一。

将式(2.187)代入式(2.169)可得均布压力 p 作用下 E 形圆膜片上表面的半径方向位移

$$u(\rho)=\frac{-3p(1-\mu^2)R_2^3}{8EH^2}\left(R^3-R-RK^2+\frac{K^2}{R}\right) \tag{2.189}$$

将式(2.187)分别代入式(2.170)、式(2.171)可得均布压力 p 引起的膜片上表面的应变、应力分别为

$$\left.\begin{aligned}\varepsilon_\rho&=\frac{-3p(1-\mu^2)R_2^2}{8EH^2}\left(3R^2-1-K^2-\frac{K^2}{R^2}\right)\\\varepsilon_\theta&=\frac{-3p(1-\mu^2)R_2^2}{8EH^2}\left(R^2-1-K^2+\frac{K^2}{R^2}\right)\end{aligned}\right\} \tag{2.190}$$

$$\left.\begin{aligned}\sigma_\rho&=\frac{-3pR_2^2}{8H^2}\left[(3+\mu)R^2-(1+\mu)(K^2+1)-\frac{(1-\mu)K^2}{R^2}\right]\\\sigma_\theta&=\frac{-3pR_2^2}{8H^2}\left[(1+3\mu)R^2-(1+\mu)(K^2+1)+\frac{(1-\mu)K^2}{R^2}\right]\end{aligned}\right\} \tag{2.191}$$

当梁谐振子设置在 E 形圆膜片上表面的内、外边缘时，借助于式(2.154)、式(2.157)，可得梁谐振子 1 与梁谐振子 2 在被测压力 p 时作用下的一阶固有频率特性方程

$$f_1(p)=\frac{4.730^2h}{2\pi L^2}\left[\frac{E}{12\rho_m}\left(1+0.294\,9\,\frac{K_1^{(p)}p\cdot L^2}{h^2}\right)\right]^{0.5} \tag{2.192}$$

$$K_1^{(p)}=\frac{-3(1-\mu^2)R_2^3}{8EH^2L}\left[\left(\frac{R_1+L}{R_2}\right)^3-\frac{R_1+L}{R_2}-\frac{R_1+L}{R_2}K^2+\frac{R_2}{R_1+L}K^2\right]$$

$$f_2(p)=\frac{4.730^2h}{2\pi L^2}\left[\frac{E}{12\rho_m}\left(1+0.294\,9\,\frac{K_2^{(p)}p\cdot L^2}{h^2}\right)\right]^{0.5} \tag{2.193}$$

$$K_2^{(p)}=\frac{3(1-\mu^2)R_2^3}{8EH^2L}\left[\left(\frac{R_2-L}{R_2}\right)^3-\frac{R_2-L}{R_2}-\frac{R_2-L}{R_2}K^2+\frac{R_2}{R_2-L}K^2\right]$$

对于该微传感器，系统实现方式与图 2.38 所示谐振式硅微结构压力微传感器一样，只是其输出信号为梁谐振子 1 与梁谐振子 2 的频率差 $f_1(p)-f_2(p)$。

2.9.3 算例与分析

对于图 2.47 所示结构的复合敏感谐振敏感元件，其材料参数为：$E=1.3\times10^{11}$ Pa，$\rho_m=2.33\times10^3$ kg/m^3，$\mu=0.278$；E 形圆膜片的内半径、外半径、膜厚分别为：$R_1=1.5$ mm，$R_2=4$ mm，$H=100$ μm；E 形圆膜片上表面制作的梁谐振子的长度、宽度分别为 $L=1\,000$ μm，$b=100$ μm；测量压力范围为：$(-10^5$ Pa，10^5 Pa)。

初步选择梁谐振子的厚度 $h=12$ μm，利用式(2.192)、式(2.193)可以计算出梁谐振子的一阶固有频率随压力变化的特性曲线，如图 2.51 所示。在压力$(-10^5$ Pa，10^5 Pa)范围，梁谐振子 1 的一阶固有频率由 35.64 kHz 增加到 125.33 kHz，相对于零压力的频率 92.135 kHz 变化了 97.3%；梁谐振子 2 的一阶固有频率由 125.61 kHz 减小到 34.66 kHz，相对于零压力的频率变化了 -98.7%。可见梁谐振子 1、2 的一阶固有频率变化较大，这表明复合谐振敏感元

件几何结构参数设计不太合理。

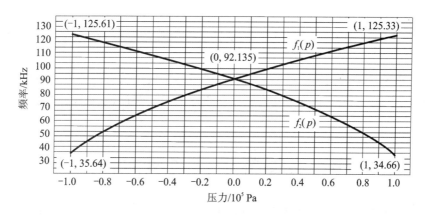

图 2.51 梁谐振子 1、2 在厚度 $h=12\ \mu m$、E 形圆膜片膜厚 $H=100\ \mu m$ 时的压力频率特性曲线

调整梁谐振子厚度 $h=15\ \mu m$，梁谐振子一阶固有频率随压力变化的特性曲线如图 2.52 所示。梁谐振子 1 的频率由 77.75 kHz 增加到 143.12 kHz，相对于零压力的频率 115.17 kHz 变化了 56.8%；梁谐振子 2 由 143.36 kHz 减小到 77.31 kHz，相对于零压力的频率变化了 −57.4%。明显好于梁谐振子厚度 $h=12\ \mu m$ 的情况。

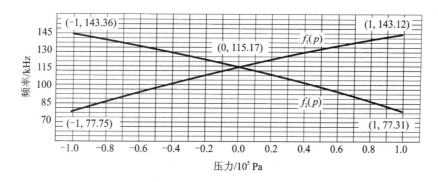

图 2.52 梁谐振子 1、2 在厚度 $h=15\ \mu m$、E 形圆膜片厚度 $H=100\ \mu m$ 时的压力频率特性曲线

若保持梁谐振子的结构参数不变，调整 E 形圆膜片的厚度 $H=150\ \mu m$，梁谐振子一阶固有频率随压力变化的特性曲线如图 2.53 所示。梁谐振子 1 的频率由 72.67 kHz 增加到 108.15 kHz，相对于零压力的频率 92.135 kHz 变化了 38.5%；而梁谐振子 2 的频率由

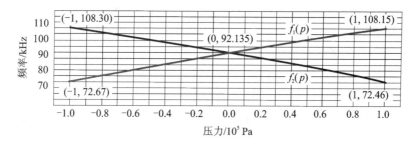

图 2.53 梁谐振子 1、2 在厚度 $h=12\ \mu m$、E 形圆膜片膜厚 $H=120\ \mu m$ 时的压力频率特性曲线

108.30 kHz 减小到 72.46 kHz,相对于零压力的频率变化了 −38.9%。明显好于 E 形圆膜片的厚度 $H=100\ \mu m$ 的情况。

通过上述分析,优化梁谐振子的厚度或 E 形圆膜片的厚度,对于设计复合敏感元件很重要。

这种具有差动输出的谐振式硅微结构压力传感器不仅可以提高测量灵敏度,而且对于共模干扰的影响,如温度、环境振动、过载等具有很好的补偿功能,从而可以有效地提高其性能指标。

2.10　石墨烯谐振式压力传感器

前面介绍的几种谐振式传感器均有高性能产品。采用金属或石英等材料制作谐振敏感结构(如谐振筒、谐振膜片、复合音叉等),相应的传感器产品尺寸大、功耗高;利用硅材料优良的物理性能,结合 MEMS(MicroElectro-MechanicalSystems)加工工艺制作出硅微结构谐振式传感器,其特征尺寸可达到微米乃至亚微米量级,相应的传感器产品具有尺寸小、功耗低、响应快、易集成化与批量生产等特点,因此在航空航天、工业控制、消费电子等领域应用广泛。随着MEMS 加工技术的持续发展以及实际应用需求的不断提高,微谐振式传感器继续朝着高性能、高灵敏度、微型化乃至纳机电(Nano-Electro-Mechanical Systems,NEMS)方向发展。由于硅微结构在降低至几百纳米尺寸时容易产生缺陷,相应的传感器特征尺寸受到制约,从而限制了硅微谐振式传感器的测量性能和其应用领域。因此,有必要探索可用于性能优、体积更小的新型材料,发展新型谐振式传感器自然成为了微谐振式传感器的潜在发展趋势。

事实上,利用石墨烯材料制成的谐振器件具有的传感效应,该传感效应的研究工作也得到了快速发展,并成功研制了基于单层和多层石墨烯膜制备的纳机电谐振器,从实验的角度证实了石墨烯作为谐振器的可行性;也有学者从理论和和数值仿真角度探究石墨烯的谐振特性,显示了石墨烯的谐振特性在超高灵敏度压力、加速度、角速率和质量等物理量传感方面具有巨大的潜力,有望研制出针对不同物理量测量的石墨烯 NEMS 谐振式传感器。

2.10.1　石墨烯谐振器

极高的弹性模量、单原子层厚度、密度低等特点赋予了石墨优异的谐振特性。在长宽尺寸为微米量级时,石墨烯的振动基频达到兆赫兹,比同等尺寸硅的基频高一个量级。图 2.54 所示是早期采用悬浮单层和多层石墨烯薄膜制备的谐振器原型图,在实验条件下成功实现了振动激励和检测,谐振频率处于兆赫兹(MHz)量级。

已有研究表明,石墨烯薄膜谐振器可等效为张力薄膜模型。显然,如果被测量能改变石墨烯薄膜谐振器的等效张力,就可以设计相应的石墨烯谐振式传感器。借助经典弹性力学理论和分子动力学等手段可以对石墨烯谐振特性进行理论研究。为设计石墨烯谐振式传感器提供理论基础。

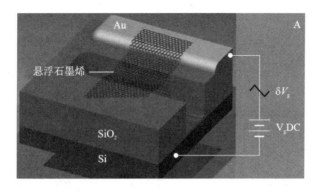

图 2.54　石墨烯谐振器原型

2.10.2　石墨烯谐振式压力传感器的两种典型结构

图 2.55 所示为一种新型的石墨烯谐振式压力传感器原型示意图,此结构借鉴了经典的硅微谐振式压力传感器复合敏感思想。采用单晶硅制作的方形平膜片作为一次敏感元件以直接感受被测压力;悬置于空腔上方的双端固支石墨烯梁谐振子(Double Ended clamped Graphene Beam resonator,DEGB)作为二次谐振敏感元件间接感受被测压力。石墨烯梁通过范德华力与 SiO$_2$ 绝缘层紧密连接,形成受张力作用的双端固支梁模型。被测压力作用于硅膜片使其变形,引起石墨烯梁轴向应变和应力的变化,从而导致谐振梁固有频率的变化。通过测量石墨烯梁谐振子的固有频率就可以解算出被测压力。

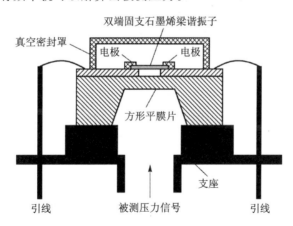

图 2.55　新型石墨烯谐振式压力传感器原型

图 2.56 所示为 A、B 两类典型的二次敏感差动检测结构原理示意图,其中 A 类的两个 DEGB,一个设置于压力最敏感区域,另一个设置于压力弱敏感区域;B 类的两个 DEGB,一个设置于压力的正向最敏感区域,另一个设置于压力的负向最敏感区域。由于敏感结构极其微小,两个 DEGB 所处的温度场相同,温度对这两个 DEGB 谐振频率的影响规律也是相同的,因此通过差动检测方案可显著减小温度对测量结果的影响,提高测量精度和稳定性,实现高性能测量。这种设计为后续石墨烯谐振式压力传感器的研发提供了一种参考方案,但若要制备压力传感器样机,还需要设计合理可行的整体结构微加工工艺流程。

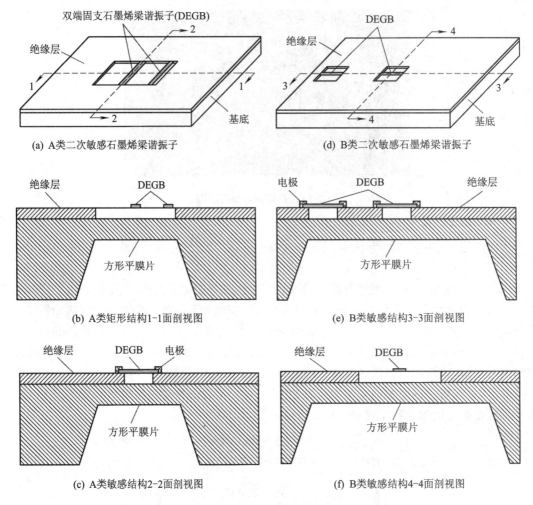

图 2.56　复合敏感差动检测石墨烯谐振式压力传感器原理

当把石墨烯谐振敏感结构看成双端固支梁弹性结构时,其工作原理与 2.8、2.9 节介绍的谐振式硅微结构压力传感器一样,此不赘述。由于谐振子采用了石墨烯材料,其参数设计更加灵活,灵敏度变化范围更大。

2.10.3　石墨烯谐振式传感器需要解决的技术难点

石墨烯谐振式传感器的研究目前尚处于起步阶段,为研制实用的石墨烯谐振式传感器产品,仍然存在很多挑战性的难题亟待解决:

① 加工工艺。制备高质量、形状规则的石墨烯仍然比较困难,且石墨烯基体转移过程中容易引入初始应力和初始应变,从而影响石墨烯谐振器的可调谐性。另外,还需要充分考虑加工过程中静电力、温度等干扰因素的影响。

② 整体结构设计。对于石墨烯谐振式传感器,从谐振器自身的角度研究其传感效应,涉及到传感器整体结构建模及优化分析,这部分的研究仍处于空白阶段。合理的结构有助于改善传感器的测量灵敏度和测量范围,同时有利于器件加工工艺的设计。故设计合理可行的石

墨烯谐振式 NEMS 传感器整体结构模型,需要充分考虑加工工艺、边界条件和实际工作情况,合理运用理论和仿真分析手段。

③ 闭环控制系统。石墨烯谐振式传感器在石墨烯谐振器的谐振状态下工作,因此采取何种技术手段对谐振敏感结构施加激励并使之持续工作于谐振状态,采取何种技术手段对处于谐振状态的石墨烯谐振子的微弱振动信号进行检测,以及采取何种方式对石墨烯谐振敏感结构实现闭环控制,是要解决的关键技术难题。

思考题

2.1　简要说明谐振式压力传感器谐振敏感元件采用的主要模式,以及谐振敏感元件采用的主要结构形式。

2.2　简述谐振弦式压力传感器的工作原理与特点,并说明谐振弦必须施加预紧力的原因。

2.3　说明图 2.2 所示的谐振弦式压力传感器使用高次谐波可能性以及应考虑的问题。

2.4　比较图 2.4(a)、(b)两种激励方式的应用特点,并说明方式(a)使用时应注意的问题。

2.5　给出谐振膜式压力传感器的原理示意图,简述其工作原理和特点。

2.6　针对图 2.5 所示的谐振式压力传感器,给出一种不同于现有激励、检测方式的实现方案,并说明应用特点。

2.7　说明电磁激励的谐振筒式压力传感器谐振筒选择 $n=4,m=1$ 的原因。

2.8　画出压电激励的谐振筒式压力传感器的结构方框图,简述其工作原理和特点。

2.9　说明压电激励的谐振筒式压力传感器实现 $m=1,n=2、3、5$ 闭环工作模式的方案,画出相应的示意图。

2.10　谐振筒式压力传感器中如何进行温度补偿?

2.11　简要说明双模态谐振筒式压力传感器实现测量的工作机理以及应用特点。

2.12　说明石英谐振梁式压力传感器的特点。

2.13　画出图 2.28 所示的石英振梁式压力传感器方框图,并进行必要说明。

2.14　图 2.3 所示的双端固定的弹性弦丝与图 2.29 所示的双端固支的石英晶体梁,它们沿轴线方向的振型有何特点? 为什么?

2.15　相对于谐振筒式或谐振膜式压力传感器,说明谐振式硅微结构压力传感器的应用特点。

2.16　对于谐振式硅微结构压力传感器,除了采用热激励的方式外,还可以采用哪些激励方式,并与热激励方式进行简要比较。

2.17　简要说明你对谐振式硅微结构压力传感器研制中使用的开环特性测试系统的理解。

2.18　说明图 2.41 所示的谐振式硅微结构压力传感器可以实现对加速度测量的原理,并解释其不仅可以实现对加速度大小的测量,而且还可以敏感加速度方向的原理。

2.19　题 2.18 中,如何提高该加速度传感器的灵敏度? 有哪些主要措施? 并说明各自的应用特点。

2.20　说明石墨烯谐振式压力传感器与谐振式硅微结构压力传感器的异同。

2.21　谈谈你对图 2.54 所示的石墨烯谐振式压力传感器可以实现超高灵敏度测量的理解。

2.22　图 2.56 所示的两类石墨烯谐振式压力传感器的工作方式,各有何应用特点?

2.23　说明石墨烯谐振式传感器需要解决的技术难点。

第 3 章　谐振式惯性传感器

基本内容：
加速度、角速度
惯性技术
石英振梁
谐振陀螺
频率测量
幅值比测量
双闭环自激系统
复合谐振频率

3.1　概　　述

谐振式惯性传感器包括谐振式加速度传感器和谐振式角速度传感器。谐振式加速度传感器是一种典型的敏感频率谐振式传感器，与第 2 章的谐振式压力传感器非常类似。

谐振式角速度传感器又称谐振陀螺。20 世纪 70 年代以前，这类传感器的敏感元件多采用振弦、调谐音叉等，实用价值较小。20 世纪 70 年代后，采用圆柱壳或半球壳作为敏感元件的谐振式角速度传感器得到很大发展，并获得了成功应用。近年来，随着微机械技术的快速发展，MEMS 谐振陀螺也取得了长足的进步，特别是在低成本、低功耗、快响应、批生产等方面展示出明显的优势，在一些应用领域得到了极大的重视。

目前较实用的谐振式角速度传感器，属于典型的敏感幅值比的谐振式传感器。近年来也在不断研发一种基于复合谐振工作原理，能够直接输出频率量的 MEMS 谐振式角速度传感器，尽管目前还没有实用，终将会展示出独特的优势。

3.2　基本工作原理

图 3.1 所示为谐振式加速度传感器的拓扑结构示意图。被测加速度通过敏感质量块转变为集中惯性力，惯性力作用于谐振敏感结构上，改变其等效刚度。因此，通过测量谐振敏感结构的频率就可以得到被测加速度。

图 3.2 所示为谐振式角速度传感器的基本原理示意图。通常包括两种运动模式：沿 y 轴的驱动模式和沿 x 轴的检测模式。驱动模式用来建立传感器的工作基础。当传感器敏感结构作用绕 z 轴的角速度 Ω 时，y 轴的驱动模式运动与绕 z 轴的角速度 Ω 产生科氏加速度，即在敏感质量上产生科氏惯性力。因此通过检测模式对科氏加速度或科氏惯性力的测量，就可以得到被测角速度 Ω。可见，谐振式角速度传感器是测量科氏惯性加速度的谐振式传感器。由于角速度传感器敏感结构的驱动模式是简谐周期运动，上述科氏惯性力为简谐周期运动调制的信号，实现测量相对于谐振式加速度传感器要难得多、性能也要差一些。

谐振式角速度传感器的检测模式有以下两种典型方式：

① 检测敏感元件由科氏惯性力引起的在 x 轴方向的运动位移，这种检测模式相对简单。由于这种检测模式不在谐振状态下工作，本质上与谐振式压力传感器、谐振式加速度传感器的工作原理不同，因此不是经典意义上的谐振式传感器，只是这种检测模式的谐振式角速度传感器利用了驱动模式的谐振状态，构建了感受被测角速度，并与被测角速度相互作用共同形成了科氏效应或科氏惯性力，故也把它归于谐振式传感器。

② 敏感元件工作于谐振状态，检测处于简谐周期运动调制信号的科氏惯性力引起的复合调谐频率，这种检测模式相当复杂，需要巧妙地优化设计出二次谐振敏感结构。

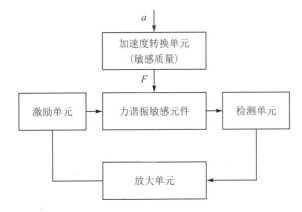

图 3.1　谐振式加速度传感器的拓扑模型

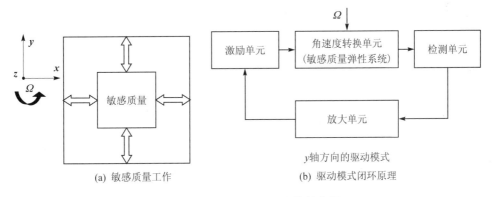

(a) 敏感质量工作　　　　　(b) 驱动模式闭环原理

图 3.2　谐振式角速度传感器的基本原理

3.3　石英振梁式加速度传感器

石英振梁式加速度传感器是一种典型的微机械惯性器件，其结构包括石英谐振敏感元件、挠性支承、敏感质量、测频电路等，如图 3.3 所示。敏感质量块由精密挠性支承约束，使其具有单自由度。压膜阻尼间隙不仅为质量块超量程工作时提供约束，还可用作机械冲击限位，以防止晶体受过压而损坏。该开环结构是一种典型的二阶机械系统。石英振梁式加速度传感器中的谐振敏感元件采用双端固定调谐音叉结构。其主要优点是两个音叉臂在其结合处所产生的应力和力矩相互抵消，从而使整个谐振敏感元件在振动时具有自解耦的特性，对周围的结构无明显的反作用力,谐振敏感元件的能耗可忽略不计。另外,为了使有限的质量块产生较大的轴线方向惯性力,合理地选择机械结构可使惯性力放大几十倍,甚至上百倍。

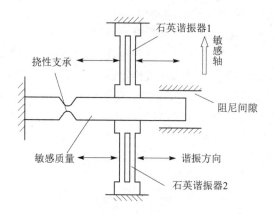

图 3.3 石英振梁式加速度传感器的原理

石英振梁式加速度传感器的敏感质量受加速度时产生惯性力为

$$F_a = -ma \tag{3.1}$$

当作用于石英谐振敏感元件上的惯性力的值为正时,石英谐振敏感元件受拉伸,谐振频率增加;当惯性力的值为负时,石英谐振敏感元件受压缩,谐振频率减小,参见 2.7 节。

由于图 3.3 所示的石英振梁式加速度传感器为差动检测结构,所以该谐振式加速度传感器对共轭干扰(如温度、随机干扰振动等)的影响具有很好的抑制作用。

图 3.3 所示的石英振梁式加速度传感器在内部振荡器电子线路的驱动下,梁敏感元件发生谐振。当有加速度输入时,在敏感质量块上产生惯性力。该惯性力利用机械力学中的杠杆原理,将质量块上的惯性力放大 N 倍。放大了的这一惯性力作用在梁谐振敏感元件的轴线方向(长度方向)上,使梁谐振敏感元件的固有频率发生变化。一个石英谐振敏感元件受到轴线方向拉力,其谐振频率升高;而另一个石英谐振敏感元件受到轴线方向压力,其谐振频率降低。在测频电路中对这两个输出信号进行补偿与计算,从而获得被测加速度。

3.4 谐振式硅微结构加速度传感器

图 3.4 所示为一种谐振式硅微结构加速度传感器的原理结构示意图,该传感器由支撑梁、敏感质量块、梁谐振敏感元件等组成,通过两级敏感结构将加速度的测量转化为谐振敏感元件谐振频率的测量。第一级敏感结构由支撑梁和质量块构成,质量块将加速度转化为惯性力向外输出;第二级敏感结构是梁谐振敏感元件,惯性力作用于梁谐振敏感元件轴线方向引起谐振频率的变化。加速度传感器的谐振敏感元件在谐振状态下工作,通常是通过自激闭环实现对谐振敏感元件固有频率的跟踪。其闭环回路与第 2 章的谐振式硅微结构压力传感器类似,主要由谐振敏感元件、激励单元、检测单元、调幅环节、移相环节组成。激励信号通过激励单元作用于谐振敏感元件;检测单元将谐振敏感元件的振动信号转化为电信号输出;调幅、移相环节用来调节整个闭环回路的幅值增益和相移,以满足自激闭环的幅值条件和相位条件。

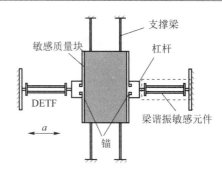

图 3.4　谐振式硅微结构加速度传感器原理结构

图 3.4 所示的谐振式硅微结构加速度传感器,包括两个调谐音叉敏感元件,称调谐音叉谐振子(Double-Ended Tuning Fork,DETF),每个调谐音叉谐振子包含一对双端固支梁谐振子。两个调谐音叉谐振子工作于差动模式,即一个 DETF 的谐振频率随着被测加速度的增加而增大;另一个 DETF 的谐振频率随着被测加速度的增加而减小。理想情况下加速度引起的惯性力平均作用于两个梁谐振子上,因此,借助于式(2.130),工作于基频时的 DETF 的频率可以描述为

$$f_{1,2}(a) = f(0)\left(1 \pm 0.147\,5\,\frac{F_a L^2}{E b h^3}\right)^{0.5} = f_0\left(1 \mp 0.147\,5\,\frac{m a L^2}{E b h^3}\right)^{0.5} \tag{3.2}$$

$$f(0) \approx \frac{4.730^2 h}{2\pi L^2}\left(\frac{E}{12\rho_m}\right)^{0.5}$$

$$F_a = -ma$$

式中:$f(0)$——梁谐振子的初始频率(Hz);

L、b、h——梁谐振子的长、宽、厚;

F_a——惯性力,由被测加速度与敏感质量块引起。

由于图 3.2 所示的谐振式硅微结构加速度传感器也是差动检测结构,对共轭干扰(如温度、随机振动干扰等)的影响具有很好的抑制作用。

3.5　石墨烯谐振式加速度传感器

加速度引起的等效惯性力可通过某种途径改变石墨烯的应变或应力,使其振动特性发生变化,从而实现谐振式加速度的检测。

图 3.5 所示为一种石墨烯纳米带谐振式加速度传感器,石墨烯纳米带悬浮在基底之上,与基底之间构成一个等效的平行板电容器,外部加速度引起的惯性力可改变石墨烯纳米带的机械振动状态,从而导致平行板电容器的电容量及石墨纳米带本身的电导率发生变化;通过电流振荡电路测出电容量变化量或振动频率偏移即可计算出被测加速度大小。已有研究结果表明,石墨烯纳米带的品质因数随被测加速度值变化。当加速度很小时,纳米带的品质因数可以保持在一个很高的水平(约为 1×10^4),但是随着加速度的增加,品质因数会急剧下降并趋于平缓。

图 3.6 所示为一种带有敏感质量块的石墨烯谐振式加速度传感器示意图。石墨烯谐振子是由带有质量块的矩形石墨烯膜片构成双端固支谐振器,膜片悬浮在 U 型 SiO_2 绝缘层上方。

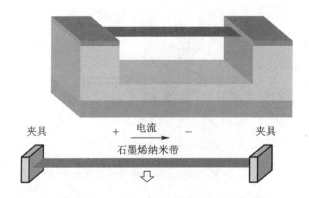

图 3.5　石墨烯纳米带加速度传感器

当外部加速度作用时,附加质量块感受惯性力从而引起石墨烯膜片变形,导致其谐振频率变化。通过测量石墨烯谐振器的固有频率就可以解算出被测加速度。

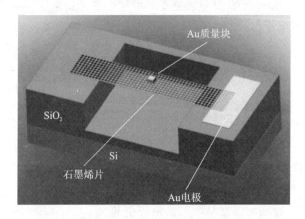

图 3.6　石墨烯谐振式加速度传感器模型

　　图 3.7 所示为一种采取复合敏感差动检测的石墨烯谐振梁式加速度传感器结构示意图。两个石墨烯梁差动放置,轴向加速度引起石墨烯梁频率发生反向变化,通过测量频率差即可解算出加速度值。这种差动式结构能够有效抑制干扰信号,提高测量灵敏度。

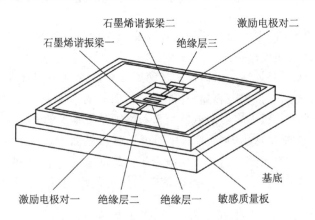

图 3.7　一种双石墨烯梁差动式加速度传感器的结构

当把石墨烯谐振敏感结构看成双端固支梁弹性结构时,其工作原理与3.4节介绍的谐振式硅微结构加速度传感器一样,此不赘述。由于谐振子采用了石墨烯材料,其参数设计更加灵活,灵敏度变化范围更大。

3.6　压电激励谐振式圆柱壳角速度传感器

3.6.1　传感器的结构

图 3.8、图 3.9 所示分别为压电激励谐振式角速度传感器的结构示意图和闭环结构原理图。该传感器采用顶端开口的圆柱壳为敏感元件,A、D、C、B、A′、D′、B′、C′为在开口端环线方向均匀分布的 8 个压电换能元件。图 3.9 所示为两个独立的回路。其中由 B 测到的信号经锁相环 G_1、低通滤波器 G_2,输送到 A 构成的回路,称为维持谐振敏感元件振动的激励回路;由 C′检测到的信号经带通滤波器 G_3 输送到 D′的回路,称为测量的阻尼回路。由 B 和 C′得到的两路信号经鉴相器 G_4 可解算出绕圆柱壳中心轴的旋转角速度,并可断明其方向。

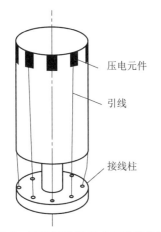

图 3.8　压电激励谐振式圆柱壳角速度 传感器的结构原理

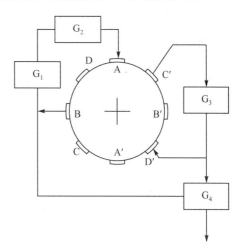

图 3.9　圆柱壳角速度传感器闭环结构原理

3.6.2　顶端开口圆柱壳的固有振动

图 3.10 所示为压电激励谐振式圆柱壳角速度传感器中的顶端开口、底端约束的圆柱壳结构示意图,L、L_0、r、h 分别为圆柱壳有效长度、底端厚度、中柱面半径和壁厚。由于它们工作于谐振状态,故这里仅讨论其振动问题。

按图 2.11 所示建立坐标系,圆柱壳的振动位移可以描述为式(2.71),圆柱壳的中柱面几何方程、z 柱面上几何方程、弹性势能、动能分别同式(2.59)、式(2.61)、式(2.63)、式(2.64)。

由于底端约束、顶端开口的圆柱壳近似满足 Lord Rayleigh 中面不扩张条件,即中面应变为零,利用式(2.59)可得

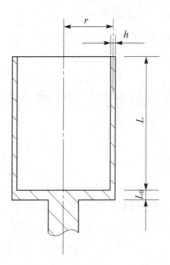

图 3.10　顶端开口,底端约束的圆柱壳结构

$$\left.\begin{aligned}\frac{\partial u}{\partial s}&=0\\\frac{\partial v}{\partial \theta}+w&=0\\\frac{\partial u}{r\partial \theta}+\frac{\partial v}{\partial s}&=0\end{aligned}\right\}\tag{3.3}$$

结合式(2.71)有

$$\left.\begin{aligned}u(s)&=A\\v(s)&=\frac{Ans}{r}+B\\w(s)&=-n\left(\frac{Ans}{r}+B\right)\end{aligned}\right\}\tag{3.4}$$

式中:A、B——待定系数。

由于顶端 $s=L$ 为自由端,底端 $s=0$ 为约束端,那么有些约束条件则与式(3.4)不相容,在工程近似分析时可把式(3.4)作如下处理

$$\left.\begin{aligned}u(s)&=A\\v(s)&=\frac{Ans}{r}\\w(s)&=-n\frac{An^2s}{r}\end{aligned}\right\}\tag{3.5}$$

作为母线方向振型的近似解,其中由振动的初始"激励"条件确定 A 为常数。

利用式(2.61)~式(2.64)及式(3.5),并利用能量泛函原理可得等厚度的圆柱壳谐振敏感元件的固有角频率为

$$\omega^2=\frac{n^2(n^2-1)^2\left[\frac{n^2L^2}{3r^2}+2(1-\mu)\right]Eh^2}{12\rho_m(1-\mu^2)\left[1+\frac{L^2n^2(n^2+1)}{3r^2}\right]r^4}\tag{3.6}$$

当 $L^2/r^2 \gg 1$ 时,式(3.6)变为

$$\omega^2 = \frac{n^2(n^2-1)^2 E h^2}{12\rho_m(1-\mu^2)(n^2+1)r^4} \tag{3.7}$$

3.6.3　圆柱壳谐振敏感元件底端约束的特征

对于顶端开口、底端约束的圆柱壳结构,其约束端的厚度 L_0 决定着母线方向位移 $u(s)$ 的约束状态(见图3.10)。当 L_0/h 较小时,可认为 $u(s)$ 不受约束或约束程度很小,当 $L_0/h \to \infty$ 时,$u(s)$ 被完全约束。实际应用中 L_0/h 是一个有限值,所以 L_0/h 的大小直接决定了约束端 $u(s)$ 的约束程度。当圆柱壳结构为理想固支时,$u(0)=0$,$t_u=1$;当圆柱壳结构为理想的自由端时,$u(0)=u(L)$,$t_u=0$。可引入一个能反映约束端约束状态的量纲为一的参数 t_u,定义为约束因子,如图3.11所示;即实际圆柱壳的约束因子介于 $0\sim1$ 之间。

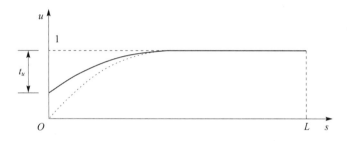

图 3.11　约束因子 t_u

基于式(3.5),圆柱壳谐振敏感元件的振动位移母线方向的振型可以近似写成

$$\left.\begin{array}{l}
u(s) = \begin{cases} (1-t_u)A + \dfrac{As}{gL} & t_u \in [0,1],\, s \in [0,gt_uL],\, gt_u \in [0,1] \\[2mm] A & s \in [gt_uL, L] \end{cases} \\[6mm]
v(s) = \dfrac{Ans}{r} \\[4mm]
w(s) = -\dfrac{An^2 s}{r}
\end{array}\right\} \tag{3.8}$$

式中:A——常数,由振动的初始"激励"条件确定;

　　　t_u——$u(s)$ 的约束因子;

　　g——优化参数。

利用式(2.61)~式(2.64)及式(3.8),可得

$$\left.\begin{array}{l}
\varepsilon_s^{(0)} = \begin{cases} \dfrac{A}{gL}\cos n\theta & t_u \in [0,1],\, s \in [0,gt_uL],\, gt_u \in [0,1] \\[2mm] 0 & s \in [gt_uL, L] \end{cases} \\[6mm]
\varepsilon_\theta^{(0)} = 0 \\[3mm]
\varepsilon_{s\theta}^{(0)} = \begin{cases} \dfrac{An}{r}\left(t_u - \dfrac{s}{gL}\right)\sin n\theta & t_u \in [0,1],\, s \in [0,gt_uL],\, gt_u \in [0,1] \\[2mm] 0 & s \in [gt_uL, L] \end{cases}
\end{array}\right\} \tag{3.9}$$

$$\left.\begin{array}{l} K_s = 0 \\[2mm] K_\theta = -\dfrac{n^2 As}{r^3}(n^2-1)\cos n\theta \\[2mm] K_{s\theta} = \dfrac{2nA}{r^2}(n^2-1)\sin n\theta \end{array}\right\} \tag{3.10}$$

由式(2.63)得知:在势能函数中,$\varepsilon_s^{(0)}$、$\varepsilon_\theta^{(0)}$、$\varepsilon_{s\theta}^{(0)}$ 引起的势能与 $h(s)$ 一次方成正比,而 K_s、K_θ、$K_{s\theta}$ 引起的势能与 $h(s)$ 三次方成正比。对于一般的圆柱壳,$h/r \ll 1$,所以 $\varepsilon_s^{(0)}$、$\varepsilon_\theta^{(0)}$、$\varepsilon_{s\theta}^{(0)}$ 引起的势能很大。在式(3.8)的振型假设下,$\varepsilon_s^{(0)}$ 不连续,这显然与实际情况矛盾,因此在建立势能函数时,对 $\varepsilon_s^{(0)}$、$\varepsilon_\theta^{(0)}$、$\varepsilon_{s\theta}^{(0)}$ 引起的势能应进行加权处理,这样势能可写为

$$U = \frac{1}{2}\int_{A_C}\left[Rh(s)\left((\varepsilon_s^{(0)})^2+(\varepsilon_\theta^{(0)})^2+\frac{1-\mu}{2}(\varepsilon_{s\theta}^{(0)})^2\right)+\right.$$
$$\left.\frac{E}{1-\mu^2}\cdot\frac{h^3(s)}{12}\left((K_s)^2+(K_\theta)^2+\frac{1-\mu}{2}(K_{s\theta})^2\right)\right]\mathrm{d}A_C \tag{3.11}$$

式中:A_C——圆柱壳的中柱面积分面积;

　　　R——权因子。

由式(3.9)~式(3.11)及式(2.64),利用能量泛函原理可得等厚度的圆柱壳谐振敏感元件的固有角频率为

$$\omega^2 = \frac{E\left\{Rf(g)+\dfrac{n^2(n^2-1)^2h^2}{12r^4}\left[\dfrac{n^2L^2}{3r^2}+2(1-\mu)\right]\right\}}{\rho_m(1-\mu^2)\left[1-gt_u^2+\dfrac{gt_u^3}{3}+\dfrac{n^2(n^2+1)L^2}{3r^2}\right]} \tag{3.12}$$

$$f(g) = \frac{t_u}{gL^2}+\frac{(1-\mu)n^2gt_u^3}{6r^2} \tag{3.13}$$

对于优化参数 g,可以利用弹性势能或 $f(g)$ 取最小获得。下面给出使 $f(g)$ 达到最小时的解为

$$f_{\min}(g) = \begin{cases} \dfrac{nt_u^2}{rL}\left[\dfrac{2(1-\mu)}{3}\right]^{0.5} & 1\geqslant gt_u=\dfrac{r}{nL}\left(\dfrac{6}{1-\mu}\right)^{0.5}>0 \\[4mm] \left[\dfrac{1}{L^2}+\dfrac{n^2(1-\mu)}{6r^2}\right]t_u^2 & gt_u=1,\dfrac{r}{L}>n\left(\dfrac{1-\mu}{6}\right)^{0.5} \end{cases} \tag{3.14}$$

即

$$\omega^2 = \frac{E}{\rho_m(1-\mu^2)}\cdot\frac{Rf_{\min}(g)+\dfrac{n^2(n^2-1)^2h^2}{12r^4}\left[\dfrac{n^2L^2}{3r^2}+2(1-\mu)\right]}{1-gt_u^2+\dfrac{gt_u^3}{3}+\dfrac{n^2(n^2+1)L^2}{3r^2}} \tag{3.15}$$

对于权因子 R 的选取,可给出一个经验公式

$$R = 0.63 \tag{3.16}$$

3.6.4　传感器的输出信号

顶端开口的圆柱壳自由振动方程可简写为

$$\boldsymbol{L}\boldsymbol{V}=0 \tag{3.17}$$

$$\boldsymbol{V}=\begin{bmatrix} u & v & w \end{bmatrix}^{\mathrm{T}}$$

式中:$\boldsymbol{L}$——3×3 的算子矩阵。

对于环线方向波数为 n 的对称振型,可以表述为

$$\left.\begin{aligned} u &= A\cos n\theta\,\sin\omega t \\ v &= B\sin n\theta\,\sin\omega t \\ w &= C\cos n\theta\,\sin\omega t \end{aligned}\right\} \tag{3.18}$$

式中:u、v、w——圆柱壳在母线方向、切线方向、法线方向的位移;

A、B、C——圆柱壳在母线方向、切线方向、法线方向位移的幅值;

ω——壳体振动相应振型的振动角频率(rad/s),为壳体固有的物理特性。

这类传感器的特点是有等效的合成谐振力作用于壳体的固定点上,因此在实际振动问题中考虑到阻尼的影响和外界等效激励力的作用,式(3.17)可写为

$$(\boldsymbol{L}+\boldsymbol{L}_{\mathrm{d}})\boldsymbol{V}=\boldsymbol{F} \tag{3.19}$$

$$\boldsymbol{F}=\begin{bmatrix} f_u & f_v & f_w \end{bmatrix}^{\mathrm{T}}$$

$$\boldsymbol{L}_{\mathrm{d}}=\begin{bmatrix} \beta_{uu} & \beta_{uv} & \beta_{uw} \\ \beta_{vu} & \beta_{vv} & \beta_{vw} \\ \beta_{wu} & \beta_{wv} & \beta_{uw} \end{bmatrix}\frac{\partial}{\partial t}$$

式中:$\beta_{ij}(i,j=u,v,w)$——等效的阻尼比;

f_u、f_v、f_w——在母线方向、切线方向、法线方向三个方向上的等效激励力(N)。

对式(3.19)进行求解十分困难,考虑到实际问题的物理意义,式(3.5)在时域的稳态解为

$$\left.\begin{aligned} u_0 &= A\cos n\theta\,\sin\omega_v t \\ v_0 &= B\sin n\theta\,\sin\omega_v t \\ w_0 &= C\cos n\theta\,\sin\omega_v t \end{aligned}\right\} \tag{3.20}$$

式中:ω_v——构成系统时壳体的振动角频率(rad/s),不同于式(3.18)中的谐振角频率。

于是可以将式(3.19)写成等效的时域解耦形式

$$\boldsymbol{L}_{\mathrm{e}}\boldsymbol{V}=\boldsymbol{F} \tag{3.21}$$

$$\boldsymbol{L}_{\mathrm{e}}=G(t)\boldsymbol{I}_3$$

$$G(t)=\frac{\partial^2}{\partial t^2}+\frac{\omega_v}{Q}\frac{\partial}{\partial t}+\omega_v^2$$

式中:$\boldsymbol{I}_3$——3×3 单位矩阵;

Q——考虑的弯曲振动的等效品质因数,该值在 u、v、w 三个方向上是相同的。

式(3.21)在复频域的解为

$$
\left.\begin{aligned}
u_0(s) &= \frac{f_u(s)}{G(s)} \\
v_0(s) &= \frac{f_v(s)}{G(s)} \\
w_0(s) &= \frac{f_w(s)}{G(s)}
\end{aligned}\right\} \tag{3.22}
$$

$$
G(s) = s^2 + \frac{\omega_v}{Q}s + \omega_v^2
$$

显然,式(3.22)在时域的稳态解的表达式为式(3.20)。

当壳体以任意角速度 $\boldsymbol{\Omega} = \boldsymbol{\Omega}_x + \boldsymbol{\Omega}_{yz}$ 旋转时(见图 3.12),在 $\boldsymbol{\Omega}$ 旋转的动坐标系中建立动力学方程,引入由 $\boldsymbol{\Omega}$ 产生的惯性力

$$
\boldsymbol{F} = \boldsymbol{F}_0 + \boldsymbol{F}_v \tag{3.23}
$$

$$
\boldsymbol{F}_0 = \rho_m h r\, \mathrm{d}s_1\, \mathrm{d}\theta \left[r\left(\boldsymbol{\Omega}_x^2 + \frac{1}{2}\boldsymbol{\Omega}_{yz}^2\right)\boldsymbol{e}_\rho - r\dot{\boldsymbol{\Omega}}_x \boldsymbol{e}_\theta - s_1\boldsymbol{\Omega}_{yz}^2 \boldsymbol{e}_s \right] \tag{3.24}
$$

$$
\boldsymbol{F}_v = \rho_m h r\, \mathrm{d}s_1\, \mathrm{d}\theta \left\{ \left[w\left(\boldsymbol{\Omega}_x^2 + \frac{1}{2}\boldsymbol{\Omega}_{yz}^2\right) + v\dot{\boldsymbol{\Omega}}_x + 2\boldsymbol{\Omega}_x \frac{\partial v}{\partial t}\right]\boldsymbol{e}_\rho + \right.
$$

$$
\left. \left[-2\boldsymbol{\Omega}_x \frac{\partial w}{\partial t} - w\dot{\boldsymbol{\Omega}}_x + v\left(\boldsymbol{\Omega}_x^2 + \frac{1}{2}\boldsymbol{\Omega}_{yz}^2\right)\right]\boldsymbol{e}_\theta + u\boldsymbol{\Omega}_{yz}^2 \boldsymbol{e}_s \right\} \tag{3.25}
$$

式中:$\boldsymbol{F}_0$——由 $\boldsymbol{\Omega}$ 产生的惯性力中与位移无关的项;

$\quad\boldsymbol{F}_v$——由 $\boldsymbol{\Omega}$ 产生的惯性力中与位移有关的项;

$\quad r$、h——圆柱壳中柱面的半径、壁厚;

$\quad s_1$、θ——圆柱壳母线方向的坐标和环线方向的坐标;

$\quad\boldsymbol{e}_s$、$\boldsymbol{e}_\theta$、$\boldsymbol{e}_\rho$——圆柱壳在母线方向、切线方向、法线方向的单位动矢量;

$\quad\dot{\boldsymbol{\Omega}}_x$——圆柱壳在母线方向的角加速度。

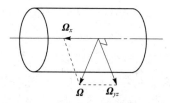

图 3.12　圆柱壳以任意角速度 $\boldsymbol{\Omega} = \boldsymbol{\Omega}_x + \boldsymbol{\Omega}_{yz}$ 旋转

与 u、v、w 无关的 $\boldsymbol{F}_0$ 将引起壳体的初始应变能,影响壳体的固有角频率 ω,故可略去 $\boldsymbol{F}_0$,于是壳体振动的动力学方程可以写为

$$\left.\begin{array}{l}
\dfrac{\partial^2 u}{\partial t^2}+\dfrac{\omega}{Q}\dfrac{\partial u}{\partial t}+(\omega^2-\Omega_{yz}^2)u=f_u \\[3mm]
\dfrac{\partial^2 v}{\partial t^2}+\dfrac{\omega}{Q}\dfrac{\partial v}{\partial t}+\left(\omega^2-\Omega_x^2-\dfrac{1}{2}\Omega_{yz}^2\right)v+2\Omega_x\dfrac{\partial w}{\partial t}+w\dot{\Omega}_x=f_v \\[3mm]
\dfrac{\partial^2 w}{\partial t^2}+\dfrac{\omega}{Q}\dfrac{\partial w}{\partial t}+\left(\omega^2-\Omega_x^2-\dfrac{1}{2}\Omega_{yz}^2\right)w-2\Omega_x\dfrac{\partial v}{\partial t}-v\dot{\Omega}_x=f_w
\end{array}\right\} \tag{3.26}$$

考查式(3.26)的第一式,它仍为解耦形式,故着重讨论相互耦合着的第二、三式,即有

$$\begin{bmatrix} v(s) \\ w(s) \end{bmatrix}=\dfrac{1}{D}\begin{bmatrix} s^2+\dfrac{\omega}{Q}s+\omega_0^2 & -2\Omega_x s-\dot{\Omega}_x \\[3mm] 2\Omega_x s+\dot{\Omega}_x & s^2+\dfrac{\omega}{Q}s+\omega_0^2 \end{bmatrix}\begin{bmatrix} f_v(s) \\ f_w(s) \end{bmatrix} \tag{3.27}$$

$$D=\left(s^2+\dfrac{\omega}{Q}s+\omega_0^2\right)^2+(2\Omega_x s+\dot{\Omega}_x)^2 \tag{3.28}$$

$$\omega_0^2=\omega^2-\Omega_x^2-\dfrac{1}{2}\Omega_{yz}^2 \tag{3.29}$$

由于 $\omega^2\gg\Omega_x^2+\dfrac{1}{2}\Omega_{yz}^2$,$\omega^4\gg(\dot{\Omega}_x)^2$,故式(3.28)的常数项决定着壳体的谐振角频率,设这时的谐振角频率为 $\omega(\Omega)$,则有

$$\omega^4(\Omega)=\omega_0^4+\dot{\Omega}_x^2 \tag{3.30}$$

由式(3.29)、式(3.30)可得 Ω_x、Ω_{yz}、$\dot{\Omega}_x$ 引起的谐振角频率 $\omega(\Omega)$ 的相对变化率分别为

$$\alpha(\Omega_x)=\dfrac{-\Omega_x^2}{2\omega_0^2} \tag{3.31}$$

$$\alpha(\Omega_{yz})=\dfrac{-\Omega_{yz}^2}{4\omega_0^2} \tag{3.32}$$

$$\alpha(\dot{\Omega}_x)=\dfrac{(\dot{\Omega}_x)^2}{4\omega_0^4} \tag{3.33}$$

在通常意义下,$\omega\geqslant 2\pi\times1\,000$ rad/s,$\Omega\leqslant2\pi\times1$ rad/s,且 $\dot{\Omega}_x$ 很小,则由式(3.32)、式(3.33)可得 $\alpha(\Omega_x)$、$\alpha(\Omega_{yz})$、$\alpha(\dot{\Omega}_x)$ 均很小,于是式(3.27)可写为

$$\begin{bmatrix} v(s) \\ w(s) \end{bmatrix}=\dfrac{1}{G^2(s)}\begin{bmatrix} s^2+\dfrac{\omega}{Q}s+\omega^2 & -2\Omega_x s-\dot{\Omega}_x \\[3mm] 2\Omega_x s+\dot{\Omega}_x & s^2+\dfrac{\omega}{Q}s+\omega^2 \end{bmatrix}\begin{bmatrix} f_v(s) \\ f_w(s) \end{bmatrix} \tag{3.34}$$

式(3.34)的第一式可写为

$$v(s)=v_0(s)-P_v(s) \tag{3.35}$$

$$P_v(s)=\dfrac{2\Omega_x s+\dot{\Omega}_x}{s^2+\dfrac{\omega}{Q}s+\omega^2}w_0(s)=\dfrac{2\Omega_x s+\dot{\Omega}_x}{s^2+\dfrac{\omega}{Q}s+\omega^2}\cdot\dfrac{\omega_v^2}{s^2+\omega_v^2}C\cos n\theta=P_{vs}(s)+P_{vi}(s) \tag{3.36}$$

式中:$P_{vs}(s)$、$P_{vi}(s)$——$P_v(s)$ 的稳态解和瞬态解。

经推导有

$$P_{vs}(s) = \frac{\omega_v^2(L_1 s + L_2)}{s^2 + \omega_v^2} C \cos n\theta \tag{3.37}$$

$$P_{vi}(s) = \frac{\omega_v^2(L_3 s + L_4)}{s^2 + \frac{\omega}{Q}s + \omega^2} C \cos n\theta \tag{3.38}$$

$$\left.\begin{array}{l} L_1 = \dfrac{2\Omega_x(\omega^2 - \omega_v^2) - \dot{\Omega}_x \dfrac{\omega}{Q}}{(\omega^2 - \omega_v^2)^2 + \dfrac{\omega^2 \omega_v^2}{Q^2}} \\[4mm] L_2 = \dfrac{2\Omega_x \omega \dfrac{\omega_v^2}{Q} + \dot{\Omega}_x (\omega^2 - \omega_v^2)}{(\omega^2 - \omega_v^2)^2 + \dfrac{\omega^2 \omega_v^2}{Q^2}} \\[4mm] L_3 = -L_1 \\[2mm] L_4 = \dfrac{1}{\omega_v^2}(\dot{\Omega}_x - L_2 \omega^2) \end{array}\right\} \tag{3.39}$$

于是在时域的稳态解为

$$P_{vs}(t) = KC \cos n\theta \sin(\omega_v t + \phi) \tag{3.40}$$

$$K = \frac{2\Omega_x Q}{\omega}\left[\frac{1 + \dfrac{\dot{\Omega}_x^2}{4\Omega_x^2 \omega_v^2}}{1 + \dfrac{\omega^2 - \omega_v^2}{\omega^2 \omega_v^2}}\right] \tag{3.41}$$

$$\left.\begin{array}{l} \phi = \arctan \dfrac{2\Omega_x \omega_v}{\dot{\Omega}_x} - \phi_1 \\[4mm] \phi_1 = \begin{cases} \arctan \dfrac{\omega \omega_v}{(\omega^2 - \omega_v^2)Q} & (\omega \geqslant \omega_v) \\[4mm] \pi - \arctan \dfrac{\omega \omega_v}{(\omega_v^2 - \omega^2)Q} & (\omega < \omega_v) \end{cases} \end{array}\right\} \tag{3.42}$$

依上述分析,可得在 v、w 两个方向的稳态解为

$$\left.\begin{array}{l} v = B \sin n\theta \, \sin \omega_v t - KC \cos n\theta \, \sin(\omega_v t + \phi) \\[2mm] w = C \cos n\theta \, \sin \omega_v t + KB \sin n\theta \, \sin(\omega_v t + \phi) \end{array}\right\} \tag{3.43}$$

由式(3.26)和式(3.43)可知,在这种角速度传感器中,圆柱壳母线方向的振型基本保持不变;环线方向和切线方向的振型在原有对称振型的基础上,产生了由哥氏效应引起的附加的"反对称振型"。"反对称振型"量基本上正比于 Ω_x,从动坐标系来看,振型只出现较小的偏移,不出现持续的进动。这归因于有等效的激励力作用于壳体的固定点上。当采用压电陶瓷作为换能元件,在壳体振动振型的波节处检测时有

$$q = \frac{KA_0 d_{31} E(nC + B)}{[r(1 - \mu)]\sin(\omega_v t + \phi)} \tag{3.44}$$

式中:A_0、d_{31}——压电陶瓷元件的电荷分布的面积(m^2)和压电常数(C/N);

　　　r——圆柱壳的中柱面半径(m)。

由式(3.41)、式(3.44)知

① 检测信号 q 与 Ω_x 成正比，与谐振敏感元件的振幅成正比。所以直接检测 q 便可求得 Ω_x。为消除闭环系统激励能量变化引起振幅变化，进而对测量结果产生影响，在实际解算中可以采用"波节处"振幅与"波腹处"振幅之比的方式确定 Ω_x。

② 检测信号 q 与被测角速度的变化率 $\dot{\Omega}_x$（角加速度）有关，因此对于该类谐振式角速度传感器而言，在动态测量过程中，应考虑其测量误差对结果的影响。

3.7　静电激励半球谐振式角速度传感器

3.7.1　传感器的结构

图 3.13 所示为半球谐振式角速度传感器（半球谐振陀螺 Hemispherical Resonator Gyroscope，HRG）的结构示意图。其敏感元件是熔凝石英制成的开口半球壳。

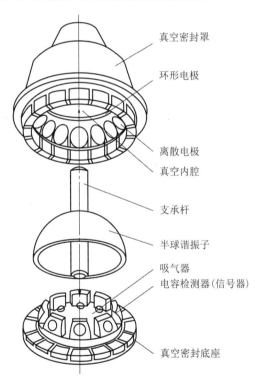

图 3.13　半球谐振陀螺的结构

半球谐振陀螺的主要部件包括：真空密封底座、电容检测器（信号器）、吸气器、半球谐振敏感元件（半球谐振子）、环形电极与离散电极、真空密封罩等。其中吸气器的作用是把真空壳体内的残余气体吸收。密封底座上装有连接内外导线的密封绝缘子，采用真空密封的目的是减小空气阻尼，提高 Q 值，使其工作时间常数提高（已做到长达 27 min）。信号器有 8 个电容信号拾取元件，用来拾取并确定谐振子振荡图案的位置，给出壳体绕中心轴转过的角度，进而利用半球壳振型的进动特性确定壳体转过的角信息。半球谐振子是陀螺仪的核心部件,支悬于中心支撑杆上;而中心支撑杆两端由发力器和信号器牢固夹紧,以减小支承结构的有害耦合;此外要精修半球壳周边上的槽口,以使谐振子达到动平衡,使谐振子在各个方向具有等幅振荡,且对外界干扰不敏感。发力器包括:由环形电极构成的激励元件,该元件产生方波电压以维持谐振子的振幅为常值,补充阻尼消耗的能量;还有 16 个等距分布的离散电极控制振荡图案,以抑制四波腹中不符合要求的振型(主要是正交振动)。为了提高谐振子的品质因数 Q 值,并使之对温度变化不敏感,所以半球谐振子、发力器、信号器均由熔凝石英制成,并用铟连于一起,且谐振子上镀有薄薄的铬,发力器、信号器表面镀金。

3.7.2　顶端开口半球壳的固有振动

图 3.14、图 3.15 所示分别给出了半球壳的结构示意图和半球壳模型在球面坐标系中的描述。半球壳的中心轴为 x,壳体中球面半径、壁厚分别为 R、h;壳体两端的边界角分别为 φ_0、φ_F,其中 φ_0 由支承杆的直径和球半径 R 决定,φ_F 一般取 $90°$(即 $\dfrac{\pi}{2}$)。

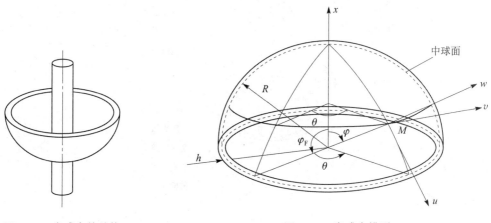

图 3.14　半球壳的结构　　　　　　　图 3.15　半球壳模型

1. 半球壳固有振动的能量方程

由于球壳的壁厚 h 相对于中球面半径 R 非常小,因此可以不考虑在球壳壁厚方向(半径方向)的变形,即在厚度方向(法线方向)的位移分量与厚度方向的坐标无关。在小挠度的线性变化范围,在中球面上,诸位移分量 u、v、w 只是母线方向和环线方向坐标 φ、θ 的函数,与法线方向坐标 ρ 无关。在球壳的中球面建立坐标系,任一点 M 的坐标为 (φ,θ,R),其位移矢量可以表示为

$$\boldsymbol{V}=u\boldsymbol{e}_\varphi+v\boldsymbol{e}_\theta+w\boldsymbol{e}_\rho \tag{3.45}$$

式中:u、v、w——M 点在球壳坐标系下沿 φ、θ、ρ 三个方向(母线方向、切线方向和法线方向)的位移分量;

　　　$\boldsymbol{e}_\varphi$、$\boldsymbol{e}_\theta$、$\boldsymbol{e}_\rho$——球壳坐标系下中球面上在 φ、θ、ρ 三个方向的单位矢量。

球壳的几何方程为

$$
\left.
\begin{aligned}
\varepsilon_\varphi^{(z)} &= \varepsilon_\varphi^{(0)} + zK_\varphi \\
\varepsilon_\theta^{(z)} &= \varepsilon_\theta^{(0)} + zK_\theta \\
\varepsilon_{\varphi\theta}^{(z)} &= \varepsilon_{\varphi\theta}^{(0)} + zK_{\varphi\theta}
\end{aligned}
\right\}
\tag{3.46}
$$

$$
\left.
\begin{aligned}
\varepsilon_\varphi^{(0)} &= \frac{\partial u}{R\partial\varphi} + \frac{w}{R} \\
\varepsilon_\theta^{(0)} &= \frac{1}{R\sin\varphi}\left(u\cos\varphi + \frac{\partial v}{\partial\theta} + w\sin\varphi\right) \\
\varepsilon_{\varphi\theta}^{(0)} &= \frac{1}{R\sin\varphi}\left(\frac{\partial u}{\partial\theta} + \frac{\partial v}{\partial\varphi}\sin\varphi - v\cos\varphi\right)
\end{aligned}
\right\}
\tag{3.47}
$$

$$
\left.
\begin{aligned}
K_\varphi &= \frac{\partial u}{R^2\partial\varphi} - \frac{\partial^2 w}{R^2\partial\varphi^2} \\
K_\theta &= \frac{1}{R^2\sin\varphi}\left[u\cos\varphi + \frac{\partial v}{\partial\theta} - \frac{\partial w\cos\varphi}{\partial\varphi} - \frac{\partial^2 w}{\sin\varphi\partial\theta^2}\right] \\
K_{\varphi\theta} &= \frac{1}{R^2\sin\varphi}\left[\frac{\partial u}{\partial\theta} - \frac{v\cos\varphi}{R} + \frac{\partial v\sin\varphi}{\partial\varphi} + \frac{2\partial w\cot\varphi}{\partial\theta} - \frac{2\partial^2 w}{\partial\varphi\partial\theta}\right]
\end{aligned}
\right\}
\tag{3.48}
$$

式中：$\varepsilon_\varphi^{(0)}$、$\varepsilon_\theta^{(0)}$、$\varepsilon_{\varphi\theta}^{(0)}$——中球面上的应变；

K_φ、K_θ、$K_{\varphi\theta}$——相应的弯曲变形。

物理方程为

$$
\left.
\begin{aligned}
\sigma_\varphi^{(z)} &= \frac{E}{1-\mu^2}(\varepsilon_\varphi^{(z)} + \mu\varepsilon_\theta^{(z)}) \\
\sigma_\theta^{(z)} &= \frac{E}{1-\mu^2}(\mu\varepsilon_\varphi^{(z)} + \varepsilon_\theta^{(z)}) \\
\sigma_{\varphi\theta}^{(z)} &= \frac{E\varepsilon_{\varphi\theta}^{(z)}}{2(1+\mu)}
\end{aligned}
\right\}
\tag{3.49}
$$

壳体的弹性势能为

$$
U = \frac{1}{2}\iiint\limits_V (\sigma_\varphi^{(z)}\varepsilon_\varphi^{(z)} + \sigma_\theta^{(z)}\varepsilon_\theta^{(z)} + \sigma_{\varphi\theta}^{(z)}\varepsilon_{\varphi\theta}^{(z)})\,\mathrm{d}V
\tag{3.50}
$$

式中：V——球壳的积分体积。

壳体的动能为

$$
T = \frac{1}{2}\iiint\limits_V \left[\left(\frac{\partial u}{\partial t}\right)^2 + \left(\frac{\partial v}{\partial t}\right)^2 + \left(\frac{\partial w}{\partial t}\right)^2\right]\rho_m\,\mathrm{d}V
\tag{3.51}
$$

2. 半球壳固有振动的近似解析分析

半球壳不旋转时，其环线方向波数 n 的对称振型为

$$
\left.
\begin{aligned}
u &= u(\varphi)\cos n\theta\,\cos\omega t \\
v &= v(\varphi)\sin n\theta\,\cos\omega t \\
w &= w(\varphi)\cos n\theta\,\cos\omega t
\end{aligned}
\right\}
\tag{3.52}
$$

式中：$u(\varphi)$、$v(\varphi)$、$w(\varphi)$——半球壳沿母线方向的振型；

ω——固有角频率（$\mathrm{rad/s}$）。

对于一端开口的半球壳的弯曲振动，在小挠度下，中球面近似满足 Lord Rayleigh 不扩张条件，即

$$\varepsilon_\varphi^{(0)} = \varepsilon_\theta^{(0)} = \varepsilon_{\varphi\theta}^{(0)} = 0 \tag{3.53}$$

利用式(3.47)、式(3.53)有

$$\left. \begin{aligned} & w(\varphi) = -\frac{\mathrm{d}u(\varphi)}{\mathrm{d}\varphi} \\ & nv(\varphi) + u(\varphi)\cos\varphi - \frac{\mathrm{d}u(\varphi)}{\mathrm{d}\varphi}\sin\varphi = 0 \\ & nu(\varphi) + v(\varphi)\cos\varphi - \frac{\mathrm{d}v(\varphi)}{\mathrm{d}\varphi}\sin\varphi = 0 \end{aligned} \right\} \tag{3.54}$$

方程(3.54)的解为

$$\left. \begin{aligned} & u(\varphi) = \left(C_1 \tan^n \frac{\varphi}{2} - C_2 \cot^n \frac{\varphi}{2} \right) \sin\varphi \\ & v(\varphi) = \left(C_1 \tan^n \frac{\varphi}{2} + C_2 \cot^n \frac{\varphi}{2} \right) \sin\varphi \\ & w(\varphi) = -\left(C_1 (n+\cos\varphi) \tan^n \frac{\varphi}{2} + C_2 (n-\cos\varphi) \cot^n \frac{\varphi}{2} \right) \end{aligned} \right\} \tag{3.55}$$

考虑到壳体实际振动情况和 Lord Rayleigh 条件应用的范围，常数 C_2 必为 0，故上式变为

$$\left. \begin{aligned} & u(\varphi) = v(\varphi) = C_1 \sin\varphi \tan^n \frac{\varphi}{2} \\ & w(\varphi) = -C_1 (n+\cos\varphi) \tan^n \frac{\varphi}{2} \end{aligned} \right\} \tag{3.56}$$

将式(3.56)分别带入式(3.50)、式(3.51)可得

$$U = \frac{\pi C_1^2 \cos^2(\omega t) E}{2(1-\mu^2)} \cdot \frac{h^3}{12R^2} \int_{\varphi_0}^{\varphi_F} 4(1-\mu) n^2 (n^2-1)^2 \tan^{2n} \frac{\varphi}{2} \frac{1}{\sin^3\varphi} \mathrm{d}\varphi \tag{3.57}$$

$$T = \frac{\pi C_1^2 \sin^2(\omega t) \rho_m R^2 h \omega^2}{2} \int_{\varphi_0}^{\varphi_F} (\sin^2\varphi + 2n\cos\varphi + n^2 + 1) \sin\varphi \tan^{2n} \frac{\varphi}{2} \mathrm{d}\varphi \tag{3.58}$$

利用 Hamilton 原理可得

$$\omega^2 = \frac{E}{R^2(1+\mu)\rho_m} \cdot \frac{h^2}{12R^2} \cdot 4n^2 (n^2-1)^2 \frac{I(n)}{J(n)} \tag{3.59}$$

$$I(n) = \int_{\varphi_0}^{\varphi_F} \frac{\tan^{2n} \frac{\varphi}{2}}{\sin^3\varphi} \mathrm{d}\varphi$$

$$J(n) = \int_{\varphi_0}^{\varphi_F} (n^2+1+\sin^2\varphi+2n\cos\varphi) \sin\varphi \tan^{2n} \frac{\varphi}{2} \mathrm{d}\varphi$$

3. 半球壳固有振动的有限元分析

由于实际的半球壳不是一个完整的半球壳，特别是 $\varphi_0 \neq 0°$，因此当 φ_0 增大时，式(3.56)描述的振型会产生较大的偏差，即式(3.59)计算的频率将产生较大的误差。这时可采用有限元数值解法。沿半球壳的母线方向划分单元，如图 3.16 所示，共分 N 个单元，第一个节点为 $\varphi_1 = \varphi_0$，最后一个节点为 $\varphi_{N+1} = \varphi_F$，第 i 个单元对应着第 i 个节点 φ_i 和第 $i+1$ 个节点 φ_{i+1}。

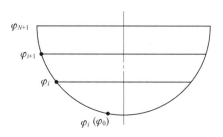

图 3.16　半球壳沿母线方向划分单元

引入量纲为一的长度 $x=(\varphi-\varphi_i)/l-1,l=0.5(\varphi_{i+1}-\varphi_i)$，即 $\varphi\in[\varphi_i,\varphi_{i+1}]$ 对应着 $x\in[-1,1]$，在第 i 个单元上，对位移向量 $\boldsymbol{V}(\varphi)$ 引入 Hermite 插值，有

$$\boldsymbol{V}_i(\varphi)=\begin{bmatrix}u(\varphi) & v(\varphi) & w(\varphi)\end{bmatrix}^{\mathrm{T}}=\boldsymbol{XGCa}_i=\boldsymbol{XAa}_i \tag{3.60}$$

式中的 $\boldsymbol{X}$、$\boldsymbol{G}$、$\boldsymbol{C}$、$\boldsymbol{A}$ 矩阵同式(2.75)。

将式(3.60)分别代入式(3.50)、式(3.51)可得第 i 个单元的弹性势能和动能，分别为

$$U_i=\frac{\pi hl\cos^2\omega t}{2}\int_{-1}^{+1}\boldsymbol{a}_i^{\mathrm{T}}\boldsymbol{A}^{\mathrm{T}}\boldsymbol{L}_H^{(x)\mathrm{T}}\boldsymbol{DL}_H^{(x)}\boldsymbol{Aa}_i\sin\varphi\,\mathrm{d}x \tag{3.61}$$

$$T_i=\frac{\pi\rho_m R^2 hl\omega^2\sin^2\omega t}{2}\int_{-1}^{+1}\boldsymbol{a}_i^{\mathrm{T}}\boldsymbol{A}^{\mathrm{T}}\boldsymbol{X}^{\mathrm{T}}\boldsymbol{XAa}_i\sin\varphi\,\mathrm{d}x \tag{3.62}$$

$$\boldsymbol{L}_H^{(x)}=\begin{bmatrix}\dfrac{1}{l}\boldsymbol{X}_1^{(1)} & 0 & \boldsymbol{X}_2^{(0)}\\[2mm] \cot\varphi\boldsymbol{X}_1^{(0)} & \dfrac{n}{\sin\varphi}\boldsymbol{X}_1^{(0)} & \boldsymbol{X}_2^{(0)}\\[2mm] \dfrac{-n}{\sin\varphi}\boldsymbol{X}_1^{(0)} & \dfrac{1}{l}\boldsymbol{X}_1^{(1)}-\cot\varphi\boldsymbol{X}_1^{(0)} & 0\\[2mm] \dfrac{1}{Rl}\boldsymbol{X}_1^{(1)} & 0 & \dfrac{-1}{Rl^2}\boldsymbol{X}_2^{(2)}\\[2mm] \cot\varphi\boldsymbol{X}_1^{(0)} & \dfrac{n}{R\sin\varphi}\boldsymbol{X}_1^{(0)} & \dfrac{n^2}{R\sin^2\varphi}\boldsymbol{X}_2^{(0)}-\dfrac{\cot\varphi}{l}\boldsymbol{X}_2^{(1)}\\[2mm] \dfrac{-n}{R\sin\varphi}\boldsymbol{X}_1^{(0)} & \dfrac{1}{R}\left(\dfrac{1}{l}\boldsymbol{X}_1^{(1)}-\cot\varphi\boldsymbol{X}_1^{(0)}\right) & \dfrac{2n}{R\sin\varphi}\left(\dfrac{1}{l}\boldsymbol{X}_2^{(1)}-\cot\varphi\boldsymbol{X}_2^{(0)}\right)\end{bmatrix}$$

$\boldsymbol{X}_1^{(0)}$、$\boldsymbol{X}_2^{(0)}$、$\boldsymbol{X}_1^{(1)}$、$\boldsymbol{X}_2^{(1)}$、$\boldsymbol{X}_2^{(2)}$ 矩阵同 2.5.2 小节。

球壳的单元刚度矩阵和单元质量矩阵分别为

$$\boldsymbol{K}_i=\pi hl\boldsymbol{A}^{\mathrm{T}}\int_{-1}^{+1}\boldsymbol{L}_H^{(x)\mathrm{T}}\boldsymbol{DL}_H^{(x)}\sin[\varphi_i+(x+1)l]\,\mathrm{d}x\boldsymbol{A} \tag{3.63}$$

$$\boldsymbol{M}_i=\pi\rho_m R^2 hl\boldsymbol{A}^{\mathrm{T}}\int_{-1}^{+1}\boldsymbol{X}^{\mathrm{T}}\boldsymbol{X}\sin[\varphi_i+(x+1)l]\,\mathrm{d}x\boldsymbol{A} \tag{3.64}$$

利用单元刚度矩阵和单元质量矩阵便可以组合成半球壳的整体刚度矩阵 $\boldsymbol{K}$ 和整体质量矩阵 $\boldsymbol{M}$，从而构成求解半球壳谐振角频率 ω 及相应的沿壳体母线方向分布的振型的动力学方程

$$(\boldsymbol{K}-\omega^2\boldsymbol{M})\boldsymbol{a}=0 \tag{3.65}$$

表 3.1 所列为由式(3.65)计算的不同底端(φ_0)边界条件下，半球壳环线方向波数 $n=2$ 时固有频率随 φ_0、h 的变化情况。半球壳的有关参数：$E=7.6\times10^{10}$ Pa，$\rho_m=2.5\times10^3$ kg/m³，

$\mu = 0.17, R = 25 \times 10^{-3}$ m, $\varphi_\mathrm{F} = 90°$。由表可知:当 $\varphi_0 \leqslant 5°$ 时,不同的边界约束条件下半球壳的固有角频率 ω 变化很小;当 φ_0 增大时,底端约束状态对 ω 的影响增大,且趋势随 h/R 的增加而减弱。

表 3.1　不同底端 (φ_0) 边界条件下半球壳的固有频率(Hz)$(n=2)$

$h/10^{-3}$ m	$\varphi_0/(°)$	边界条件			
		自由	$u=v=0$	$u=v=w=w'=0$	$u=v=w=u'=v'=w'=w''=0$
0.5	0	927.6	927.6	927.6	927.6
	5	926.6	926.6	930.7	937.9
	10	925.6	929.7	956.5	988.4
	15	922.5	965.7	1 067.7	1 161.3
1.0	0	1 805.9	1 805.9	1 805.9	1 806.9
	5	1 804.8	1 804.8	1 811.0	1 819.2
	10	1 802.8	1 803.8	1 840.9	1 869.7
	15	1 794.5	1 819.2	1 944.8	2 020.0
2.0	0	3 469.6	3 469.6	3 469.6	3 471.7
	5	3 466.5	3 467.6	3 479.9	3 492.3
	10	3 458.3	3 462.4	3 521.1	3 554.1
	15	3 445.9	3 465.5	3 638.5	3 708.5

从物理意义上讨论,半球壳底端不同的约束状态对应着不同的刚度。上述结果表明:当 φ_0 较小时,其底端的固有刚度很大,足以抵消由边界约束状态改变引起的刚度变化。这样的半球壳具有强的抗外界干扰的能力。这是半球壳结构所特有的优势之一,因此在实用中应尽量选 φ_0 小一些。

3.7.3　半球壳谐振敏感元件的耦合振动

实际的半球壳谐振敏感元件是通过支承杆与外界连接的,因此半球壳工作时一定要避免支承杆的弯曲振动,否则将使半球壳产生 $n=1$ 的弯曲运动,图 3.17 所示为半球壳谐振子的耦合振动情况,这将破坏谐振子的工作状态。因此,必须讨论半球壳与支承杆耦合的振动特性的问题。

实际半球壳通过支承杆与外界连接的方式有三种,分别称为 Y、T、Ψ 型结构(见图 3.18)支承杆的半径为 R_d,伸向顶端和底端的有效长度分别为 L_t、L_b。

支承杆的弯曲振动引起半球壳的二波腹 $(n=1)$ 的耦合振动。这种耦合振动没有使壳体产生应变,即壳体受支承杆的牵连只作刚体运动。因此,支承杆与半球壳的连接点的运动特征决定了壳体的运动。

1. 半球壳耦合振动的能量方程

图 3.19 所示为支承杆弯曲振动情况。设 u、w 分别为杆的轴线方向位移和法线方向位

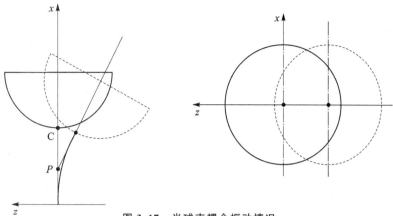

图 3.17   半球壳耦合振动情况

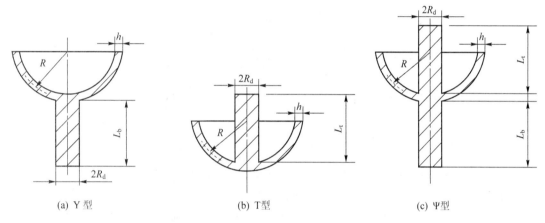

(a) Y 型   (b) T 型   (c) Ψ 型

图 3.18   半球壳与外界连接方式对应的三种结构

移, s、z 分别为轴线方向坐标和法线方向坐标。依弯曲振动理论有

$$\left.\begin{array}{l} u = -z\,\dfrac{\mathrm{d}w(s)}{\mathrm{d}s}\cos \omega_{\mathrm b}t \\[2mm] w = w(s)\cos \omega_{\mathrm b}t \end{array}\right\} \tag{3.66}$$

式中:$\omega_{\mathrm b}$——支承杆的弯曲振动角频率(rad/s)。

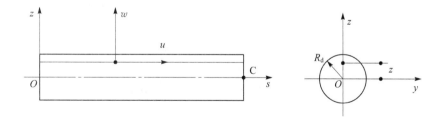

图 3.19   支承杆弯曲振动结构

杆内产生的轴线方向应变为

$$\varepsilon_s = \frac{\partial u}{\partial s} = -\frac{\mathrm{d}^2 w}{\mathrm{d}s^2}z\cos \omega_{\mathrm b}t \tag{3.67}$$

杆的应力为

$$\sigma_s = E\varepsilon_s \tag{3.68}$$

杆的弹性势能为

$$U = \frac{1}{2}\iiint\limits_{V_1}\varepsilon_s\sigma_s\,\mathrm{d}V_1 = \frac{E}{2}\int_{S_L}\int_0^{2\pi}\int_0^{R_d}\left(\frac{\mathrm{d}^2 w}{\mathrm{d}s^2}\right)^2 z^2 r\,\mathrm{d}r\,\mathrm{d}\theta\,\mathrm{d}s\cos^2\omega_b t =$$

$$\frac{E}{2}\int_{S_L}\int_0^{2\pi}\int_0^{R_d}\left(\frac{\mathrm{d}^2 w}{\mathrm{d}s^2}\right)^2 r^3\sin\theta\,\mathrm{d}r\,\mathrm{d}\theta\,\mathrm{d}s\,\cos^2\omega_b t =$$

$$\frac{\pi E R_d^4}{8}\int_{S_L}\left(\frac{\mathrm{d}^2 w}{\mathrm{d}s^2}\right)^2\mathrm{d}s\,\cos^2\omega_b t \tag{3.69}$$

式中：V_1——支承杆的积分体积；

　S_L——支承杆在 s 轴上的线积分域。

杆的动能为

$$T_1 = \frac{1}{2}\iiint\limits_{V_1}\left[\left(\frac{\partial u}{\partial t}\right)^2 + \left(\frac{\partial w}{\partial t}\right)^2\right]\rho\,\mathrm{d}V_1 =$$

$$\frac{\pi\rho_m R_d^2\omega_b^2}{2}\int_{S_L}\left[w^2(s) + \frac{R_d^2}{4}\left(\frac{\mathrm{d}w(s)}{\mathrm{d}s}\right)^2\right]\mathrm{d}s\sin^2\omega_b t \tag{3.70}$$

设杆弯曲振动的位移曲线在连接点 C 处的切线与中心轴 x 的交点为 P（见图 3.17），则 P 点坐标为

$$x_P = x_C - \frac{w_C}{w_C'} \tag{3.71}$$

式中：w_C、w_C'——杆在 C 点的法线方向位移和转角（图中未标注）。

显然，尽管 w_C、w_C' 与 $\cos\omega_b t$ 有关，但 x_P 与 t 无关。

当半球壳不振动时，其上任一点的位置为 (x_s, y_s, z_s)；当绕 P 点转动时，上述点相应地移到了 (X_S, Y_S, Z_S)，则有

$$\left.\begin{aligned}X_S &= x_P + (x_s - x_P)\cos\theta_C - z_s\sin\theta_C\\ Y_S &= y_s\\ Z_S &= (x_s - x_P)\sin\theta_C + z_s\cos\theta_C\end{aligned}\right\} \tag{3.72}$$

$$\theta_C = w_C' = \frac{\mathrm{d}w(s)}{\mathrm{d}s}\bigg|_{s=s_C}\cos\omega_b t$$

$$\left.\begin{aligned}\Delta x_S &= X_S - x_s = (x_s - x_P)(\cos\theta - 1) - z_s\sin\theta\\ \Delta y_S &= Y_S - y_s = 0\\ \Delta z_S &= Z_S - z_s = (x_s - x_P)\sin\theta - z_s(1 - \cos\theta)\end{aligned}\right\} \tag{3.73}$$

壳体上相应点的速度为

$$\left.\begin{aligned}v_x &= -(x_s - x_P)\sin\theta_C\theta_C' - z_s\cos\theta_C\theta_C'\\ v_y &= 0\\ v_z &= (x_s - x_P)\cos\theta_C\theta_C' - z_s\sin\theta_C\theta_C'\end{aligned}\right\} \tag{3.74}$$

考虑到 $\sin\theta_C \approx \theta_C \approx 0$，$\cos\theta \approx 1$，略去二阶小量，式(3.74)可写为

$$\left.\begin{aligned}v_x &= -z_s\theta_C'\\ v_y &= 0\\ v_z &= (x_s - x_P)\theta_C'\end{aligned}\right\} \tag{3.75}$$

$$\theta_{\mathrm{C}}^t = w'^t_{\mathrm{C}} = -\omega_{\mathrm{b}} \left. \frac{\mathrm{d}w(s)}{\mathrm{d}s} \right|_{s=s_{\mathrm{C}}} \sin \omega_{\mathrm{b}} t$$

于是半球壳的动能为

$$T_2 = \frac{1}{2} \iiint_{V_2} (v_x^2 + v_y^2 + v_z^2) \rho \mathrm{d}V_2 \tag{3.76}$$

式中：V_2——半球壳部分的积分体积，对于半球壳，积分体积 V_2 为壁厚为 h，半径为 R，低端约束角为 $\varphi_0 = \arcsin [2R_{\mathrm{d}}/(2R+h)]$ 的半球壳。

图 3.18 所示的 Y、Ψ 型结构，经推导可得

$$T_2 = \pi \rho_m R^2 h \omega_{\mathrm{b}}^2 \left[w_{\mathrm{C}}^2 + R w_{\mathrm{C}} w'_{\mathrm{C}} + \frac{2R^2}{3} (w'_{\mathrm{C}})^2 \right] \tag{3.77}$$

式中：h、R——半球壳的壁厚和中球面半径（见图 3.18）。

图 3.18 所示的 T 型结构

$$T_2 = \pi \rho_m R^2 h \omega_{\mathrm{b}}^2 \left[w_{\mathrm{C}}^2 - R w_{\mathrm{C}} w'_{\mathrm{C}} + \frac{2R^2}{3} (w'_{\mathrm{C}})^2 \right] \tag{3.78}$$

于是讨论半球壳谐振子耦合振动时，体系的总弹性势能和总动能分别为 U_1、$T_1 + T_2$。

2. 半球壳谐振子耦合振动的有限元分析

下面给出半球壳耦合振动的有限元法求解模型。将支承杆沿轴线方向划分单元，如图 3.20 所示。设第 i 个单元由第 i 个和第 $i+1$ 个节点组成，在第 i 个单元上引入变换：$x = (s - s_i)/l - 1, l = 0.5(s_{i+1} - s_i)$，于是将 $s \in [s_i, s_{i+1}]$ 变换到 $x \in [-1, 1]$，位移 $w(s)$ 采用二阶 Hermite 插值，即

$$\boldsymbol{w}_i(s) = \boldsymbol{X}_0^{(2)} \boldsymbol{G}_2 \boldsymbol{C}_2 \boldsymbol{a}_i = \boldsymbol{X}_0^{(2)} \boldsymbol{A}_2 \boldsymbol{a}_i \tag{3.79}$$

$$\boldsymbol{a}_i = [w(-1) \quad w'(-1) \quad w''(-1) \quad w(+1) \quad w'(+1) \quad w''(+1)]^{\mathrm{T}}$$

$$\boldsymbol{C}_2 = \begin{bmatrix} 1 & 0 & 0 & 0 & 0 & 0 \\ 0 & l & 0 & 0 & 0 & 0 \\ 0 & 0 & l^2 & 0 & 0 & 0 \\ 0 & 0 & 0 & 1 & 0 & 0 \\ 0 & 0 & 0 & 0 & l & 0 \\ 0 & 0 & 0 & 0 & 0 & l^2 \end{bmatrix}_{6 \times 6}$$

$$\boldsymbol{A}_2 = \boldsymbol{G}_2 \boldsymbol{C}_2$$

$$\boldsymbol{X}_2^{(0)} = \begin{bmatrix} 1 & x & x^2 & x^3 & x^4 & x^5 \end{bmatrix}$$

$$\boldsymbol{G}_2 = \frac{1}{16} \begin{bmatrix} 8 & 5 & 1 & 8 & -5 & 1 \\ -15 & -7 & -1 & 15 & -7 & 1 \\ 0 & -6 & -2 & 0 & 6 & -2 \\ 10 & 10 & 2 & -10 & 10 & -2 \\ 0 & 1 & 1 & 0 & -1 & 1 \\ -3 & -3 & -1 & 3 & -3 & 1 \end{bmatrix}$$

将式(3.79)分别代入式(3.69)、式(3.70)可得第 i 个单元对应的弹性势能和动能，分别为

$$U_1^{(i)} = \frac{\pi E R_{\mathrm{d}}^4}{8l^3} \int_{-1}^{+1} \boldsymbol{a}_i^{\mathrm{T}} \boldsymbol{A}_2^{\mathrm{T}} (\boldsymbol{X}_2^{(2)})^{\mathrm{T}} \boldsymbol{X}_2^{(2)} \boldsymbol{A}_2 \boldsymbol{a}_i \mathrm{d}x \cos^2 \omega_{\mathrm{b}} t \tag{3.80}$$

图 3.20　支承杆沿轴线方向划分单元示意图

$$T_1^{(i)} = \frac{\pi \rho_m R_d^2 l \omega_b^2}{2} \int_{-1}^{+1} \boldsymbol{a}_i^{\mathrm{T}} \boldsymbol{A}_2^{\mathrm{T}} \left[(\boldsymbol{X}_2^{(0)})^{\mathrm{T}} \boldsymbol{X}_2^{(0)} + \frac{R_d^2}{4 l^2} (\boldsymbol{X}_2^{(1)})^{\mathrm{T}} \boldsymbol{X}_2^{(1)} \right] \boldsymbol{A}_2 \boldsymbol{a}_i \mathrm{d}x \sin^2 \omega_b t \quad (3.81)$$

于是第 i 个单元的刚度矩阵和单元质量矩阵分别为

$$\boldsymbol{K}_i = \frac{\pi E R_d^4}{4 l^3} \boldsymbol{A}_2^{\mathrm{T}} \int_{-1}^{+1} (\boldsymbol{X}_2^{(2)})^{\mathrm{T}} \boldsymbol{X}_2^{(2)} \mathrm{d}x \boldsymbol{A}_2 \quad (3.82)$$

$$\boldsymbol{M}_i = \pi \rho_m R_d^2 l \boldsymbol{A}_2^{\mathrm{T}} \int_{-1}^{+1} \left[(\boldsymbol{X}_2^{(0)})^{\mathrm{T}} \boldsymbol{X}_2^{(0)} + \frac{R_d^2}{4 l^2} (\boldsymbol{X}_2^{(1)})^{\mathrm{T}} \boldsymbol{X}_2^{(1)} \right] \mathrm{d}x \boldsymbol{A}_2 \quad (3.83)$$

由式(3.77)、式(3.78)可知动能只与连接点 C 的运动特征有关,故可以得到一个仅与 C 点有关的附加质量矩阵,对于图 3.18 所示的 Y、Ψ 型结构

$$\boldsymbol{M}_a = \begin{bmatrix} 2\pi \rho_m R^2 h & \dfrac{\pi \rho_m R^3 h}{l} & 0 \\[2mm] \dfrac{\pi \rho_m R^3 h}{l} & \dfrac{4\pi \rho_m R^4 h}{3 l^2} & 0 \\[2mm] 0 & 0 & 0 \end{bmatrix} \quad (3.84)$$

图 3.18 所示的 T 型结构

$$\boldsymbol{M}_a = \begin{bmatrix} 2\pi \rho_m R^2 h & -\dfrac{\pi \rho_m R^3 h}{l} & 0 \\[2mm] -\dfrac{\pi \rho_m R^3 h}{l} & \dfrac{4\pi \rho_m R^4 h}{3 l^2} & 0 \\[2mm] 0 & 0 & 0 \end{bmatrix} \quad (3.85)$$

通过单元刚度矩阵和单元质量矩阵便可以组合成整体刚度矩阵和整体质量矩阵,经边界条件(杆与外界的连接点为固支边界条件)处理就可以对 ω_b 及相应的振型进行求解。注意在处理边界条件时,应当将 $\boldsymbol{M}_a$ 加在总质量矩阵中 C 点相应的位置上。

对于熔凝石英制作的半球壳谐振子,$E = 7.6 \times 10^{10}$ Pa,$\rho_m = 2.5 \times 10^3$ kg/m³,$\mu = 0.17$,选择半球壳的结构参数:$R = 25 \times 10^{-3}$ m,$h = 2 \times 10^{-3}$ m。

表 3.2 所列为图 3.18 所示中的 Y 型结构谐振子的一阶弯曲振动角频率 ω_b 对应的频率值。表 3.3 所列为图 3.18 所示中的 T 型结构谐振子的一阶弯曲振动角频率 ω_b 对应的频率值。如表 3.4 所列为图 3.18 所示的 Ψ 型结构谐振子的一阶弯曲振动角频率 ω_b($L_t = 35 \times 10^{-3}$ m)对应的频率值。

比较表 3.2～表 3.4,可以得到如下结论:相同直径的支承杆,其隔振效果最好的是 Ψ 型结构,即双端支承。最差的是 T 型结构。因此在实用中应选用 Ψ 型结构。其隔振效果随 R_d 的增大而明显增强。相对而言,受杆长的影响较小。

另外,由前面的有限元法计算出上述结构参数的半球壳四波腹振动($n = 2$)的谐振角频率 ω_2 对应的频率范围为 3 513～3 602 Hz(对应于 $R_d \in [4,6] \times 10^{-3}$ m;$\varphi_0 \in [9.2°, 13.9°]$,即

$R_d \geqslant 5 \times 10^{-3}$ m 时便可保证 $\omega_b > \omega_2$)。

表 3.2　Y 型结构半球壳谐振子的一阶弯曲振动频率(Hz)

$R_d/10^{-3}$ m	$L_b/10^{-3}$ m						
	10	15	20	25	30	35	40
4	2 321	1 723	1 290	1 038	859	726	624
5	3 625	2 609	2 012	1 616	1 336	1 128	969
6	5 216	3 751	2 890	2 299	1 915	1 614	1 383

表 3.3　T 型结构半球壳谐振子的一阶弯曲振动频率(Hz)

$R_d/10^{-3}$ m	$L_t/10^{-3}$ m		
	33	35	37
4	774	726	682
5	1 205	1 128	1 059
6	1 725	1 614	1 514

表 3.4　Ψ 型结构半球壳谐振子的一阶弯曲振动频率(Hz)($L_t = 35 \times 10^{-3}$ m)

$R_d/10^{-3}$ m	$L_b/10^{-3}$ m						
	10	15	20	25	30	35	40
4	3 822	3 370	3 112	2 938	2 808	2 704	2 617
5	5 921	5 209	4 796	4 513	4 298	4 123	3 970
6	8 437	7 400	6 790	6 366	6 038	5 763	5 519

3. 半球壳谐振子耦合振动的近似解析分析

基于上述分析,Ψ 型结构半球壳谐振子的抗干扰能力最好,而其他两种结构的半球壳谐振子的抗干扰能力较差。故下面只对 Ψ 型结构的半球壳谐振子的耦合振动,给出近似解析分析。

对于 Ψ 型结构的半球壳谐振子,支承杆具有双端固支的边界条件,即

$$
\left.
\begin{aligned}
s = 0, \quad & w(s) = w'(s) = 0 \\
s = L, \quad & w(s) = w'(s) = 0
\end{aligned}
\right\}
\tag{3.86}
$$

利用 Rayleigh-Ritz 法,可以给出半球壳谐振子耦合振动沿着支承杆轴线方向的振型为

$$
w(s) = s^2 (s-L)^2 \sum_{j=0}^{N} A_j s^j
\tag{3.87}
$$

式中:$A_j (j=0,1,2,\cdots,N)$——待定系数,其项数($N+1$)取得越多,求解的精度越高;但项数多,求解便更加困难。

为此,基于所研究问题的物理意义和应用背景,谐振子耦合振动的振型可以设为

$$
w(s) = s^2 (s-L)^2 (A_0 + A_1 s)
\tag{3.88}
$$

利用式(3.69)、式(3.70)、式(3.77)、式(3.88),可以得到半球壳谐振子耦合振动最低阶耦合振动角频率 ω_{b1} 的方程

$$\omega_{b1}^2 = \frac{-B - (B^2 - 4AC)^{0.5}}{2A} \tag{3.89}$$

$$A = 4(g_1 + e_1)(g_3 + e_3) - (g_2 + e_2)^2$$

$$B = 2f_2(g_2 + e_2) - 4f_1(g_3 + e_3) - 4f_3(g_1 + e_1)$$

$$C = 4f_1 f_3 - f_2^2$$

$$f_1 = \frac{12a}{35}$$

$$f_2 = f_3 = \frac{4a}{5}$$

$$g_1 = \frac{b}{231}$$

$$g_2 = g_3 = \frac{b}{630}$$

$$e_1 = S_1 d_1^2 + S_2 d_1 d_3 + S_3 d_3^2$$

$$e_2 = 2S_1 d_1 d_2 + S_2(d_2 d_3 + d_1 d_4) + 2S_3 d_3 d_4$$

$$e_3 = S_1 d_1^2 + S_2 d_2 d_4 + S_3 d_4^2$$

$$d_1 = L_b^3 L_t^2$$

$$d_2 = L_b^2 L_t^2 L$$

$$d_3 = L_b^2 L_t(3L_t - 2L_b)$$

$$d_4 = 2L_b L_t L(L_t - L_b)$$

下面给出针对熔凝石英制作的半球壳谐振子的算例,半球壳谐振子的有关参数同前。

表 3.5 所列是由式(3.89)计算图 3.18 中的 Ψ 型结构谐振子的一阶弯曲振动角频率 $\omega_{b1}(L_t = 35 \times 10^{-3} \text{ m})$ 对应的频率,表 3.6 所列为近似解析解与相应的表 3.4 所列出的有限元解的相对误差。

表 3.5　式(3.89)计算得到的 Ψ 型半球壳谐振子的最低阶耦合振动频率(一)(Hz)

$L_t = 35 \times 10^{-3} \text{ m}, h = 2 \times 10^{-3} \text{ m}$

$R_d/10^{-3}$ m	$L_b/10^{-3}$ m						
	10	15	20	25	30	35	40
4	3 559	3 398	3 273	3 142	3 022	2 916	2 819
5	5 514	5 242	5 027	4 808	4 604	4 420	4 247
6	7 860	7 434	7 094	6 753	6 435	6 142	5 858

表 3.6　Ψ 型半球壳谐振子最低阶耦合振动频率解析解与有限元解的相对误差(一)(%)

$L_t = 35 \times 10^{-3} \text{ m}, h = 2 \times 10^{-3} \text{ m}$

$R_d/10^{-3}$ m	$L_b/10^{-3}$ m						
	10	15	20	25	30	35	40
4	−6.88	0.83	5.18	6.96	7.62	7.85	7.75
5	−6.86	0.63	4.82	6.53	7.12	7.21	6.97
6	−6.83	0.46	4.48	6.08	6.58	6.58	6.15

为了进一步说明近似解析解的有效性,计算另一 Ψ 型半球壳谐振子模型。取半球壳壁厚 $h=1\times10^{-3}$ m,其他结构参数同上。

表 3.7 所列是由式(3.89)计算图 3.18 中的 Ψ 型结构谐振子的一阶弯曲振动角频率 $\omega_{b1}(L_t=35\times10^{-3}$ m)对应的频率值,表 3.8 所列是由有限元法计算相应的 Ψ 型结构谐振子的一阶弯曲振动频率,表 3.9 所列是近似解析解与相应的有限元解的相对误差。

通过计算分析,式(3.89)具有较好的计算准确性。

表 3.7　式(3.89)计算得到的 Ψ 型半球壳谐振子的最低阶耦合振动频率(二)(Hz)

$L_t=35\times10^{-3}$ m,$h=1\times10^{-3}$ m

$R_d/10^{-3}$ m	$L_b/10^{-3}$ m						
	10	15	20	25	30	35	40
4	4 959	4 698	4 491	4 282	4 088	3 910	3 739
5	7 623	7 165	6 797	6 435	6 097	5 778	5 466
6	10 766	10 031	9 437	8 865	8 329	7 818	7 316

表 3.8　有限元计算得到的 Ψ 型半球壳谐振子的最低阶耦合振动频率(Hz)

$L_t=35\times10^{-3}$ m,$h=1\times10^{-3}$ m

$R_d/10^{-3}$ m	$L_b/10^{-3}$ m						
	10	15	20	25	30	35	40
4	5 327	4 678	4 311	4 035	3 833	3 665	3 517
5	8 186	7 155	6 540	6 104	5 759	5 464	5 198
6	11 547	10 040	9 122	8 457	7 919	7 451	7 019

表 3.9　Ψ 型半球壳谐振子最低阶耦合振动频率解析解与有限元解的相对误差(二)(%)

$L_t=35\times10^{-3}$ m,$h=1\times10^{-3}$ m

$R_d/10^{-3}$ m	L_b10^{-3} m						
	10	15	20	25	30	35	40
4	−6.91	0.43	4.19	6.13	6.66	6.69	6.31
5	−6.88	0.14	3.93	5.43	5.87	5.75	5.16
6	−6.76	−0.09	3.45	4.83	5.18	4.93	4.23

3.7.4　半球壳谐振子环线方向振型的进动特性

半球壳不旋转时,其环线方向波数 n 的对数振型为式(3.52)。壳体如图 3.21 所示,当壳体以 $\boldsymbol{\Omega}=\boldsymbol{\Omega}_x+\boldsymbol{\Omega}_{yz}$ 绕惯性空间旋转时,半球壳绕中心轴旋转时产生的科氏效应使振型在环线方向发生位移(即振型的进动),这是其实现角信息测量的机理如图 3.22 所示。在旋转的空间,其振型可写为

$$\left.\begin{array}{l} u = u(\varphi)\cos n(\theta+\psi)\cos \omega t \\ v = v(\varphi)\sin n(\theta+\psi)\cos \omega t \\ w = w(\varphi)\cos n(\theta+\psi)\cos \omega t \end{array}\right\} \tag{3.90}$$

$$\psi = \int_{t_0}^{t} P \, \mathrm{d}t$$

式中:P——振型相对壳体的进动速度。

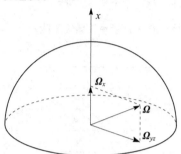

注:圆心和球心为坐标原点。

图 3.21　壳体以 $\boldsymbol{\Omega}=\boldsymbol{\Omega}_x+\boldsymbol{\Omega}_{yz}$ 绕惯性空间旋转

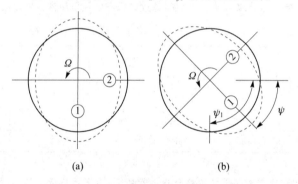

图 3.22　半球壳振型在环线方向进动

式(3.90)表明:当壳体以 Ω_x 绕中心轴转过 $\psi_1 = \int_{t_0}^{t}\Omega_x \mathrm{d}t$ 角时,从壳体上看环线方向振型,则以速度 P 沿 Ω_x 的反向转过 $\psi = \int_{t_0}^{t} P \mathrm{d}t$。当壳体以 Ω 旋转时,包括由 $\dfrac{\partial^2 u}{\partial t^2}$、$\dfrac{\partial^2 v}{\partial t^2}$、$\dfrac{\partial^2 w}{\partial t^2}$ 等引起的振动惯性力和由 Ω 引起的旋转惯性力在内的球壳的总惯性力 F 在虚位移 δV 下的虚功为

$$\delta T = \delta T_0 + \delta T(\Omega_x) + \delta T(\Omega_{yz}) + \delta T(\Omega) - \delta W(\Omega) \tag{3.91}$$

式中:δT_0——振动惯性力引起的虚功;

$\quad\delta W(\Omega)$——由 Ω 引起的初始弹性力的虚功;

$\quad\delta T(\Omega)$——由 Ω 引起的"纯外力"做的虚功中与 P 无关的项;

$\quad\delta T(\Omega_x)$、$\delta T(\Omega_{yz})$——分别由 Ω_x、Ω_{yz} 引起的"纯外力"做的虚功中与 P 有关的项。

经推导得

$$\delta T(\Omega_x) = \rho_m R^2 h \cos^2 \omega t \int_{\varphi_0}^{\varphi_F} n^2 P^2 \left[u(\varphi)\delta u + v(\varphi)\delta v + w(\varphi)\delta w \right] \sin\varphi \mathrm{d}\varphi +$$

$$2nP\Omega_x \int_{\varphi_0}^{\varphi_F} \left\{ \left[v(\varphi)\delta u + u(\varphi)\delta v \right]\cos\varphi + \left[v(\varphi)\delta w + w(\varphi)\delta v \right]\sin(\varphi) \right\}\sin\varphi\mathrm{d}\varphi$$

$$\tag{3.92}$$

$$\delta T_0 = \rho_m R^2 h \omega^2 \cos^2 \omega t \int_{\varphi_0}^{\varphi_F} \left[u(\varphi) \delta u + v(\varphi) \delta v + w(\varphi) \delta w \right] \sin \varphi \mathrm{d}\varphi \tag{3.93}$$

$$\delta T(\Omega_{yz}) = 0 \tag{3.94}$$

由虚功原理可得

$$\delta T + \delta W_0 = 0 \tag{3.95}$$

式中：δW_0——壳体不旋转时弹性力做的虚功。

结合式(3.91)～式(3.94)，式(3.95)可改写为

$$\delta T_0 + \delta T(\Omega_x) + \delta T(\Omega_{yz}) + \delta W = 0 \tag{3.96}$$

$$\delta W = \delta W_0 - \delta W(\Omega) + \delta T(\Omega) \tag{3.97}$$

由上述分析可知，对于半球壳某一振动模态 $[\omega,(u,v,w)]$，式(3.97)的 δW 是这一模态总弹性力的虚功，对应于振动弹性势能。而 δT_0 是这一模态振动惯性力的虚功，对应于振动动能。壳体的振型以 $\Omega_x - P$（或 Ω）旋转可以看作一种壳体的主振动，根据主振动能量保持不变的特性，可将式(3.96)写成如下两个独立方程

$$\delta T_0 + \delta W = 0 \tag{3.98}$$

$$\delta T(\Omega_x) + \delta T(\Omega_{yz}) = 0 \tag{3.99}$$

事实上，式(3.98)可以确定此时壳体的固有频率，而式(3.99)则可以确定振型的进动速率 P。由式(3.54)、式(3.92)、式(3.94)、式(3.99)可得

$$2G_x + nKG_P = 0 \tag{3.100}$$

$$K = \frac{P}{\Omega_x} = -\frac{2G_x}{nG_P} \tag{3.101}$$

$$G_x = \int_{\varphi_0}^{\varphi_F} \left[\sin 2\varphi\, v(\varphi) + \sin^2 \varphi\, w(\varphi) \right] \mathrm{d}\varphi + \sin^2 \varphi_F v(\varphi_F) \tag{3.102}$$

$$G_P = \int_{\varphi_0}^{\varphi_F} 2\sin \varphi\, v(\varphi) \mathrm{d}\varphi + \sin \varphi_F w(\varphi_F) \tag{3.103}$$

式中：K——振型在环线方向的进动因子。

将式(3.56)中 $v(\varphi)$、$w(\varphi)$ 的近似表达式代入式(3.101)～式(3.103)可得

$$K = \frac{2\left[\int_{\varphi_0}^{\varphi_F} (n - \cos \varphi) \sin^2 \varphi \tan^n \dfrac{\varphi}{2} \mathrm{d}\varphi - \sin^3 \varphi_F \tan^n \dfrac{\varphi_F}{2} \right]}{n\left[\int_{\varphi_0}^{\varphi_F} 2\sin^2 \varphi \tan^n \dfrac{\varphi}{2} \mathrm{d}\varphi - \sin \varphi_F (n + \cos \varphi_F) \tan^n \dfrac{\varphi_F}{2} \right]} \tag{3.104}$$

由上述分析可知，当半球壳体质量分布均匀时，其振型在环线方向的进动特性只与壳体绕其中心轴的角速率 Ω_x 有关，与角速度的垂直分量 Ω_{yz} 无关。这表明，由半球壳的上述特性构成的角信息传感器不存在交叉轴影响引起的误差。

由式(3.104)计算结果可知，当 $n=2、3、4$，进动因子 K 分别约为 0.3、0.08、0.03，显然 $n=2$ 的四波腹振动的振型进动效应最大。又由半球壳的振动特性可知，$n=2$ 的固有频率最低，即半球壳最容易谐振，故在实用中应选 $n=2$ 的振动模态。

表 3.10 所列是由式(3.104)计算得到的 K 值随 φ_0、φ_F 的变化规律（$n=2$）。

表 3.10　K 值随 φ_0、φ_F 的变化规律($n=2$)

$\varphi_F/(°)$	$\varphi_0/(°)$			
	0	5	10	15
84	0.310 81	0.310 84	0.311 83	0.314 14
87	0.306 97	0.307 09	0.307 93	0.310 09
90	0.297 82	0.297 94	0.298 72	0.300 72

3.7.5　旋转对半球壳谐振子频率特性和进动特性的影响

当半球壳谐振子旋转时,应考虑其由于旋转(见图 3.18)产生的对半球壳谐振子的频率特性的影响,也可由式(3.98)进行分析。

由式(3.98)的分析可知,对于半球壳某一振动模态 $[\omega,(u,v,w)]$,δT_0 是这一模态振动惯性力的虚功,相应于振动动能。δW 是这一模态总弹性力的虚功,相应于振动弹性势能。由式(3.97)知,δW 包括三部分:壳体不旋转时弹性力做的虚功 δW_0,由 Ω 引起的初始弹性力的虚功 $\delta W(\Omega)$,以及由 Ω 引起的"纯外力"做的虚功中与 P 无关的项 $\delta T(\Omega)$。

实际使用的半球壳谐振子,φ_0 较小,因此式(3.56)可以作为半球壳振型的近似解。

经推导可得

$$\delta W_0 = \pi \cos^2 \omega t \left[\int_{\varphi_0}^{\varphi_F} f_1(n,\varphi) \frac{Eh^3}{(1+\mu^2)R^2} d\varphi \right] C_1 \delta C_1 \tag{3.105}$$

$$f_1(n,\varphi) = \frac{n^2(n^2-1)^2}{3\sin^3\varphi} \tan^{2n} \frac{\varphi}{2}$$

$$\delta W(\Omega) = -\pi \cos^2 \omega t \left\{ \rho_m R^2 h \int_{\varphi_0}^{\varphi_F} [\Omega_x^2 f_2(n,\varphi) + \Omega_{yz}^2 f_3(n,\varphi)] d\varphi \right\} C_1 \delta C_1 \tag{3.106}$$

$$f_2(n,\varphi) = \left\{ (n+\cos\varphi)^2 (\sin^2\varphi + n^2)(\varphi\cos\varphi + \sin^2\varphi) + \right.$$

$$\left. \sin^4\varphi [\sin^2\varphi - 2n(n+\cos\varphi)] \right\} \tan^{2n} \frac{\varphi}{2}$$

$$f_3(n,\varphi) = \frac{1}{2} \left\{ (\sin^2\varphi + n^2)(n+\cos\varphi)^2 (\varphi\cos\varphi + 1 + \cos^2\varphi) + \right.$$

$$\left. \sin^2\varphi(1+\cos^2\varphi)[\sin^2\varphi - 2n(n+\cos\varphi)] \right\} \tan^{2n} \frac{\varphi}{2}$$

$$\delta T(\Omega) = \pi \rho_m R^2 h \cos^2 \omega t \left\{ \int_{\varphi_0}^{\varphi_F} [\Omega_x f_4(n,\varphi)P + \Omega_x^2 f_5(n,\varphi) + \Omega_{yz}^2 f_6(n,\varphi)] d\varphi \right\} C_1 \delta C_1$$

$$\tag{3.107}$$

$$f_4(n,\varphi) = -4n^2 \sin^3\varphi \tan^{2n} \frac{\varphi}{2}$$

$$f_5(n,\varphi) = (n^2+1)\sin^3\varphi \tan^{2n} \frac{\varphi}{2}$$

$$f_6(n,\varphi) = \frac{1}{2} [\sin^3\varphi(3+2n\cos\varphi + \cos^2\varphi) + (n+\cos\varphi)^2(1+\cos^2\varphi)] \sin\varphi \tan^{2n} \frac{\varphi}{2}$$

$$\delta T_0 = \pi \rho_m R^2 h \cos^2 \omega t \int_{\varphi_0}^{\varphi_F} (n^2 P^2 + \omega^2) f_7(n,\varphi) \mathrm{d}\varphi C_1 \delta C_1 \tag{3.108}$$

$$f_7(n,\varphi) = (\sin^2 \varphi + 2n \cos \varphi + n^2 + 1) \tan^{2n} \frac{\varphi}{2} \sin \varphi$$

将式(3.105)～(3.108)代入式(3.98),可得

$$\omega^2 = \frac{1}{m_0}(k_0 + \Omega_x^2 k_x + \Omega_{yz}^2 k_{yz} + \Omega_x P k_P) - n^2 P^2 \tag{3.109}$$

$$m_0 = h \int_{\varphi_0}^{\varphi_F} f_7(n,\varphi) \mathrm{d}\varphi$$

$$k_0 = \frac{Eh^3}{\rho(1+\mu^2)R^4} \int_{\varphi_0}^{\varphi_F} f_1(n,\varphi) \mathrm{d}\varphi$$

$$k_x = h \int_{\varphi_0}^{\varphi_F} \left[f_2(n,\varphi) - f_5(n,\varphi) \right] \mathrm{d}\varphi$$

$$k_{yz} = h \int_{\varphi_0}^{\varphi_F} \left[f_3(n,\varphi) - f_6(n,\varphi) \right] \mathrm{d}\varphi$$

$$k_P = -h \int_{\varphi_0}^{\varphi_F} f_4(n,\varphi) \mathrm{d}\varphi$$

式(3.109)即为考虑半球壳旋转时的谐振角频率的计算公式。当 $\Omega = 0$ 时,式(3.109)变为式(3.59)。

由式(3.109)可得:在一般条件下,Ω_x^2、Ω_{yz}^2 引起的半球壳谐振子固有角频率的相对变化率 σ_x、σ_{yz} 分别为

$$\sigma_x = \frac{\Delta \omega}{\omega} \bigg|_{\Omega_{yz}=0} = \frac{1}{2} \left(\frac{k_x + K k_P}{m_0} - n^2 K^2 \right) \frac{\Omega_x^2}{\omega_0^2} \tag{3.110}$$

$$\sigma_{yz} = \frac{\Delta \omega}{\omega} \bigg|_{\Omega_x=0} = \frac{k_{yz}}{2m_0} \cdot \frac{\Omega_{yz}^2}{\omega_0^2} \tag{3.111}$$

由式(3.110)、式(3.111)可以评估旋转角速度对半球壳谐振子固有角频率的影响规律,显然,由 Ω_x^2、Ω_{yz}^2 引起的半球壳谐振子固有角频率的相对变化率 σ_x、σ_{yz} 与 ω_0^2 成反比,即与材料的弹性模量 E、壁厚 h 的平方成反比,与材料的密度 ρ_m、半径 R 的四次方成正比。由于 Ω^2/ω_0^2 是小量,所以半球壳谐振子的固有角频率变化非常小。

表 3.11 所列是由有限元方程得到的半球壳振型,再利用式(3.101)～式(3.103)计算得到的进动因子 K 值($n=2$)以及半球壳在 $\Omega \to 0$ 到 $\Omega_x = \Omega_{yz} = 400°/\mathrm{s}$ 时的相对变化率 σ。由表 3.11 可知:当 $|\Omega| < 400°/\mathrm{s}$ 时,进动因子 K 的相对变化小于 10^{-6},即 K 具有很高的稳定性。

表 3.11　K 值在不同转动情况下的变化情况($n=2$)

(φ_0, φ_F)	$(0°, 90°)$	$(0°, 72°)$	$(15°, 90°)$	$(15°, 72°)$
$\Omega \to 0, K$	0.298 395 6	0.278 641 9	0.294 385 3	0.276 294 4
$\Omega_x = \Omega_{yz} = 400°/\mathrm{s}, K$	0.298 395 5	0.278 641 9	0.294 385 3	0.276 294 7
σ	-3.35×10^{-7}	0	0	1.09×10^{-6}

3.7.6　传感器的系统实现与输出信号

由上述描述半球谐振陀螺的测量原理可知,要构成半球谐振陀螺的闭环系统,首先要使半球谐振子在环线方向处于等幅的"自由谐振"状态。而实际中,谐振子振动时总存在着阻尼,要使其持续不断地振动,外界必须不断地对其补充能量,当激励力等效作用于谐振子振型的"瞬时"波腹上,且能量补充与振动合拍,就可以实现上述所说的谐振子的"自由谐振"。当然,这不是典型物理意义上的自由谐振,这里称之为"准自由谐振状态"。

依上述讨论,可给出图 3.23 所示的半球谐振陀螺闭环系统原理图。图中 C_1、S_1 为检测谐振子振型的位移传感器,增益均为 G_D;C_2、S_2 为作用于谐振子上的激励元件,对谐振子产生的同频率激励力的等效增益均为 G_F;设谐振子是均匀对称的,在环线各个方向具有相等的振幅,回路放大环节为 K_C、K_S,具有相等的幅值增益 G_K;C_1、C_2 位于壳体环线方向的同一点 θ_C;S_1、S_2 位于谐振子环线方向的同一点 θ_S,θ_C,θ_S 在环线方向相差 1/4 波数。即

$$\theta_S - \theta_C = \frac{\pi}{2n} \tag{3.112}$$

式中:n——切线方向波数。

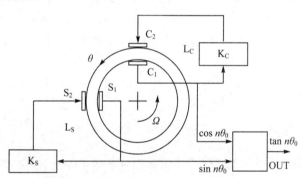

图 3.23　半球谐振陀螺闭环系统原理

处于自激状态的谐振子,其切线方向波数为 n 的法线方向的振型为

$$w(\theta,t) = W_0 \cos n(\theta - \theta_0) \cos \omega t \tag{3.113}$$

依上述假设 C_1、S_1 检测到的位移为

$$\left.\begin{array}{l} x_C(t) = G_D W_0 \cos(\theta_C - \theta_0) \cos \omega t \\ x_S(t) = G_D W_0 \cos(\theta_S - \theta_0) \cos \omega t \end{array}\right\} \tag{3.114}$$

信号 $x_C(t)$、$x_S(t)$ 经放大环节 $\overline{K}_C$、$\overline{K}_S$ 送到激励元件 C_2、S_2 产生的激励力分别为

$$\left.\begin{array}{l} F_C(t) = G_K G_F x_C(t) \delta(\theta - \theta_C) \\ F_S(t) = G_K G_F x_S(t) \delta(\theta - \theta_S) \end{array}\right\} \tag{3.115}$$

依叠加原理,在 $F_C(t)$、$F_S(t)$ 作用下,谐振子产生的振型正比于

$$\overline{w}(\theta,t) = G\Big\{ [\cos^2 n(\theta_C - \theta_0) + \cos^2 n(\theta_S - \theta_0)] \cos n(\theta - \theta_0) +$$

$$\sin n(\theta_S + \theta_C - 2\theta_0) \cos n(\theta_S - \theta_0) \sin n(\theta_C - \theta_0) \Big\} \cos \omega t \tag{3.116}$$

$$G = G_K G_F G_D W_0$$

将式(3.112)带入式(3.116)有

$$\overline{w}(\theta, t) = G\cos(\theta - \theta_0)\cos \omega t \tag{3.117}$$

于是在上述闭环控制下,系统可跟踪谐振子原有振型 $\cos(\theta - \theta_0)$,即可实现谐振子的"准自由谐振状态"。

图 3.20 所示的闭环系统,不失一般性,取 $\theta_C = 0, \theta_S = \dfrac{\pi}{2n}$,下面考虑两个不同的振动状态。

状态 I:环线方向振型为 $\cos n(\theta - \theta_0)\left(0 \leqslant n\theta_0 \leqslant \dfrac{\pi}{2}\right)$。由于壳体处于"准自由谐振状态",因此当半球壳谐振子绕惯性空间转过 ψ_1 角时,环线方向振型相对于半球壳转了 ψ 角,记为状态 II,环线方向振型为 $\cos n(\theta - \theta_0 - \psi)$(设 $0 \leqslant n(\theta_0 + \psi) \leqslant \dfrac{\pi}{2}$,否则可利用三角函数的性质和逻辑比较进行变换)。

对于状态 I,由 C_1、S_1 检测到的信号为

$$\left.\begin{array}{l} x_C(t) = G_D W_0 \cos n\theta_0 \cos \omega t = D_C \cos \omega t \\[2mm] x_S(t) = G_D W_0 \cos n\left(\dfrac{\pi}{2n} - \theta_0\right)\cos \omega t = D_S \cos \omega t \end{array}\right\} \tag{3.118}$$

式中: D_C、D_S——分别为信号 $x_C(t)$、$x_S(t)$ 的幅值。

由式(3.118)知,将 C_1、S_1 检测到的信号送到逻辑比较器和除法器可得

$$\left.\begin{array}{ll} \tan n\theta_0 = \dfrac{D_S}{D_C} & (D_S \leqslant D_C) \\[3mm] \cot n\theta_0 = \dfrac{D_C}{D_S} & (D_S > D_C) \end{array}\right\} \tag{3.119}$$

通过检测 $x_S(t)$、$x_C(t)$ 信号的幅值比可以求出 $n\theta_0$,于是确定了状态 I 的环线方向位置 θ_0,类似地可以确定状态 II 在环线方向的位置 $\theta_0 + \psi$。这样便可以确定状态 II 对状态 I 产生的环线方向振型的角位移 ψ。由相对谐振子振动的进动规律可知:壳体(谐振子)绕惯性空间转过的角位移 $\psi_1 = \dfrac{\psi}{K}$,所以通过闭环系统(见图 3.20)实现了测角,对 ψ_1 微分便可以实现角速度的测量。

图 3.20 所示的闭环系统是利用两个独立信号器和两个独立的激励元件实现的。在实际中,一方面为了提高测量精度,可配置多个信号器来拾取振动信号;另一方面为使谐振子处于理想的振动状态,仅出现所需要的环线方向波数 n 的振型,可配置多个激励元件。如对于常用的 $n = 2$ 的四波腹振动,可配置 8 个独立的信号器,16 个独立的激励元件。

基于图 1.18、图 1.19 所示的检测两路同频率周期信号幅值比的原理图,对于应用于半球谐振陀螺中的检测电路,除了第 1 章提出的应考虑的问题外,还应当考虑:

① 两路信号幅值大小的比较。目的是在测量解算 ψ 角时提高精度,已由式(3.119)反映出来。

② 2ψ 角的象限问题。可通过判断 $x_S(t)$、$x_C(t)$ 是同相还是反相以及 $x_S(t)$、$x_C(t)$ 上一次采样的状态来定。

③ 接近 $0°$、$45°$(0,$\frac{\pi}{4}$)等附近的信号处理问题。这时有一路信号的幅值非常小,必须采取一些智能化的信息处理措施,以权衡测量过程的精度与实时性。

3.8　谐振式硅微结构角速度传感器

3.8.1　硅电容式表面微结构陀螺

图 3.24 所示为一种结构对称并具有解耦特性的表面硅微结构陀螺的结构示意图。该敏感结构在其最外边的四个角设置了支承"锚"(即"支点"),并且通过支承梁将驱动电极和检测电极有机地连接在一起。由于两个振动模态的固有振动互不影响,故上述连接方式避免了机械耦合。此外,与常规的直接支承在"锚"上的实现方式不同,它利用一种对称结构将敏感质量块支承在连接梁上。

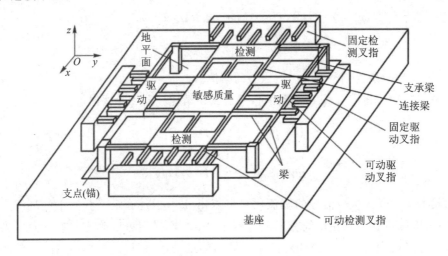

注:所设计的整体结构具有对称性,驱动模态与检测模态相互解耦,结构在 x 和 y 轴具有相同的谐振频率。

图 3.24　一种硅微结构陀螺的原理结构

硅微结构陀螺是利用科氏效应机理进行工作的。工作时,在敏感质量块上施加一直流偏置电压,在可动驱动叉指和固定驱动叉指间施加一适当的交流激励电压,从而使敏感质量块产生沿 y 轴方向的固有振动(驱动模态)。当陀螺感受到绕 z 轴的角速度时,由于科氏效应,敏感质量块将产生沿 x 轴的附加振动(检测模态)。通过测量上述附加振动的幅值就可以得到被测的角速度。

通常振动陀螺的驱动模态和检测模态是相互耦合的。由于采用了相互解耦的弹簧设计思路,该结构在很大程度上解决了上述问题。因该设计仍然保持了整体结构的对称性,故该硅微结构陀螺的灵敏度仍然较高。

图 3.25 所示为制造的硅微结构陀螺的 SEM 图,其平面外轮廓的结构参数为 1 mm^2,厚度为 2 μm。由于结构非常薄,驱动电极和检测电极的电容量约为 6.5 fF,这在一定程度上限制了其性能;但由于整体结构具有对称性,因此其性能仍然比较理想。

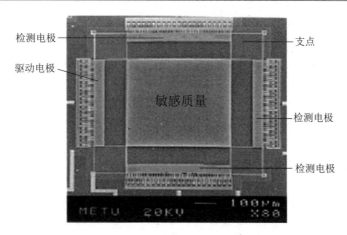

注:平面结构参数为 $1 \times 1 \ \mathrm{mm}^2$

图 3.25　硅微结构陀螺的 SEM 图

实测结果表明,在常规的大气情况下,敏感元件具有优于 0.37 °/s 的分辨力。若采取一些措施,减小寄生电容和空气阻尼,则分辨力可以进一步提高。如果采用更先进的加工手段,使膜片厚度增大,那么,敏感元件将具有更好的性能。另外,如果将整体敏感元件置于真空,则能够进一步提高陀螺的性能。

3.8.2　直接输出频率的谐振式硅微结构陀螺

图 3.26 所示为一种具有直接频率量输出能力的谐振式硅微结构陀螺的工作原理示意图。中心敏感质量块沿着 x 方向作简谐振动,其位移与速度分别描述为

$$x(t) = X_0 \sin \omega_x t \qquad (3.120)$$

$$v_x(t) = \omega_x X_0 \cos \omega_x t \qquad (3.121)$$

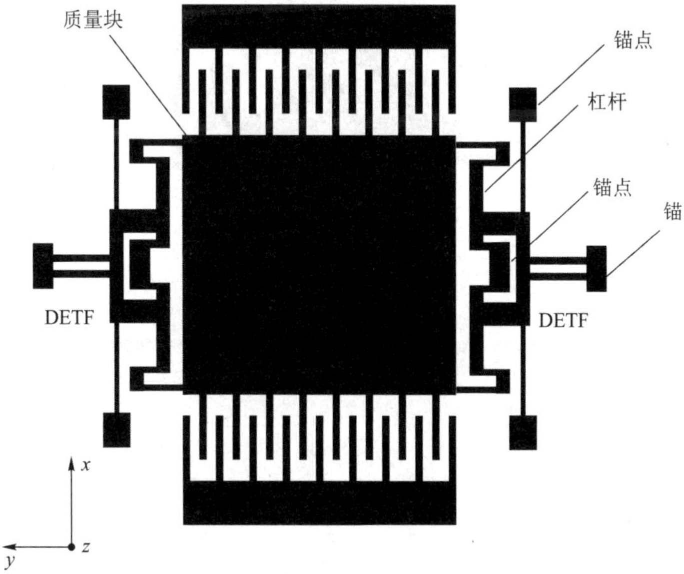

图 3.26　直接输出频率量的谐振式硅微结构陀螺原理

式中:X_0——敏感质量块在 x 方向振动的幅值(m);

ω_x——敏感质量块在 x 方向振动的角频率(rad/s)。

当有绕 z 方向的角速度时,x 方向上的简谐振动将感受 Goriolis 加速度,产生 y 方向的惯性力,该惯性力可以描述为

$$f_C(t) = 2m\Omega_z v_x = 2m\Omega_z \omega_x X_0 \cos \omega_x t \tag{3.122}$$

式中:Ω_z——敏感质量块绕 z 方向角速度(rad/s);

m——敏感质量块的质量(kg)。

通过外框结构和杠杆机构将该惯性力施加于两侧的谐振音叉的轴线方向,从而改变调谐音叉 DETF 的谐振频率。调谐音叉的谐振频率改变量反映了角速度的大小。

需要指出的是,由于加载于左右两个调谐音叉 DETF 上的惯性力是由作用于中心敏感质量块沿 x 方向的简谐振动引起的,该惯性力与上述简谐振动频率相同的简谐力。这与一般的以调谐音叉作为谐振敏感元件实现测量的传感器差别很大。音叉自身的谐振状态处于调制状态。其调制频率就是上述中心敏感质量块沿着 x 方向简谐振动的频率。为了准确解算出音叉的谐振频率,保证该谐振陀螺正常工作,要求音叉的谐振频率应远远高于上述简谐振动的频率。此外,左右两个调谐音叉 DETF 构成差动工作模式,这有利于提高谐振陀螺的灵敏度和抗干扰能力。

3.9　石墨烯谐振式角速度传感器

图 3.27 所示为一种采取复合敏感差动检测的石墨烯谐振梁式角速度传感器结构示意图。

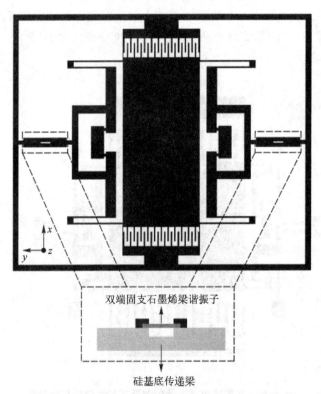

图 3.27　一种双石墨烯梁差动式角速度传感器结构

当把石墨烯谐振敏感结构看成双端固支梁弹性结构时,其工作原理与 3.8.2 介绍的直接输出频率的谐振式硅微结构陀螺一样,此不赘述。由于谐振子采用了石墨烯材料,其参数设计更加灵活,灵敏度变化范围更大。

思考题

3.1 谐振式惯性传感器是否可以实现开环检测方式? 为什么?

3.2 给出一种谐振式加速度传感器的敏感结构示意图,简要说明其测量原理。

3.3 简要说明图 3.3 所示的石英振梁式加速度传感器具有抑制温度影响的基本原理。

3.4 与传统的加速度传感器相比,简述谐振式硅微结构加速度传感器的主要特征。

3.5 讨论谐振式加速度传感器与谐振式角速度传感器在测量模型上的异同。

3.6 给出一种可同时对两个方向加速度进行测量的硅微结构谐振式加速度传感器的原理示意图,并进行简要说明。

3.7 图 3.9 所示的压电激励谐振式角速度传感器的闭环结构原理图,说明其采用双闭环回路的原因。

3.8 简要说明图 3.13 所示半球谐振陀螺的基本结构与工作原理。

3.9 半球谐振式角速度传感器为什么要实现"准自由谐振状态"? 如何实现这一状态?

3.10 针对图 3.18 所示的三种半球壳谐振敏感结构,从弹性系统抗耦合振动的角度考虑,分析它们的应用特点。

3.11 说明图 3.26 所示的直接输出频率量的谐振式硅微结构陀螺的工作原理,建立其数学模型,说明其工作特点。

3.12 研究表明,图 3.26 所示的直接输出频率量的谐振式硅微结构陀螺敏感谐振音叉 DETF 的固有振动频率应远远高于传感器敏感结构在 x 方向上的简谐振动的工作频率。试分析其原因。

3.13 给出一种可同时对两个方向角速度进行测量的谐振式硅微结构角速度传感器的原理示意图,并进行简要说明。

3.14 简要说明图 3.27 所示的石墨烯谐振式角速度传感器结构参数优化的过程。

3.15 谈谈你对图 3.27 所示的谐振式角速度传感器可以实现超高灵敏度测量的理解。

3.16 说明为什么图 3.27 所示的谐振式角速度传感器比图 3.26 所示的角速度传感器更易于实现信号解算的原因。

第4章 谐振式直接质量流量传感器

基本内容：

科氏效应

流体质量流量

流体密度

弹性测量管

U 形弹性测量管

相位/时间差测量

幅值比测量

双组分流体的测量

检测电路

闭环自激系统

质量流量传感器的分类

干扰因素及其抑止

4.1 概　　述

　　基于科里奥利效应(Coriolis effect)的谐振式直接质量流量计是一种同时可以直接测量流体介质的质量流量和密度的谐振式传感器，简称科氏质量流量计(Coriolis Mass Flowmeter，CMF)。它包括谐振式科氏直接质量流量传感器和相应的检测电路。谐振式科氏直接质量流量传感器简称科氏质量流量传感器，是科氏质量流量计的关键部分。科氏质量流量计的检测电路又称二次表，它在科氏质量流量计中也发挥着重要的作用，是其多功能化、智能化实现的技术平台。

　　科氏质量流量计的研发始于 20 世纪 50 年代初，起初由于未能很好解决流体在直线运动的同时还要处于旋转系的实用性技术难题，故一直未能达到工业推广应用阶段。直到 20 世纪 70 年代中期，美国的詹姆士·史密斯(James E. Smith)将流体引入到处于谐振状态的测量管中，发明了利用科氏效应将两种运动结合起来的谐振式直接质量流量传感器。1977 年美国的 Rosemount 公司成功研制世界上第一台科氏效应原理的质量流量计。之后，许多仪器仪表技术领域的企业对该流量计进行了研发。

　　科氏质量流量计技术含量高、难度大，涉及材料、力学、机械、电子、磁、控制、计算机等多学科领域；其性能优、附加值高、市场应用广泛且价值高，自问世后发展十分强劲。美国、德国、日本等国家都投入了大量的人力、物力、财力从事开发与应用工作。

　　国内对科氏质量流量计的研究始于 1987 年。已有多家企业能够生产不同型号、规格的高性能科氏质量流量计，主要技术指标已达到国外同期同类产品的水平。在管形多样化、规格系列化、现场适应性、稳定性等方面，也开展了很好的自主研究工作，取得了一些研究成果。

　　近年来,随着科学技术的发展与进步,基于科氏效应的直接质量流量计发展很快,相继出现了一些新的热点,如基于微机械电子系统的硅微结构科氏质量流量计,用于检测微流量;基于数字技术的智能化流量测试技术;基于高灵敏度检测的气体科氏质量流量计等。

4.2　基本工作原理

　　以双管式结构来说明谐振式科氏直接质量流量传感器的基本测量原理。图 4.1 所示为谐振式科氏直接质量流量传感器的谐振敏感元件结构的"拓扑模型"。它由三部分组成:一对平行的弹性测量管 T、T′;一个安置于"中心点"的弹性激励单元 K;一对关于中心点对称的测量元件 B、B′。

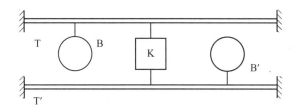

图 4.1　谐振式科氏直接质量流量传感器的拓扑模型

　　工作时,弹性激励单元使敏感元件处于一阶弯曲谐振状态,T、T′作互为反向的同步"弯曲主振动"(关于 K 对称,见图 4.2(a))。当质量流量流过振动的测量管时,所产生的"科氏效应"使 T、T′在上述"主振动"的基础上,产生二阶弯曲"副振动"(关于 K 反对称,见图 4.2(b))。由于上述科氏效应与测量管中流过的质量流量成比例,因此该"副振动"直接与所流过的"质量流量(kg/s)"成比例,通过 B、B′测量元件检测测量管的"合成振动"就可以直接得到流体的质量流量。这就是科氏质量流量传感器实现质量流量测量的基本工作原理。

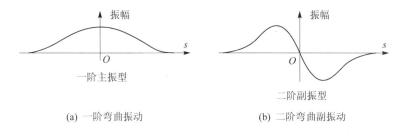

(a) 一阶弯曲振动　　　　　　　　　(b) 二阶弯曲副振动

图 4.2　谐振式科氏直接质量流量传感器一、二阶弯曲振动

　　当测量管充有流体时,传感器谐振敏感元件的整体质量与测量管内流体的质量密切相关,即谐振敏感元件的固有频率与测量管内流体的质量密切相关。由于测量过程中测量管的体积为常数,因此谐振敏感元件的固有频率与流体的密度密切相关,通过 B、B′测量元件检测到测量管的谐振频率就可以解算出所测流体的密度。考虑到系统同时获得了流体的质量流量与密度,故流体的体积流量也可以解算得到。利用所得到的流体的质量流量、体积流量,通过对时间的累计,就可以得到某一段时间内,流体的累计质量和累计体积量。

在实际应用中,需要对双组分流体进行测量。例如在原油开采中有大量的水,需要测量原油中水的含量和油的含量。当它们是物理不相容时,可以利用体积守恒与质量守恒解算出双组分各自的质量流量和体积流量,进一步可以解算出某一段时间内,双组分流体各自的累计质量和累计体积量。近年来,在流体罐装过程中,需要根据罐装流体的质量来控制阀门,实现批控功能。由于科氏质量流量计具有强大的信息处理能力,批控功能非常易于实现。

通过上述简要论述,科氏质量流量计中的传感器属于典型的谐振式传感器,科氏质量流量计已成为一种智能化程度非常高的仪器仪表。图 4.3 所示为描述科氏质量流量计智能化基本工作原理示意图。随着科学技术的不断发展与进步,科氏质量流量计的功能不断加强,针对用户个性化的应用模式也不断拓展。

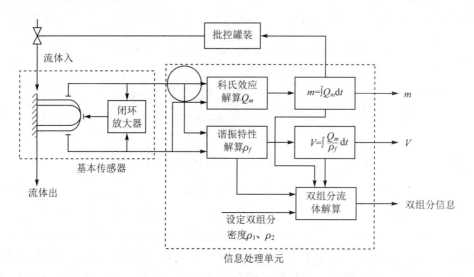

图 4.3　谐振式科氏直接质量流量计智能化工作原理

4.3　弹性测量管的固有振动

4.3.1　基本单元方程

图 4.4 所示为基于科氏效应的谐振式直接质量流量传感器应用的弹性敏感元件中的基本弹性测量管单元:直管单元与圆弧管单元的结构示意图。谐振式直接质量流量传感器的实际结构主要将这两种基本单元结构进行适当组合而制成的。对于任意结构,可近似看成若干直线形和圆弧形单元的组合。

如图 4.4 所示,h、R_T 分别为弹性测量管横截面的壁厚(m)和平均半径(m),R_C 为圆弧形弹性测量管的半径。

弹性测量管系统的振动包括两部分:弹性测量管面内类似于梁的弯曲振动和弹性测量管本身的扭转振动。对于圆弧形管单元,其所在平面的管单元在轴线方向、半径(面内次法线)方向、法线(面外主振动)方向的位移分别为 u、v、w;相应的坐标分别为 s、r、z;相应的动矢量为

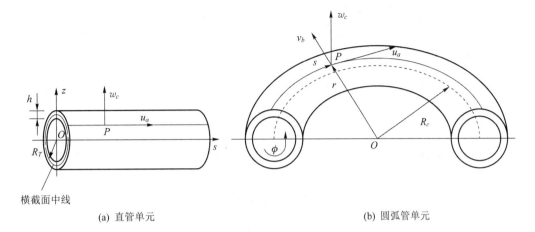

(a) 直管单元　　　　　　　　　　　　　　　　(b) 圆弧管单元

图 4.4　科氏质量流量传感器基本弹性测量管单元

e_s、e_r、e_z。于是，弹性管弯曲振动位移矢量可以描述为

$$\boldsymbol{V} = u\boldsymbol{e}_s + v\boldsymbol{e}_\theta + w\boldsymbol{e}_\rho \tag{4.1}$$

当圆弧形测量管处于弯曲振动时，测量管中面伴随有旋转角位移 ϕ；因此圆弧形测量管沿着法线方向（e_z）有附加位移 $R\phi\cos\alpha$，因此，弹性测量管总的振动位移矢量为

$$\boldsymbol{V}_{\mathrm{T}} = u\boldsymbol{e}_s + v\boldsymbol{e}_\theta + (w + R\phi\cos\alpha)\boldsymbol{e}_\rho \tag{4.2}$$

式中：R——测量管横截面内的半径坐标，取值范围为 $\left(R_{\mathrm{T}} - \dfrac{h}{2}, R_{\mathrm{T}} + \dfrac{h}{2}\right)$。

圆弧形测量管沿着轴线方向的正应变为

$$\varepsilon_s = -z\left(\frac{\partial^2 w}{\partial s^2} + \frac{\phi}{R_{\mathrm{C}}}\right) \tag{4.3}$$

在圆弧形测量管的横截面有扭转运动，轴线方向与圆周方向的剪应变为

$$\varepsilon_{sa} = R\left(\frac{\partial \phi}{\partial s} - \frac{\partial w}{R_{\mathrm{C}}\partial s}\right) \tag{4.4}$$

式中：α——测量管横截面内的角度坐标，取值范围为 $(0, 2\pi)$。

圆弧形弹性测量管的应力为

$$\left. \begin{aligned} \sigma_s &= E\varepsilon_s = -Ez\left(\frac{\partial^2 w}{\partial s^2} + \frac{\phi}{R_{\mathrm{C}}}\right) \\ \sigma_{sa} &= \frac{E\varepsilon_{sa}}{2(1+\mu)} = \frac{ER}{2(1+\mu)}\left(\frac{\partial \phi}{\partial s} - \frac{\partial w}{R_{\mathrm{C}}\partial s}\right) \end{aligned} \right\} \tag{4.5}$$

圆弧形弹性测量管的弹性势能为

$$\begin{aligned} U &= \frac{1}{2}\iiint_V (\sigma_s\varepsilon_s + \sigma_{sa}\varepsilon_{sa})\,\mathrm{d}V = \\ &\quad \frac{E}{2}\iiint_V \left\{ \left(\frac{\partial^2 w}{\partial s^2} + \frac{\phi}{R_{\mathrm{C}}}\right)^2 z^2 + \frac{1}{2(1+\mu)}\left(\frac{\partial \phi}{\partial s} - \frac{\partial w}{R_{\mathrm{C}}\partial s}\right)^2 R^2 \right\}\mathrm{d}V \end{aligned} \tag{4.6}$$

考虑到：$z = R\sin\alpha$，$\mathrm{d}V = R\,\mathrm{d}R\,\mathrm{d}\alpha\,\mathrm{d}s$，由式（4.6）可以推导出

$$U = \frac{\pi E R_T (4R_T^2 + h^2) h}{8} \int_{S_1}^{S_2} \left\{ \left(\frac{\partial^2 w}{\partial s^2} + \frac{\phi}{R_C} \right)^2 + \frac{1}{1+\mu} \left(\frac{\partial \phi}{\partial s} - \frac{\partial w}{R_C \partial s} \right)^2 \right\} ds \quad (4.7)$$

圆弧形弹性测量管的动能为

$$T = \frac{1}{2} \iiint_V \left(\frac{\mathrm{d}\boldsymbol{V}_T}{\mathrm{d}t} \right) \cdot \left(\frac{\mathrm{d}\boldsymbol{V}_T}{\mathrm{d}t} \right) \rho_m \mathrm{d}V =$$

$$\frac{\pi \rho_m R_T h}{2} \int_{S_1}^{S_2} \left[\frac{4R_T^2 + h^2}{4} \left(\frac{\partial^2 w}{\partial s \partial t} \right)^2 + 2 \left(\frac{\partial w}{\partial t} \right)^2 + \frac{4R_T^2 + h^2}{2} \left(\frac{\partial \phi}{\partial t} \right)^2 \right] ds \quad (4.8)$$

圆弧形弹性测量管的法线方向位移和旋转角位移可以描述为

$$\left. \begin{array}{c} w = w(s) \cos \omega t \\ \phi = \phi(s) \cos \omega t \end{array} \right\} \quad (4.9)$$

将式(4.9)代入到式(4.7)、式(4.8)中,有

$$U = \frac{\pi E R_T (4R_T^2 + h^2) h \cos^2 \omega t}{8} \int_{S_1}^{S_2} \left\{ \left[\frac{\partial^2 w(s)}{\partial s^2} + \frac{\phi(s)}{R_C} \right]^2 + \frac{1}{1+\mu} \left[\frac{\partial \phi(s)}{\partial s} - \frac{\partial w(s)}{R_C \partial s} \right]^2 \right\} ds$$

$$(4.10)$$

$$T = \frac{\pi \rho_m R_T h \omega^2 \sin^2 \omega t}{2} \int_{S_1}^{S_2} \left\{ \frac{4R_T^2 + h^2}{4} \left[\frac{\partial w(s)}{\partial s} \right]^2 + 2 [w(s)]^2 + \frac{4R_T^2 + h^2}{2} [\phi(s)]^2 \right\} ds$$

$$(4.11)$$

　　基于上述分析,沿着弹性测量管的轴线方向划分单元,如图 4.5 所示,共分 N 个单元,第 i 个单元对应着第 i 个节点 s_i 和第 $i+1$ 个节点 s_{i+1},引入量纲为一的长度 $x = (s-s_i)/l - 1$, $l = 0.5(s_{i+1} - s_i)$,即 $s \in [s_i, s_{i+1}]$ 对应着 $x \in [-1, 1]$。在第 i 个单元,对 $\boldsymbol{V}(s) = [w(s) \quad \phi(s)]^T$ 引入 Hermite 插值,有

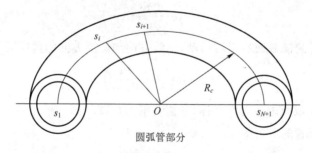

圆弧管部分

图 4.5　圆弧形弹性测量管沿轴线方向划分单元

$$\boldsymbol{V}_i(s) = \boldsymbol{XGCa}_i = \boldsymbol{XAa}_i \quad (4.12)$$

$$\boldsymbol{X} = \begin{bmatrix} \boldsymbol{X}_2^{(0)} & 0 \\ 0 & \boldsymbol{X}_1^{(0)} \end{bmatrix}_{2 \times 10}$$

$$\boldsymbol{X}_1^{(0)} = \begin{bmatrix} 1 & x & x^2 & x^3 \end{bmatrix}$$

$$\boldsymbol{X}_2^{(0)} = \begin{bmatrix} 1 & x & x^2 & x^3 & x^4 & x^5 \end{bmatrix}$$

$$\boldsymbol{G} = \begin{bmatrix} \boldsymbol{G}_2 & 0 \\ 0 & \boldsymbol{G}_1 \end{bmatrix}_{10 \times 10}$$

$$\boldsymbol{G}_1 = \frac{1}{4} \begin{bmatrix} 2 & 1 & 2 & -1 \\ -3 & -1 & 3 & -1 \\ 0 & -1 & 0 & 1 \\ 1 & 1 & -1 & 1 \end{bmatrix}$$

$$\boldsymbol{G}_2 = \frac{1}{16} \begin{bmatrix} 8 & 5 & 1 & 8 & -5 & 1 \\ -15 & -7 & -1 & 15 & -7 & 1 \\ 0 & -6 & -2 & 0 & 6 & -2 \\ 10 & 10 & 2 & -10 & 10 & -2 \\ 0 & 1 & 1 & 0 & -1 & 1 \\ -3 & -3 & -1 & 3 & -3 & 1 \end{bmatrix}$$

$$\boldsymbol{A} = \boldsymbol{GC}$$

$$\boldsymbol{C} = \begin{bmatrix} 1 & 0 & 0 & 0 & 0 & 0 & 0 & 0 & 0 & 0 \\ 0 & 0 & l & 0 & 0 & 0 & 0 & 0 & 0 & 0 \\ 0 & 0 & 0 & 0 & l^2 & 0 & 0 & 0 & 0 & 0 \\ 0 & 0 & 0 & 0 & 1 & 0 & 0 & 0 & 0 & 0 \\ 0 & 0 & 0 & 0 & 0 & 0 & 0 & 1 & 0 & 0 \\ 0 & 0 & 0 & 0 & 0 & 0 & 0 & 0 & 0 & l^2 \\ 0 & 1 & 0 & 0 & 0 & 0 & 0 & 0 & 0 & 0 \\ 0 & 0 & 0 & l & 0 & 0 & 0 & 0 & 0 & 0 \\ 0 & 0 & 0 & 0 & 0 & 0 & l & 0 & 0 & 0 \\ 0 & 0 & 0 & 0 & 0 & 0 & 0 & 0 & l & 0 \end{bmatrix}_{10 \times 10}$$

$$\boldsymbol{a}_i = \begin{bmatrix} w(-1) & \phi(-1) & w'(-1) & \phi'(-1) & w''(-1) \\ w(+1) & \phi(+1) & w'(+1) & \phi'(+1) & w''(+1) \end{bmatrix}^{\mathrm{T}}$$

由式(4.10)~式(4.12),可以得到 $s \in [s_i, s_{i+1}]$ 的单元弹性势能和动能

$$U^i = \frac{\pi E R_T (4R_T^2 + h^2) h l \cos^2 \omega t}{8} \int_{-1}^{+1} \boldsymbol{a}_i^{\mathrm{T}} \boldsymbol{A}^{\mathrm{T}} (\boldsymbol{B}_1^{\mathrm{T}} \boldsymbol{I}_1 \boldsymbol{B}_1 + \boldsymbol{B}_2^{\mathrm{T}} \boldsymbol{I}_2 \boldsymbol{B}_2) \boldsymbol{A} \boldsymbol{a}_i \, \mathrm{d}x \quad (4.13)$$

$$\boldsymbol{B}_1 = \begin{bmatrix} \boldsymbol{X}_2^{(2)} & 0 \\ 0 & \boldsymbol{X}_1^{(0)} \end{bmatrix}_{2 \times 10}$$

$$\boldsymbol{I}_1 = \begin{bmatrix} \dfrac{1}{l^4} & \dfrac{1}{l^2 R_C} \\ \dfrac{1}{l^2 R_C} & \dfrac{1}{R_C^2} \end{bmatrix}$$

$$\boldsymbol{B}_2 = \begin{bmatrix} \boldsymbol{X}_2^{(1)} & 0 \\ 0 & \boldsymbol{X}_1^{(1)} \end{bmatrix}_{2 \times 10}$$

$$\boldsymbol{I}_2 = \frac{1}{(1+\mu)l^2} \begin{bmatrix} \dfrac{1}{R_C^2} & \dfrac{-1}{R_C} \\ \dfrac{-1}{R_C} & 1 \end{bmatrix}$$

$$T^{i} = \frac{\pi \rho_{m} R_{T} h l \omega^{2} \sin^{2} \omega t}{2} \int_{-1}^{+1} \boldsymbol{a}_{i}^{\mathrm{T}} \boldsymbol{A}^{\mathrm{T}} (\boldsymbol{H}_{1}^{\mathrm{T}} \boldsymbol{J}_{1} \boldsymbol{H}_{1} + \boldsymbol{X}^{\mathrm{T}} \boldsymbol{J}_{2} \boldsymbol{X}) \boldsymbol{A} \boldsymbol{a}_{i} \mathrm{d}x \tag{4.14}$$

$$\boldsymbol{H}_{1} = \begin{bmatrix} \boldsymbol{X}_{2}^{(1)} & 0 \\ 0 & 0 \end{bmatrix}_{2 \times 10}$$

$$\boldsymbol{J}_{1} = \begin{bmatrix} \dfrac{4R_{T}^{2}+h^{2}}{4l^{2}} & 0 \\ 0 & 0 \end{bmatrix}$$

$$\boldsymbol{J}_{2} = \begin{bmatrix} 2 & 0 \\ 0 & \dfrac{4R_{T}^{2}+h^{2}}{2} \end{bmatrix}$$

于是,单元刚度矩阵与单元质量矩阵分别为

$$\boldsymbol{K}^{(i)} = \frac{\pi E R_{T} (4R_{T}^{2}+h^{2}) h l}{4} \int_{-1}^{+1} \boldsymbol{a}_{i}^{\mathrm{T}} \boldsymbol{A}^{\mathrm{T}} (\boldsymbol{B}_{1}^{\mathrm{T}} \boldsymbol{I}_{1} \boldsymbol{B}_{1} + \boldsymbol{B}_{2}^{\mathrm{T}} \boldsymbol{I}_{2} \boldsymbol{B}_{2}) \boldsymbol{A} \boldsymbol{a}_{i} \mathrm{d}x \tag{4.15}$$

$$\boldsymbol{M}^{(i)} = \pi \rho_{m} R_{T} h l \int_{-1}^{+1} \boldsymbol{a}_{i}^{\mathrm{T}} \boldsymbol{A}^{\mathrm{T}} (\boldsymbol{H}_{1}^{\mathrm{T}} \boldsymbol{J}_{1} \boldsymbol{H}_{1} + \boldsymbol{X}^{\mathrm{T}} \boldsymbol{J}_{2} \boldsymbol{X}) \boldsymbol{A} \boldsymbol{a}_{i} \mathrm{d}x \tag{4.16}$$

4.3.2 流体速度的影响

基于式(4.1)描述的弹性管的位移,可以导出弹性管中的流体的速度

$$\boldsymbol{v}_{\mathrm{abs}} = \frac{\mathrm{d}\boldsymbol{V}}{\mathrm{d}t} = \frac{\partial \boldsymbol{V}}{\partial s} \cdot \frac{\partial s}{\partial t} + \frac{\partial \boldsymbol{V}}{\partial t} = \frac{\partial \boldsymbol{V}}{\partial s} v_{\mathrm{re}} + \frac{\partial \boldsymbol{V}}{\partial t} = \frac{\partial \boldsymbol{V}}{\partial s} v_{f} + \frac{\partial \boldsymbol{V}}{\partial t} \tag{4.17}$$

式中: v_{f} ——流体在管内的速度。

式(4.17)中的下标"abs""re"分别代表弹性测量管系统中的流体的绝对速度和流体在管中的相对速度。

弹性测量管系统内部流体引起的动能为

$$T_{f}^{\mathrm{T}} = \frac{1}{2} \iiint_{V_{f}} (\boldsymbol{v}_{\mathrm{abs}}) \cdot (\boldsymbol{v}_{\mathrm{abs}}) \rho_{f} \mathrm{d}V_{f} = \frac{1}{2} \iiint_{V_{f}} \left(\frac{\partial \boldsymbol{V}}{\partial s} v_{f} + \frac{\partial \boldsymbol{V}}{\partial t} \right) \cdot \left(\frac{\partial \boldsymbol{V}}{\partial s} v_{f} + \frac{\partial \boldsymbol{V}}{\partial t} \right) \rho_{f} \mathrm{d}V_{f} =$$

$$\frac{1}{2} \iiint_{V_{f}} \rho_{f} \left\{ z^{2} \left[\left(\frac{\partial^{2} w}{\partial s^{2}} + \frac{\phi}{R_{\mathrm{C}}} \right) v_{f} + \frac{\partial^{2} w}{\partial s \partial t} \right]^{2} + z^{2} \left[\left(\frac{\partial w}{R_{\mathrm{C}} \partial s} - \frac{\partial \phi}{\partial s} \right) v_{f} - \frac{\partial \phi}{\partial t} \right]^{2} + \left(\frac{\partial w}{\partial s} v_{f} + \frac{\partial w}{\partial t} \right) \right\} \mathrm{d}V_{f}$$

$$\tag{4.18}$$

结合式(4.9), $z = R \sin \alpha$, $\mathrm{d}V_{f} = R \mathrm{d}R \mathrm{d}\alpha \mathrm{d}s$, $R \in (0, R_{h})$, ($R_{f} = R_{T} - 0.5h$,为弹性管横截面的内半径)。由式(4.18)可以推导出

$$T_{f}^{\mathrm{T}} = \frac{\pi \rho_{f} R_{f}^{4}}{8} \int_{s_{1}}^{s_{2}} \left\{ v_{f}^{2} \left[\frac{\partial^{2} w(s)}{\partial s^{2}} + \frac{\phi(s)}{R_{\mathrm{C}}} \right]^{2} \cos^{2} \omega t + \omega^{2} \left[\frac{\partial w(s)}{\partial s} \right]^{2} \sin^{2} \omega t - \right.$$

$$\left. 2 \omega \rho_{f} \left[\frac{\partial^{2} w(s)}{\partial s^{2}} + \frac{\phi(s)}{R_{\mathrm{C}}} \right] \frac{\partial w(s)}{\partial s} \cos \omega t \sin \omega t \right\} \mathrm{d}s +$$

$$\frac{\pi \rho_{f} R_{f}^{4}}{8} \int_{s_{1}}^{s_{2}} \left\{ v_{f}^{2} \left[\frac{\partial w(s)}{R_{\mathrm{C}} \partial s} - \frac{\partial \phi(s)}{\partial s} \right]^{2} \cos^{2} \omega t + \omega^{2} \left[\phi(s) \right]^{2} \sin^{2} \omega t \right\} \mathrm{d}s +$$

$$2\omega v_f \phi(s) \left[\frac{\partial w(s)}{R_C \partial s} + \frac{\partial \phi(s)}{\partial s} \right] \cos \omega t \sin \omega t \right\} \mathrm{d}s + \frac{\pi \rho_f R_f^2}{2} \int_{s_1}^{s_2} \left\{ v_f^2 \left[\frac{\partial w(s)}{\partial s} \right]^2 \cos^2 \omega t + \right.$$

$$\left. \omega^2 \left[w(s) \right]^2 \sin^2 \omega t - 2\omega v_f \frac{\partial w(s)}{\partial s} w(s) \cos \omega t \sin \omega t \right\} \mathrm{d}s \tag{4.19}$$

根据式(4.19)中各项的物理意义可知:与固有角频率 ω 不相关的项应归属于弹性测量管系统的弹性势能;与固有角频率的平方项 ω^2 直接相关的项应归属于弹性测量管系统的动能;而含有交叉耦合项 $2\omega v_f$ 的项,就是科氏效应引起的惯性力做的功,它将引起弹性测量管系统附加的扭转副振动。在科氏质量流量传感器的应用范围内,可以不考虑科氏惯性力对弹性测量管系统固有频率的影响,其对弹性测量管系统引起的扭转副振动响应的分析见 4.4 节。

因此,弹性测量管内流体速度引起的附加弹性势能为

$$U_f = \frac{\pi \rho_f R_f^2 v_f^2 \cos^2 \omega t}{2} \int_{s_1}^{s_2} \left\{ \frac{R_f^2}{4} \left[\frac{\partial^2 w(s)}{\partial s^2} + \frac{\phi(s)}{R_C} \right]^2 + \frac{R_f^2}{4} \left[\frac{\partial w(s)}{R_C \partial s} - \frac{\partial \phi(s)}{\partial s} \right]^2 + \left[\frac{\partial w(s)}{\partial s} \right]^2 \right\} \mathrm{d}s \tag{4.20}$$

弹性测量管内流体速度引起的附加动能为

$$T_f = \frac{\pi \rho_f R_f^2 \omega^2 \sin^2 \omega t}{2} \int_{s_1}^{s_2} \left\{ \frac{R_f^2}{4} \left[\frac{\partial w(s)}{\partial s} \right]^2 + \frac{R_f^2}{4} \left[\phi(s) \right]^2 + \left[w(s) \right]^2 \right\} \mathrm{d}s \tag{4.21}$$

由式(4.20)、式(4.21),可以得到 $s \in [s_i, s_{i+1}]$,由流体速度引起的弹性测量管单元的附加弹性势能和动能分别为

$$U_f^{(i)} = \frac{\pi \rho_f R_f^2 v_f^2 l \cos^2 \omega t}{2} \int_{-1}^{+1} \boldsymbol{a}_i^{\mathrm{T}} \boldsymbol{A}^{\mathrm{T}} (\boldsymbol{B}_1^{\mathrm{T}} \boldsymbol{I}_{f1} \boldsymbol{B}_1 + \boldsymbol{B}_2^{\mathrm{T}} \boldsymbol{I}_{f2} \boldsymbol{B}_2) \boldsymbol{A} \boldsymbol{a}_i \mathrm{d}x \tag{4.22}$$

$$\boldsymbol{I}_{f1} = R_f^2 \boldsymbol{I}_1$$

$$\boldsymbol{I}_{f2} = \begin{bmatrix} \dfrac{R_f^2}{l^2 R_C^2} + \dfrac{4}{l^2} & \dfrac{-R_f^2}{l^2 R_C} \\ \dfrac{-R_f^2}{l^2 R_C} & \dfrac{R_f^2}{l^2} \end{bmatrix}$$

$$T_f^{(i)} = \frac{\pi \rho_f R_f^2 l \omega^2 \sin^2 \omega t}{2} \int_{-1}^{+1} \boldsymbol{a}_i^{\mathrm{T}} \boldsymbol{A}^{\mathrm{T}} (\boldsymbol{H}_1^{\mathrm{T}} \boldsymbol{J}_{f1} \boldsymbol{H}_1 + \boldsymbol{X}^{\mathrm{T}} \boldsymbol{J}_{f2} \boldsymbol{X}) \boldsymbol{A} \boldsymbol{a}_i \mathrm{d}x \tag{4.23}$$

$$\boldsymbol{J}_{f1} = \begin{bmatrix} \dfrac{R_f^2}{4l^2} & 0 \\ 0 & 0 \end{bmatrix}$$

$$\boldsymbol{J}_{f2} = \begin{bmatrix} 1 & 0 \\ 0 & \dfrac{R_f^2}{4} \end{bmatrix}$$

于是,流体速度引起的弹性测量管单元的附加刚度矩阵与附加质量矩阵分别为

$$\boldsymbol{K}_f^{(i)} = -\pi \rho_f R_f^2 v_f^2 l \int_{-1}^{+1} \boldsymbol{a}_i^{\mathrm{T}} \boldsymbol{A}^{\mathrm{T}} (\boldsymbol{B}_1^{\mathrm{T}} \boldsymbol{I}_{f1} \boldsymbol{B}_1 + \boldsymbol{B}_2^{\mathrm{T}} \boldsymbol{I}_{f2} \boldsymbol{B}_2) \boldsymbol{A} \boldsymbol{a}_i \mathrm{d}x \tag{4.24}$$

$$\boldsymbol{M}_f^{(i)} = \pi \rho_f R_f^2 l \int_{-1}^{+1} \boldsymbol{a}_i^{\mathrm{T}} \boldsymbol{A}^{\mathrm{T}} (\boldsymbol{H}_1^{\mathrm{T}} \boldsymbol{J}_{f1} \boldsymbol{H}_1 + \boldsymbol{X}^{\mathrm{T}} \boldsymbol{J}_{f2} \boldsymbol{X}) \boldsymbol{A} \boldsymbol{a}_i \mathrm{d}x \tag{4.25}$$

4.3.3　流体内部压力的影响

管内流体内压相当于对弹性测量管在轴线方向的初始应力,可引起弹性测量管的初始弹性势能

$$U_p = -\frac{1}{2} \iiint\limits_{V} \sigma_s^0 \left(\frac{\partial \boldsymbol{V}_{\mathrm{T}}}{\partial s}\right) \cdot \left(\frac{\partial \boldsymbol{V}_{\mathrm{T}}}{\partial s}\right) \mathrm{d}V \tag{4.26}$$

$$\sigma_s^0 = \frac{pR_{\mathrm{T}}}{2h} \tag{4.27}$$

式中:p—— 管内内压与当地大气压之差。

当考虑流体流过弹性测量管系统的压力损失时,管内内压是弹性管轴线坐标的函数。

考虑到 $z = R\sin\alpha$,$\mathrm{d}V = R\mathrm{d}R\mathrm{d}\alpha\mathrm{d}s$,由式(4.9)、式(4.26)、式(4.27),可以推导出由流体内压引起的弹性测量管的附加弹性势能

$$U_p = -\frac{R_{\mathrm{T}}}{4h} \iiint\limits_{V} p \left[z^2 \left(\frac{\partial^2 w}{\partial s^2} + \frac{\phi}{R_{\mathrm{C}}}\right)^2 + z^2 \left(\frac{\partial w}{R_{\mathrm{C}}\partial s} - \frac{\partial \phi}{\partial s}\right)^2 + \left(\frac{\partial w}{\partial s} + \frac{R\partial\phi}{\partial s}\cos\alpha\right)^2 \right] \mathrm{d}V = $$

$$-\frac{\pi R_{\mathrm{T}}^2(4R_{\mathrm{T}}^2 + h^2)\cos^2\omega t}{16} \int_{s_1}^{s_2} p \left\{ \left[\frac{\partial^2 w(s)}{\partial s^2} + \frac{\phi(s)}{R_{\mathrm{C}}}\right]^2 + \left[\frac{\partial w(s)}{R_{\mathrm{C}}\partial s} - \frac{\partial\phi(s)}{\partial s}\right]^2 + \right.$$

$$\left. \left[\frac{\partial\phi(s)}{\partial s}\right]^2 + \frac{8}{4R_{\mathrm{T}}^2 + h^2}\left[\frac{\partial w(s)}{\partial s}\right]^2 \right\} \mathrm{d}s \tag{4.28}$$

由式(4.28),可以得到 $s \in [s_i, s_{i+1}]$。由流体内压引起的弹性测量管的附加弹性势能为

$$U_p^{(i)} = -\frac{\pi R_{\mathrm{T}}^2(4R_{\mathrm{T}}^2 + h^2)l\cos^2\omega t}{16} \int_{-1}^{+1} p\boldsymbol{a}_i^{\mathrm{T}}\boldsymbol{A}^{\mathrm{T}}(\boldsymbol{B}_1^{\mathrm{T}}\boldsymbol{I}_{p1}\boldsymbol{B}_1 + \boldsymbol{B}_2^{\mathrm{T}}\boldsymbol{I}_{p2}\boldsymbol{B}_2)\boldsymbol{A}\boldsymbol{a}_i\mathrm{d}x \tag{4.29}$$

$$\boldsymbol{I}_{p1} = \frac{1}{2}\boldsymbol{I}_1$$

$$\boldsymbol{I}_{p2} = \frac{1}{l^2} \begin{bmatrix} \dfrac{1}{R_{\mathrm{C}}^2} + \dfrac{8}{4R_{\mathrm{T}}^2 + h^2} & \dfrac{-1}{R_{\mathrm{C}}} \\ \dfrac{-1}{R_{\mathrm{C}}} & 2 \end{bmatrix}$$

于是,流体内压引起的附加单元刚度矩阵为

$$\boldsymbol{K}_p^{(i)} = \frac{\pi R_{\mathrm{T}}^2(4R_{\mathrm{T}}^2 + h^2)l}{8} \int_{-1}^{+1} p\boldsymbol{a}_i^{\mathrm{T}}\boldsymbol{A}^{\mathrm{T}}(\boldsymbol{B}_1^{\mathrm{T}}\boldsymbol{I}_{p1}\boldsymbol{B}_1 + \boldsymbol{B}_2^{\mathrm{T}}\boldsymbol{I}_{p2}\boldsymbol{B}_2)\boldsymbol{A}\boldsymbol{a}_i\mathrm{d}x \tag{4.30}$$

4.3.4　弹性测量管系统固有振动的有限元方程

由式(4.15)、式(4.24)、式(4.30)可以得到在综合考虑弹性测量管系统流体速度、流体内压的情况下,弹性测量管系统总的单元刚度矩阵为

$$\boldsymbol{K}_{\mathrm{T}}^{(i)} = \boldsymbol{K}^{(i)} + \boldsymbol{K}_f^{(i)} + \boldsymbol{K}_p^{(i)} \tag{4.31}$$

由式(4.16)、式(4.25)可以得到在考虑弹性测量管系统流体速度情况下,弹性测量管系统总的单元质量矩阵为

$$\boldsymbol{M}_{\mathrm{T}}^{(i)} = \boldsymbol{M}^{(i)} + \boldsymbol{M}_f^{(i)} \tag{4.32}$$

需要指出：对于直管段单元，其单元刚度矩阵、单元质量矩阵、由流体速度引起的弹性测量管的附加单元刚度矩阵与附加单元质量矩阵、由流体内压引起的弹性测量管的附加单元刚度矩阵分别对应着式(4.15)、式(4.16)、式(4.24)、式(4.25)、式(4.30)在 $R_\mathrm{C} \to \infty$ 的情况。

基于上述讨论，利用式(4.31)、式(4.32)，可以得到在综合考虑弹性测量管系统流体速度、流体内压的情况下。$s \in [0, L]$ 的总体刚度矩阵 $\boldsymbol{K}_\mathrm{T}$ 和总体质量矩阵 $\boldsymbol{M}_\mathrm{T}$。求解弹性测量管系统的固有角频率和相应振型的方程为

$$(\boldsymbol{K}_\mathrm{T} - \omega^2 \boldsymbol{M}_\mathrm{T}) \boldsymbol{a} = 0 \tag{4.33}$$

振型向量 $\boldsymbol{a}$ 由诸 $\boldsymbol{a}_i$ 组合而成。

对于科氏质量流量传感器中应用的弹性测量管系统，其两端均为固支边界条件

$$\left.\begin{array}{ll} s = 0, & w(s) = w'(s) = \phi(s) = 0 \\ s = L, & w(s) = w'(s) = \phi(s) = 0 \end{array}\right\} \tag{4.34}$$

结合边界条件式(4.34)，对式(4.33)处理后便可以求出弹性测量管系统的各阶固有频率以及相应的振型向量 $\boldsymbol{a}$。利用式(4.12)就可以计算得到弹性测量管系统沿轴线方向分布的振型。

4.3.5　弹性直管固有振动的近似解析解

基于上述讨论，依式(4.10)、式(4.11)、式(4.20)、式(4.21)、式(4.28)，弹性直管的有关能量列式为

弹性势能

$$U = \frac{\pi E R_\mathrm{T} (4R_\mathrm{T}^2 + h^2) h \cos^2 \omega t}{8} \int_{s_1}^{s_2} \left\{ \left[\frac{\partial^2 w(s)}{\partial s^2} \right]^2 \right\} \mathrm{d}s \tag{4.35}$$

动能

$$T = \frac{\pi \rho_m R_\mathrm{T} h \omega^2 \sin^2 \omega t}{2} \int_{s_1}^{s_2} \left\{ \frac{4R_\mathrm{T}^2 + h^2}{4} \left[\frac{\partial w(s)}{\partial s} \right]^2 + 2 [w(s)]^2 \right\} \mathrm{d}s \tag{4.36}$$

流体速度引起的附加弹性势能

$$U_f = \frac{\pi \rho_f R_f^2 v_f^2 \cos^2 \omega t}{2} \int_{s_1}^{s_2} \left\{ \frac{R_f^2}{4} \left[\frac{\partial^2 w(s)}{\partial s^2} \right]^2 + \left[\frac{\partial w(s)}{\partial s} \right]^2 \right\} \mathrm{d}s \tag{4.37}$$

流体速度引起的附加动能

$$T_f = \frac{\pi \rho_f R_f^2 \omega^2 \sin^2 \omega t}{2} \int_{s_1}^{s_2} \left\{ \frac{R_f^2}{4} \left[\frac{\partial w(s)}{\partial s} \right]^2 + [w(s)]^2 \right\} \mathrm{d}s \tag{4.38}$$

当不考虑流体流过弹性测量管系统的压力损失时，流体内压引起的附加弹性势能

$$U_{\mathrm{ad}} = -\frac{\pi p R_\mathrm{T}^2 (4R_\mathrm{T}^2 + h^2) \cos^2 \omega t}{16} \int_{s_1}^{s_2} \left\{ \left[\frac{\partial^2 w(s)}{\partial s^2} \right]^2 + \frac{8}{4R_\mathrm{T}^2 + h^2} \left[\frac{\partial w(s)}{\partial s} \right]^2 \right\} \mathrm{d}s \tag{4.39}$$

总的弹性势能为

$$U_\mathrm{T} = U - U_f - U_{\mathrm{ad}} \tag{4.40}$$

总的动能为

$$T_\mathrm{T} = T + T_f \tag{4.41}$$

基于式(4.34)描述的双端固支边界条件,对于弹性直管的一阶振动,其法线方向位移可以描述为

$$w(s) = A_0 s^2 (s-L)^2 \tag{4.42}$$

式中:A_0—— 待定系数,与初始条件有关。

利用式(4.35) ~ 式(4.42),有

$$\omega_{b1}^2 = \cfrac{\cfrac{ER_T(4R_T^2+h^2)h}{5} - \rho_f R_f^2 v_f^2 \left(\cfrac{R_f^2}{5} + \cfrac{2L^2}{105}\right) + pR_T^2 \left(\cfrac{4R_T^2+h^2}{10} + \cfrac{2L^2}{105}\right)}{\rho_m R_T h \left(\cfrac{4R_T^2+h^2}{210} + \cfrac{L^2}{315}\right)L^2 + \rho_f R_f^2 \left(\cfrac{R_f^2}{210} + \cfrac{L^2}{630}\right)L^2} \tag{4.43}$$

当不考虑流体速度、管内内压的影响时,弹性直管的一阶固有角频率为

$$\omega_{b1}^2 = \cfrac{126E(4R_T^2+h^2)}{\rho_m R_T h \left[3(4R_T^2+h^2) + 2L^2\right]L^2 + \rho_f R_f^2 (3R_f^2+L^2)L^2} \tag{4.44}$$

考虑到实际应用中的弹性直管情况,满足:$\dfrac{4R_T^2+h^2}{10} \ll \dfrac{2L^2}{105}, R_f^2 \leqslant \dfrac{2L^2}{21}, h^2 \ll 4R_T^2$,于是式(4.43)、式(4.44)可以简化为

$$\omega_{b1}^2 = \cfrac{504ER_T^3 h - 12\rho_f R_f^2 v_f^2 L^2 + 12pR_T^2 L^2}{(2\rho_m R_T h + \rho_f R_f^2)L^4} \tag{4.45}$$

$$\omega_{b1} \approx \cfrac{R_T}{L^2} \left(\cfrac{504ER_T h}{2\rho_m R_T h + \rho_f R_f^2}\right)^{0.5} \tag{4.46}$$

4.3.6　固有频率的计算与分析

对于任意结构形式的弹性测量管系统,可以利用有限元方程式(4.33),在式(4.34)边界条件下,计算、分析弹性测量管系统的固有角频率和相应的振型。对于弹性直管,也可以利用式(4.43) ~ 式(4.46)给出的近似解析公式,进行相应的计算、分析。

1. 弹性测量管自身的固有频率

表4.1所列为圆弧形弹性测量管材料、几何结构的有关参数。圆弧半径取三组值:0.125 m,0.25 m 和 0.5 m,分别对应于情况一、二、三。

表 4.1　圆弧形弹性测量管参数

项　目	参　数	项　目	参　数
弹性模量(E)/Pa	2.08×10^{11}	管壁厚(h)/m	0.002
泊松比(μ)	0.3	弧半径(R_C)/m,情况一	0.125
密度(ρ_m)/(kg·m^{-3})	8.0×10^3	弧半径(R_C)/m,情况二	0.25
截面平均半径(R_T)/m	0.01	弧半径(R_C)/m,情况三	0.5

定义 $f_{C1}^{(1)}$、$f_{C1}^{(2)}$、$f_{C1}^{(3)}$ 为情况一、二、三时的圆弧管一阶固有频率;$f_{C2}^{(1)}$、$f_{C2}^{(2)}$、$f_{C2}^{(3)}$ 为情况一、二、三时的圆弧管二阶固有频率;为便于比较,定义 $f_{S1}^{(1)}$、$f_{S1}^{(2)}$、$f_{S1}^{(3)}$ 为与情况一、二、三对应的长度相同的直管的一阶固有频率;$f_{S2}^{(1)}$、$f_{S2}^{(2)}$、$f_{S2}^{(3)}$ 为与情况一、二、三对应的长度相同的直管的二

阶固有频率。

　　表 4.2、表 4.3 所列分别是由有限元方程(4.33)计算得到的圆弧角 ϑ 取不同值时,圆弧管与等长直管的一、二阶固有频率值;表 4.4 所列为圆弧管不同情况的一、二阶固有频率比值。表 4.5 所列为等长的直管与圆弧管一、二阶固有频率的比值;表 4.6 所列是由有限元方程(4.33)计算相同圆弧长度(1 000 mm)、不同圆弧角 ϑ 的弹性测量管的一、二阶固有频率及频率与圆弧角为 360°(圆环)时的比值;同时给出了二阶固有频率与一阶固有频率的比值。0°圆弧角为直管。

表 4.2　给定圆弧半径、不同圆弧角的圆弧管以及等长直管的一阶固有频率(Hz)

$\vartheta/(°)$	圆 弧 段			等长的直管		
	$f_{C1}^{(1)}$	$f_{C1}^{(2)}$	$f_{C1}^{(3)}$	$f_{S1}^{(1)}$	$f_{S1}^{(2)}$	$f_{S1}^{(3)}$
30	26 681	7 126	1 809	27 473	7 221	1 829
60	6 880	1 753	440	7 221	1 829	459
90	2 968	749	188	3241	815	204
120	1 600	403	101	1 829	459	115
150	980	246	61.6	1 173	294	73.5
180	653	164	40.9	815	204	51.0
210	462	116	28.9	599	150	37.5
240	342	85.8	21.5	459	115	28.7
270	264	66.1	16.5	363	90.7	22.7
300	210	52.6	13.2	294	73.5	18.4
330	173	43.2	10.8	243	60.7	15.2
360	145	36.4	9.10	204	51.0	12.8

表 4.3　给定圆弧半径、不同圆弧角的圆弧管以及等长直管的二阶固有频率(Hz)

$\vartheta/(°)$	圆 弧 段			等长的直管		
	$f_{C2}^{(1)}$	$f_{C2}^{(2)}$	$f_{C2}^{(3)}$	$f_{S2}^{(1)}$	$f_{S2}^{(2)}$	$f_{S2}^{(3)}$
30	34 312	16 888	4 952	33 098	16 549	4 982
60	17 849	4 865	1 233	16 549	4 982	1 261
90	8 269	2 126	535	8 746	2 235	562
120	4 553	1 159	291	4 982	1 261	316
150	2 811	711.7	179	3 207	808	202
180	1 867	471.1	118	2 235	562	141
210	1 303	328.3	82.2	1 645	413	103
240	944	237.5	59.5	1 261	316	79.1
270	705	177.0	44.3	997	250	62.5
300	538	135.2	33.8	808	202	50.6
330	420	105.4	26.4	668	167	41.9
360	334	83.8	21.0	561	141	35.2

表 4.4　圆弧管不同情况的固有频率比值

$\vartheta/(°)$	一 阶		二 阶	
	$f_{C1}^{(1)}/f_{C1}^{(2)}$	$f_{C1}^{(2)}/f_{C1}^{(3)}$	$f_{C2}^{(1)}/f_{C2}^{(2)}$	$f_{C2}^{(2)}/f_{C2}^{(3)}$
30	3.74	3.94	2.03	3.41
60	3.93	3.98	3.67	3.95
90	3.96	3.98	3.89	3.97
120	3.97	3.99	3.93	3.98
150	3.98	3.99	3.95	3.99
180	3.98	4.01	3.96	3.99
210	3.98	4.01	3.97	3.99
240	3.99	3.99	3.97	3.99
270	3.99	4.01	3.98	4.00
300	3.99	3.98	3.98	4.00
330	4.01	4.00	3.98	3.99
360	3.99	4.00	3.99	3.99

表 4.5　等长的直管与圆弧管固有频率的比值

$\vartheta/(°)$	一 阶			二 阶		
	$f_{S1}^{(1)}/f_{C1}^{(1)}$	$f_{S1}^{(2)}/f_{C1}^{(2)}$	$f_{S1}^{(3)}/f_{C1}^{(3)}$	$f_{S2}^{(1)}/f_{C2}^{(1)}$	$f_{S2}^{(2)}/f_{C2}^{(2)}$	$f_{S2}^{(3)}/f_{C2}^{(3)}$
30	1.03	1.01	1.01	0.97	0.98	1.01
60	1.05	1.04	1.04	0.93	1.02	1.02
90	1.09	1.09	1.09	1.06	1.05	1.05
120	1.14	1.14	1.14	1.09	1.09	1.09
150	1.20	1.20	1.19	1.14	1.14	1.13
180	1.25	1.24	1.25	1.20	1.19	1.20
210	1.30	1.29	1.30	1.27	1.26	1.25
240	1.34	1.34	1.34	1.34	1.33	1.33
270	1.38	1.37	1.38	1.41	1.41	1.41
300	1.40	1.40	1.39	1.50	1.50	1.50
330	1.41	1.41	1.41	1.59	1.59	1.59
360	1.41	1.40	1.41	1.68	1.68	1.68

表 4.6   不同圆弧角时频率及其比值(圆弧长 1 m,截面平均半径 0.01 m,壁厚 0.002 mm)

$\vartheta/(°)$	频 率		频率比值		
	f_1/Hz	f_2/Hz	$f_1(\vartheta)/f_1(360°)$	$f_2(\vartheta)/f_2(360°)$	$f_2(\vartheta)/f_1(\vartheta)$
0	115.2	317.4	1.40	1.68	2.76
30	114.0	315.7	1.38	1.67	2.77
60	110.6	310.6	1.34	1.64	2.81
90	106.1	302.5	1.29	1.60	2.85
120	101.2	292.1	1.23	1.54	2.89
150	96.5	280.0	1.17	1.48	2.90
180	92.4	266.5	1.12	1.41	2.88
210	89.0	252.6	1.08	1.34	2.84
240	86.2	238.6	1.05	1.26	2.77
270	84.1	225.0	1.02	1.19	2.68
300	82.7	212.0	1.00	1.12	2.56
330	82.2	200.0	1.00	1.06	2.43
360	82.5	189.2	1.00	1.00	2.29

由梁弯曲振动特性可知:给定截面半径时,直管形弹性测量管的固有频率与长度的平方成反比。表 4.4 所列可知:当弹性测量管长度与截面半径之比大于 15 时,圆弧形弹性测量管的固有频率与其长度的平方成反比。

表 4.5、表 4.6 所列的仿真计算结果进一步表明:在计算、分析、对比的范围内,圆弧管的固有频率不仅与其长度的平方有关,而且与其圆弧角有关。当圆弧角 ϑ 较小时,影响小;当圆弧角 ϑ 增大时,影响逐渐增大。对于一阶固有频率来说,当圆弧角约大于 300°时,等长的直管与圆弧管频率之比趋于稳定(在 1.4 左右)。相对于一阶固有频率而言,当圆弧角小于 240 度时,二阶固有频率受圆弧角影响要小一些;而大于 240°时,二阶固有频率受圆弧角影响要大一些。

表 4.6 所列同时表明:当圆弧角略小于 150°时,圆弧管二阶固有频率与一阶固有频率的比值随圆弧角的增加而缓慢地增加;当圆弧角略大于 150°时,圆弧管二阶固有频率与一阶固有频率的比值随圆弧角的增加而较明显地减小。

基于上述计算、分析,从对刚度的调节上考虑,设计谐振式质量流量传感器的敏感元件时,如果没有结构上的特殊限制,圆弧管的圆弧角应大于 150°。

需要说明,与 $R_C = 0.5$ m、圆弧角为 360°等长的弹性直管长度为 $L = 2\pi R_C \approx 3.1416$ m,利用式(4.44)、式(4.46)计算得到的一阶固有频率分别为:13.12 Hz、13.05 Hz,与有限元计算得到的结果 12.8 Hz 相比,误差分别为:2.48% 和 1.95%,吻合较好。

2. U 形弹性测量管系统自身的固有频率

表 4.7 所列为一组 U 形管的基本参数。定义 f_{U1}、f_{U2} 为 U 形管一、二阶弯曲振动固有频率。给定 U 形管总长的值分别为:$L_T = 1.4$ m、1.5 m、1.6 m、1.7 m、1.8 m、1.9 m 和 2.0 m。

表 4.7　U 形弹性测量管基本参数

项　目	参　数	项　目	参　数
弹性模量(E)/Pa	2.08×10^{11}	截面平均半径(R_T)/m	0.024 5
泊松比(μ)	0.3	管壁厚(h)/m	0.001 8
密度$(\rho_m)/(\mathrm{kg\cdot m^{-3}})$	8.0×10^{3}		

　　为保证 U 形管结构的特征,圆弧管半径不能太小。这里给出圆弧管半径的最小值 $R_{C\min}=4R_T$。故 U 形管结构直管段长度的最大值为:$L_{S\max}=0.5(L_T-4\pi R_T)$;此外,U 形管圆弧管半径的最大值为:$R_{C\max}=L_T/\pi$(这时,直管段长度为零)。于是对于任意的 U 形管,其圆弧管半径为

$$R_C=4R_T+(L_T/\pi-4R_T)\beta \tag{4.47}$$

式中:β 的取值范围是$(0,1)$,反映了 U 形管圆弧半径和直管段长度的比值。

　　表 4.8、表 4.9 所列分别给出了由有限元方程(4.33)计算得到的 U 形管在不同的 β 值下,一、二阶弯曲振动固有频率。图 4.6 所示为相应的振型曲线示意图。

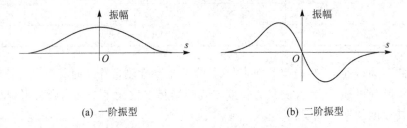

　　　　(a) 一阶振型　　　　　　　　　　　　　(b) 二阶振型

图 4.6　U 形管一、二阶弯曲振动振型

　　表 4.8、表 4.9 所列为仿真计算结果:在分析的范围内,当 β 取 0.2 时,U 形管的一阶弯曲振动固有频率达到最低点;当 β 取 0.4 时,U 形管二阶弯曲振动固有频率达到最低点。

　　表 4.10 所列为当 U 形管总长 $L_T=1.4$ m 时,由有限元方程(4.34)计算得到的一、二阶弯曲振动固有频率。为便于比较,表中同时列出了三种退化为直管时的特殊情况对应的计算结果,图 4.7、图 4.8 所示为按直管长度为管子总长一半考虑时的振型曲线示意图。

　　由上述仿真计算结果可以得出:按照最低频率点原则,U 形管较优的结构是:由式(4.47)确定的 β 值取 0.2。

表 4.8　U 形管一阶弯曲振动固有频率 f_{U1}(Hz)

L_T/m	$\beta=(R_C-4R_T)/(L_T/\pi-4R_T)=(R_C-R_{C\min})/(R_{C\max}-R_{C\min})$					
	0.0	0.2	0.4	0.6	0.8	1.0
1.4	116.1	110.2	113.8	119.1	124.0	128.7
1.5	102.0	95.9	98.9	103.6	107.9	112.1
1.6	90.4	84.1	86.7	90.9	94.8	98.5
1.7	80.8	74.5	76.7	80.5	84.0	87.3
1.8	72.7	66.4	68.3	71.7	74.9	77.9
1.9	65.8	60.1	61.2	64.2	67.2	69.9
2.0	59.8	54.2	55.2	57.9	60.6	63.1

表 4.9　U 形管二阶弯曲振动固有频率 f_{U2}（Hz）

L_T/m	$\beta=(R_C-4R_T)/(L_T/\pi-4R_T)=(R_C-R_{Cmin})/(R_{Cmax}-R_{Cmin})$					
	0.0	0.2	0.4	0.6	0.8	1.0
1.4	392.8	309.9	304.4	323.2	348.6	369.9
1.5	356.6	272.2	265.0	281.0	303.5	322.3
1.6	325.9	241.1	232.8	246.5	266.6	283.5
1.7	299.5	215.2	206.1	218.1	236.1	251.3
1.8	276.4	193.3	183.8	194.2	210.5	224.2
1.9	256.1	175.6	165.0	174.0	188.8	201.3
2.0	237.9	159.6	148.9	156.9	170.3	181.8

表 4.10　U 形管总长 $L_T=1.4$ m 时一、二阶弯曲振动固有频率 f_{U1}、f_{U2}（Hz）

R_C/m	L_S/m	f_{U1}/Hz	f_{U2}/Hz	R_C/m	L_S/m	f_{U1}/Hz	f_{U2}/Hz
0[1]	0.7	100.9	632.7	0.237	0.328	113.8	304.4
0[2]	0.7	160.6	867.8	0.307	0.218	119.1	323.2
0.02	0.669	144.7	634.4	0.376	0.109	124.0	348.6
0.04	0.637	132.8	593.9	0.401	0.07	125.7	257.1
0.06	0.605	124.9	517.4	0.420	0.04	127.0	363.1
0.08	0.574	119.4	442.2	0.439	0.01	128.4	368.6
0.098	0.546	116.1	392.8	0.446	0	128.7	369.9
0.168	0.437	110.2	309.9			160.4[3]	441.1[3]

注：[1] 用管子总长一半的直管计算，边界条件为：一端固支，一端自由，振型如图 4.7 所示。

　　[2] 用管子总长一半的直管计算，边界条件为：一端固支，一端约束转角，振型如图 4.8 所示。

　　[3] 这是完全直管的情况，双端固支，振型如图 4.6 所示。

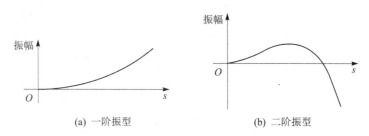

(a) 一阶振型　　　　　　　　　(b) 二阶振型

图 4.7　一端固支、一端自由的直管一、二阶弯曲振动振型

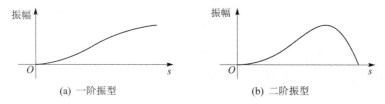

(a) 一阶振型　　　　　　　　　(b) 二阶振型

图 4.8　一端固支、一端约束转角的直管一、二阶弯曲振动振型

3. 流体密度对弹性测量管系统固有频率的影响

表 4.11 所列为计算得出的 U 形弹性测量管的有关参数。总长为

$$L_T = 2L_S + \pi R_C \approx (2 \times 0.52 + 3.141\ 6 \times 0.183)\ \text{m} \approx 1.615\ \text{m}$$

式(4.47)确定的 β,有

$$\beta = (R_C - 4R_T)/(L_T/\pi - 4R_T) = (0.183 - 4 \times 0.024\ 5)/(1.615/\pi - 4 \times 0.024\ 5) \approx 0.204$$

表 4.12 所列为由有限元方程(4.34)计算得到的两端固支的 U 形弹性测量管的一阶、二阶固有频率与流体密度的关系。由表 4.12 可知:

① 流体密度增大,U 形弹性测量管的一阶、二阶弯曲振动固有频率减小。这正是谐振式科氏质量流量传感器能够实现测量流体介质密度的理论基础。

② 空管时,对于管壁厚 $h = 0.001\ 8$ m 的 U 形弹性测量管的一阶、二阶弯曲振动固有频率分别为 81.01 Hz、203.7 Hz;而对于管壁厚 $h = 0.003\ 5$ m 的 U 形弹性测量管的一阶、二阶弯曲振动固有频率分别为 78.37 Hz、197.3 Hz。这表明,管壁厚对空管情况的弹性测量管系统频率的影响较小。

③ 考虑流体介质充满弹性测量管系统,当流体介质密度为 1×10^3 kg/m³(相当于水)时,管壁厚 $h = 0.001\ 8$ m 的 U 形弹性测量管一阶、二阶弯曲振动固有频率的变化率分别为:-25.22% 和 -25.09%;而对于管壁厚 $h = 0.003\ 5$ m 的 U 形弹性测量管,相应的一阶、二阶弯曲振动固有频率的变化率分别为:-14.30% 和 -14.29%。进一步分析,在流体密度为 $0.7 \times 10^3 \sim 1.2 \times 10^3$ kg/m³ 时,对于管壁厚 $h = 0.001\ 8$ m 的 U 形弹性测量管,其一阶、二阶弯曲振动固有频率的变化率分别为 -10.70%、-10.63%,非常接近;而对于管壁厚 $h = 0.003\ 5$ m 的 U 形弹性测量管,其一阶、二阶弯曲振动固有频率的变化率分别为 -6.53%、-6.47%,也非常接近。显然,管壁厚增加将降低流体介质密度测量的灵敏度。事实上,这一结论对于弹性直管情况非常清晰,详见式(4.43)~式(4.46)。

表 4.11 U 形弹性测量管基本参数

弹性模量(E)/Pa	泊松比(μ)	密度(ρ_m)/(kg·m⁻³)	截面平均半径(R_T)/m	管壁厚(h)/m(情况一)	管壁厚(h)/m(情况二)	圆弧半径(R_C)/m	直管段长度(L_S)/m
2.08×10^{11}	0.3	8.0×10^3	0.024 5	0.001 8	0.003 5	0.183	0.52

表 4.12 U 形弹性测量管的一阶、二阶弯曲振动固有频率(Hz)

流体密度(10^3 kg/m³)			0	0.7	0.8	0.9	1.0	1.1	1.2
管壁厚(h)/m 一	$h = 0.001\ 8$ m	一阶	81.01	65.03	63.44	61.96	60.58	59.29	58.07
		二阶	203.7	163.7	159.8	156.1	152.6	149.4	146.3
管壁厚(h)/m 二	$h = 0.003\ 5$ m	一阶	78.37	70.01	69.02	68.07	67.16	66.28	65.44
		二阶	197.1	176.2	173.8	171.4	169.1	166.9	164.8

4. 流体速度对弹性测量管系统固有频率的影响

表 4.13 所列为所计算的弹性测量管的有关参数。

表 4.13 弹性测量管参数

项 目	参 数	项 目	参 数
弹性模量(E)/Pa	$2.08×10^{11}$	截面平均半径(R_T)/m	0.004 25
泊松比(μ)	0.3	管壁厚(h)/m	0.001
密度(ρ_m)/(kg·m^{-3})	$8×10^3$	直管长度(L)/m	0.5
流体密度(ρ_f)/(kg·m^{-3})	$1×10^3$	半圆测量管半径(R_C)/m	0.125

表 4.14 所列是由有限元方程(4.34)计算得到的两端固支长度相等的直管、1/4 圆管和半圆管的一、二阶固有频率与流体速度的关系。表 4.15 所列为相应的弹性测量管在流体速度 50 m/s 时的频率与速度为零时频率的比值。

由表 4.14、表 4.15 可知:流体速度增大,弹性测量管的弯曲振动频率减小。低频模态的变化较高频模态的变化明显。相同长度的弹性测量管,在双端固支情况下,直管弯曲振动的稳定性要优于圆弧形管;对于圆弧形弹性测量管,圆弧角增大时,弯曲振动的稳定性变差。在设计质量流量传感器弹性测量管结构时,要充分考虑弹性测量管的这一特征。同时当流体速度(流量)较大时,要考虑其对质量流量、密度测量的影响。

表 4.14 直管、1/4 圆管与半圆管的流体速度—频率特性的比较(Hz)

流体速度/(m·s^{-1})	一 阶			二 阶		
	直管	1/4 圆管	半圆管	直管	1/4 圆管	半圆管
0	200.01	184.88	161.09	551.12	527.38	464.73
10	199.96	184.81	161.02	551.04	527.30	464.64
20	199.80	184.64	160.82	550.82	527.08	464.37
30	199.54	184.34	160.49	550.44	526.71	463.93
40	199.18	183.93	160.02	549.91	526.18	463.31
50	198.71	183.39	159.42	549.23	525.50	462.51

表 4.15 弹性测量管流体速度为 50 m/s 时的频率与速度为 0 时频率的比值

一 阶			二 阶		
直管	1/4 圆管	半圆管	直管	1/4 圆管	半圆管
0.993 5	0.991 9	0.989 6	0.996 6	0.996 4	0.995 2

需要说明,对于弹性直管长度 $L=0.5$ m,表 4.16 所列为利用式(4.45)计算得到的一阶固有频率与表 4.15 所列相应的计算结果,以及相应的误差。由表 4.16 可知,对于分析弹性直管的一阶固有频率受流体速度的影响规律,式(4.45)具有相当高的精度,在所计算的范围,最大相对误差为 0.33%。

表 4.16 弹性直管一阶固有频率随流体速度的变化及其分析

流体速度/(m·s^{-1})	0	10	20	30	40	50
由式(4.33)的有限元方程得到的频率值/Hz	200.01	199.96	199.80	199.54	199.18	198.71
由式(4.45)近似解析解得到的频率值/Hz	199.36	199.31	199.15	198.89	198.52	198.05
近似解析解得到的频率值与有限元方程得到的频率值的相对误差/%	−0.32	−0.33	−0.32	−0.33	−0.33	−0.33

5. 流体内压对弹性直管固有频率的影响

由式(4.45)可知:弹性直管流体内压引起的附加刚度与流体速度引起的附加刚度的规律是相反的,流体速度引起弹性系统等效刚度减小,而管内内压引起弹性系统等效刚度增加。减小流体内压 p 引起的等效附加刚度的变化量相当于流体速度 v_f 的当量为

$$v_f = \frac{R_T}{R_f}\left(\frac{p}{\rho_f}\right)^{0.5} \tag{4.48}$$

例如对于表 4.11 所列的弹性测量管参数, $R_T/R_f = 4.25/3.75 = 1.133$,当 $p = 10^5$ Pa, $\rho_f = 10^3$ kg/m^3 ,由式(4.48)可得 $v_f = 11.33$ m/s。对于测量水介质时,弹性测量管内压减小约 10^5 Pa 而引起的附加弹性势能以及对弹性测量管系统固有振动频率的影响,相当于 $v_f = 11.33$ m/s 的流体速度产生的影响。当 $p = 10 \times 10^5$ Pa,可算得 $v_f = 35.83$ m/s。可见当质量流量传感器在较大内压下工作时,精确测量时应当考虑流体内压对测量结果的影响。

对于任意的弹性测量管系统,基本结论与弹性直管的结论相同,只是程度略有不同。

4.4 测量的数学模型

4.4.1 质量流量的测量

图 4.9 所示为以典型的 U 形管作为敏感元件的谐振式直接质量流量传感器的结构及其工作示意图。激励单元 E 使一对平行的 U 形管作一阶弯曲主振动,建立传感器的谐振工作点。当管内流过质量流量时,由于科氏效应(Coriolis Effect)的作用,使 U 形管产生关于中心

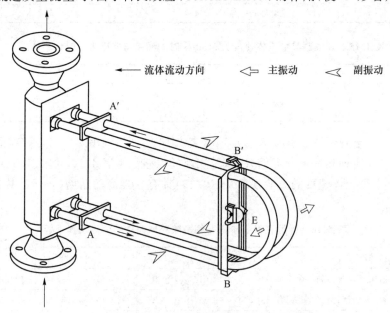

图 4.9 U 形管直接质量流量传感器原理结构

对称轴的一阶扭转"副振动"。该一阶扭转"副振动"相当于 U 形管自身的二阶弯曲振动(见图 4.6,(a)为一阶,(b)为二阶)。同时,该"副振动"直接与所流过的"质量流量(kg/s)"成比例。因此,通过 B、B′测量元件检测 U 形管的"合成振动",就可以直接得到流体的质量流量。

图 4.10 所示为 U 形管质量流量传感器的数学模型。当测量管中无流体流动时,谐振敏感元件在激励单元的激励下,产生绕 CC′轴的弯曲主振动,可写为

$$x_1(s,t) = A_1(s)\sin \omega t \tag{4.49}$$

式中:ω——系统的主振动角频率(rad/s),由包括弹性测量管、弹性支承在内的谐振敏感元件
　　　　整体结构决定;

　　　$A_1(s)$——对应于 ω 的主振型;

　　　s——沿管子轴线方向的曲线坐标。

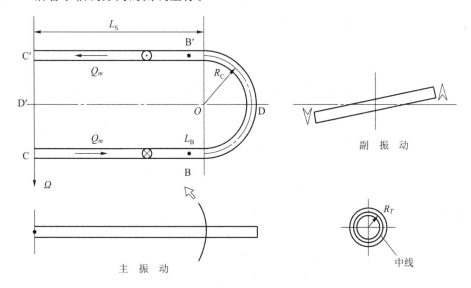

图 4.10　U 形管直接质量流量传感器数学模型

U 形管系统的振动可以看成绕 CC′轴等效的转动,当然这个等效的转动也是周期性的。于是弹性测量管绕 CC′轴的角速度为

$$\Omega(s,t) = \frac{\mathrm{d}x_1(s,t)}{\mathrm{d}t} \cdot \frac{1}{R(s,t)} = \frac{A_1(s)}{R(s,t)}\omega\cos \omega t \tag{4.50}$$

式中:$R(s,t)$——管子上任一点到 CC′轴的距离(m)。

当流体以速度 v 在管中流动时,可以看成在转动的坐标系中同时伴随着相对线运动,于是便产生了科氏加速度。科氏加速度引起科氏惯性力。当弹性测量管朝正向振动时,在 CBD段,$\mathrm{d}s$ 微段上所受的科氏力为

$$\mathrm{d}\boldsymbol{F}_\mathrm{C} = -\boldsymbol{a}_\mathrm{C}\mathrm{d}m = -2\boldsymbol{\Omega}(s)\times\boldsymbol{v}\mathrm{d}m = -2Q_m\omega\cos \alpha\cos \omega t \frac{A_1(s)}{R(s,t)}\mathrm{d}s \tag{4.51}$$

同样,在 C′B′D 段,与 CBD 段关于 DD′轴对称点处的 $\mathrm{d}s$ 微段上所受的科氏力为

$$\mathrm{d}\boldsymbol{F}_\mathrm{C}' = -\mathrm{d}\boldsymbol{F}_\mathrm{C} \tag{4.52}$$

式(4.51)、式(4.52)相差一个负号,表示两者方向相反。当有流体流过振动的弹性测量管时,在 $\mathrm{d}\boldsymbol{F}_\mathrm{C}$ 和 $\mathrm{d}\boldsymbol{F}_\mathrm{C}'$ 的作用下,将产生对 DD′轴的力偶,即

$$M = \int 2\mathrm{d}\boldsymbol{F}_{\mathrm{C}} \times \boldsymbol{r}(s) \tag{4.53}$$

式中：$r(s)$——微元体到轴 DD′ 的距离(m)。

由式(4.51)、式(4.53)得

$$M = 2Q_{\mathrm{m}}\omega \cos \alpha \cos \omega t \int \frac{A_1(s)r(s)}{R(s,t)}\mathrm{d}s \tag{4.54}$$

式中：Q_{m}——流体流过测量管的质量流量(kg/s)；

　　α——流体的速度方向与 DD′ 轴的夹角(图 4.10 中未给出)。

科氏效应引起的力偶将使谐振敏感元件产生一个绕 DD′ 轴的扭转运动。相对于弹性测量管敏感元件的主振动而言，它称为"副振动"，其运动方程可写为

$$x_2(t) = B_2(s)Q_{\mathrm{m}}\omega \cos(\omega t + \varphi) \tag{4.55}$$

式中：$B_2(s)$——副振动响应的灵敏系数($\mathrm{m} \cdot \mathrm{s}^2/\mathrm{kg}$)，与敏感元件、参数以及检测点所处的位置有关；

　　φ——副振动响应对扭转力偶的相位变化。

根据上述分析，当有流体流过弹性管时，测量管上的 B、B′ 两点处的振动方程分别为

B 点处

$$S_{\mathrm{B}} = A_1(L_{\mathrm{B}})\sin \omega t - B_2(L_{\mathrm{B}})Q_{\mathrm{m}}\omega \cos(\omega t + \varphi) = A_{\mathrm{B}}\sin(\omega t + \varphi_1) \tag{4.56}$$

$$A_{\mathrm{B}} = [A_1^2(L_{\mathrm{B}}) + Q_{\mathrm{m}}^2\omega^2 B_2^2(L_{\mathrm{B}}) + 2A_1(L_{\mathrm{B}})Q_{\mathrm{m}}\omega B_2(L_{\mathrm{B}})\sin \varphi]^{0.5}$$

$$\varphi_1 = \arctan \frac{-Q_m\omega B_2(L_{\mathrm{B}})\cos \varphi}{A_1(L_{\mathrm{B}}) + Q_{\mathrm{m}}\omega B_2(L_{\mathrm{B}})\sin \varphi}$$

B′ 点处

$$S_{\mathrm{B}'} = A_1(L_{\mathrm{B}})\sin \omega t + B_2(L_{\mathrm{B}})Q_{\mathrm{m}}\omega \cos(\omega t + \varphi) = A_{\mathrm{B}'}\sin(\omega t + \varphi_2) \tag{4.57}$$

$$A_{\mathrm{B}'} = [A_1^2(L_{\mathrm{B}}) + Q_{\mathrm{m}}^2\omega^2 B_2^2(L_{\mathrm{B}}) - 2A_1(L_{\mathrm{B}})Q_{\mathrm{m}}\omega B_2(L_{\mathrm{B}})\sin\varphi]^{0.5}$$

$$\varphi_2 = \arctan \frac{Q_{\mathrm{m}}\omega B_2(L_{\mathrm{B}})\cos \varphi}{A_1(L_{\mathrm{B}}) - Q_{\mathrm{m}}\omega B_2(L_{\mathrm{B}})\sin\varphi}$$

式中：L_{B}——B 点在轴线方向的坐标值(m)。

于是 B′,B 两点信号 $S_{\mathrm{B}'}$,S_{B} 之间产生了相位差 $\varphi_{\mathrm{B}'\mathrm{B}} = \varphi_2 - \varphi_1$，如图 4.11 所示。由式(4.56)和式(4.57)式得

$$\tan \varphi_{\mathrm{B}'\mathrm{B}} = \frac{2A_1(L_{\mathrm{B}})Q_{\mathrm{m}}B_2(L_{\mathrm{B}})\omega \cos \varphi}{A_1^2(L_{\mathrm{B}}) - Q_{\mathrm{m}}^2 B_2^2(L_{\mathrm{B}})\omega^2} \tag{4.58}$$

实用中总有 $A_1^2(L_{\mathrm{B}}) \gg Q_{\mathrm{m}}^2 B_2^2(L_{\mathrm{B}})\omega^2$，于是式(4.58)可写为

$$Q_{\mathrm{m}} = \frac{A_1(L_{\mathrm{B}})\tan \varphi_{\mathrm{B}'\mathrm{B}}}{2B_2(L_{\mathrm{B}})\omega \cos \varphi} \tag{4.59}$$

式(4.59)是基于 $S_{\mathrm{B}'}$,S_{B} 相位差 $\varphi_{\mathrm{B}'\mathrm{B}}$ 直接解算质量流量 Q_{m} 的基本方程。由式(4.59)可知：若 $\varphi_{\mathrm{B}'\mathrm{B}} \leqslant 5°$，有

$$\tan \varphi_{\mathrm{B}'\mathrm{B}} \approx \varphi_{\mathrm{B}'\mathrm{B}} = \omega \Delta t_{\mathrm{B}'\mathrm{B}} \tag{4.60}$$

于是

$$Q_{\mathrm{m}} = \frac{A_1(L_{\mathrm{B}})\Delta t_{\mathrm{B}'\mathrm{B}}}{2B_2(L_{\mathrm{B}})\cos \varphi} \tag{4.61}$$

这时质量流量 Q_{m} 与弹性测量管系统结构的振动频率无关，而只与 B′、B 两点信号的时间

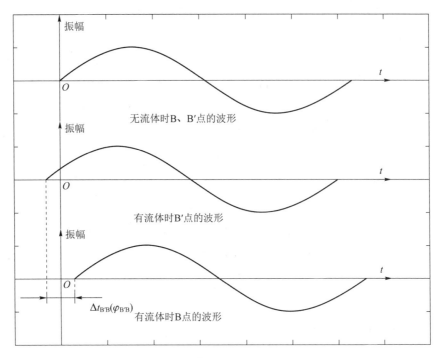

图 4.11　B、B′两点信号产生的相位差

差 $\Delta t_{B'B}$ 成正比。这是该类传感器的优点。但由于它与 $\cos\varphi$ 有关,故实际测量时会带来一定误差,同时检测的实时性也不理想。因此可以考虑采用幅值比检测的方法。

由式(4.56)、式(4.57)得

$$S_{B'}-S_B=2B_2(L_B)Q_m\omega\cos(\omega t+\varphi)\tag{4.62}$$

$$S_{B'}+S_B=2A_1(L_B)\sin\omega t\tag{4.63}$$

设 R_a 为 $S_{B'}-S_B$ 和 $S_{B'}+S_B$ 的幅值比,则

$$Q_m=\frac{R_aA_1(L_B)}{B_2(L_B)\omega}\tag{4.64}$$

式(4.64)是基于 B′、B 两点信号“差”与“和”的幅值比 R_a 而直接解算 Q_m 的基本方程。

4.4.2　科氏效应的有限元分析

基于式(4.17)描述的弹性测量管中的流体速度,可以导出测量管中流体的加速度

$$\boldsymbol{a}_{abs}=\frac{d^2\boldsymbol{V}}{dt^2}=\frac{\partial^2\boldsymbol{V}}{\partial s^2}\left(\frac{\partial s}{\partial t}\right)^2+2\frac{\partial^2\boldsymbol{V}}{\partial s\partial t}\frac{\partial s}{\partial t}+\frac{\partial^2\boldsymbol{V}}{\partial t^2}+\frac{\partial\boldsymbol{V}}{\partial s}\frac{\partial v_f}{\partial t}=$$
$$\frac{\partial^2\boldsymbol{V}}{\partial s^2}v_f^2+2\frac{\partial^2\boldsymbol{V}}{\partial s\partial t}v_f+\frac{\partial^2\boldsymbol{V}}{\partial t^2}+\frac{\partial\boldsymbol{V}}{\partial s}a_f\tag{4.65}$$

式中:a_f——测量管内流体的加速度,其值等于 $\frac{\partial v_f}{\partial t}$。

在式(4.65)中,每一项有不同的物理意义:第一项 $\frac{\partial^2\boldsymbol{V}}{\partial s^2}v_f^2$ 代表向心加速度,该项引起弹性

测量管系统的等效刚度的变化,式(4.20)给出了其对弹性测量管系统弹性势能的影响;第三项 $\dfrac{\partial^2 \boldsymbol{V}}{\partial t^2}$ 代表惯性加速度,该项引起弹性测量管系统等效质量的变化,式(4.21)给出了其对弹性测量管系统动能的影响;第四项 $\dfrac{\partial \boldsymbol{V}}{\partial s} a_f$ 代表流体在弹性测量管系统中的相对加速度,其对系统的影响可以归于流体内压,基于上一节的有关分析、讨论,考虑到流体速度的变化相对于弹性测量管系统振动而言是个小量,因此这一项对弹性测量管系统的影响可以忽略。由于上述三项在时域上具有相同的相位,它们主要影响弹性测量管系统的弯曲主振动。

式(4.65)中的第二项 $2\dfrac{\partial^2 \boldsymbol{V}}{\partial s \partial t} v_f$,与弹性测量管系统的振动位移在时域上相差 $\pi/2$(相互正交),代表振动系统产生的科氏效应,其引起系统附加振动,这也是谐振式直接质量流量传感器的实现测量机理。通常,相对于前面提到的弹性测量管系统的弯曲主振动,上述科氏效应引起的附加振动称为副振动,对于弹性测量管系统而言可以理解为二阶弯曲振动,或一阶扭转振动。

经推导

$$\frac{\partial^2 \boldsymbol{V}}{\partial s \partial t} = -\omega \sin(\omega t)\left\{ -z\left[\frac{\partial^2 w(s)}{\partial s^2}+\frac{\phi(s)}{R_c}\right]\boldsymbol{e}_s + z\left[\frac{\partial w(s)}{R_c \partial s}-\frac{\partial \phi(s)}{\partial s}\right]\boldsymbol{e}_\theta + \frac{\partial w(s)}{\partial s}\boldsymbol{e}_\rho \right\}$$

(4.66)

对于弹性测量管系统,在其轴线方向单位长度上的科氏力为

$$\mathrm{d}\boldsymbol{F}_C = -\boldsymbol{a}_C \mathrm{d}m = -\boldsymbol{a}_C \rho_f \mathrm{d}V_f =$$
$$2v_f \rho_f \omega \sin(\omega t)\left\{ -z\left[\frac{\partial^2 w(s)}{\partial s^2}+\frac{\phi(s)}{R_c}\right]\boldsymbol{e}_s + z\left[\frac{\partial w(s)}{R_c \partial s}-\frac{\partial \phi(s)}{\partial s}\right]\boldsymbol{e}_\theta + \frac{\partial w(s)}{\partial s}\boldsymbol{e}_\rho \right\}\mathrm{d}V_f$$

(4.67)

式(4.67)中的第一项,$-2v_f \rho_f \omega \sin(\omega t)z\left[\dfrac{\partial^2 w(s)}{\partial s^2}+\dfrac{\phi(s)}{R_c}\right]\boldsymbol{e}_s$,影响弹性测量管系统在轴线方向的附加拉伸振动,由于弹性测量管系统在轴线方向的刚度远大于其弯曲振动和扭转振动的刚度,因此这一项对弹性测量管系统的影响非常小,可以忽略;第二项,$2v_f \rho_f \omega \sin(\omega t)z \cdot \left[\dfrac{\partial w(s)}{R_c \partial s}-\dfrac{\partial \phi(s)}{\partial s}\right]\mathrm{d}V_f \boldsymbol{e}_\theta$,影响弹性测量管系统的扭转振动;第三项,$2v_f \rho_f \omega \sin(\omega t)\dfrac{\partial w(s)}{\partial s} \cdot \mathrm{d}V_f \boldsymbol{e}_\rho$ 引起弹性测量管系统附加振动的主要因素,该项引起系统的附加弯曲振动。

实际传感器中应用的弹性测量管系统关于其几何结构中心点对称,上述第三项 $2v_f \rho_f \omega \sin(\omega t)\dfrac{\partial w(s)}{\partial s}\mathrm{d}V_f \boldsymbol{e}_\rho$ 关于弹性测量管系统中心点反对称。因此,进一步说明了附加弯曲振动在测量点 B 和 B′互为反相。

科氏力做的功为

$$W_{Cf} = \iiint_{V_f} \boldsymbol{V}_C \cdot \mathrm{d}\boldsymbol{F}_C$$

(4.68)

式中:$\boldsymbol{V}_C$——科氏力引起的附加位移,可以描述为

$$\boldsymbol{V}_C = U_C \boldsymbol{e}_s + V_C \boldsymbol{e}_\theta + W_C \boldsymbol{e}_\rho = \left[-z\frac{\partial W_C(s)}{\partial s}\boldsymbol{e}_s - z\Phi_C(s)\boldsymbol{e}_\theta + W_C(s)\boldsymbol{e}_\rho \right]\sin(\omega t)$$

(4.69)

将式(4.67)、式(4.69)代入到式(4.68)可得

$$W_{Cf} = \iiint\limits_{V_f} \sin(\omega t) \left[-z \frac{\partial W_C(s)}{\partial s} \boldsymbol{e}_s - z\Phi_C(s)\boldsymbol{e}_\theta + W_C(s)\boldsymbol{e}_\rho \right] \cdot$$

$$2v_f\rho_f\omega\sin(\omega t) \left\{ -z\left[\frac{\partial^2 w(s)}{\partial s^2} + \frac{\phi(s)}{R_C} \right]\boldsymbol{e}_s + z\left[\frac{\partial w(s)}{R_C \partial s} - \frac{\partial \phi(s)}{\partial s} \right]\boldsymbol{e}_\theta + \frac{\partial w(s)}{\partial s}\boldsymbol{e}_\rho \right\} \mathrm{d}V_f =$$

$$2v_f\rho_f\omega\,\sin^2(\omega t)\iiint\limits_{V_f} \left\{ z^2\left[\frac{\partial^2 w(s)}{\partial s^2} + \frac{\phi(s)}{R_C} \right]\frac{\partial W_C(s)}{\partial s} - z^2\left[\frac{\partial w(s)}{R_C\partial s} - \frac{\partial \phi(s)}{\partial s} \right]\Phi_C(s) + \right.$$

$$\left. \frac{\partial w(s)}{\partial s}W_C(s) \right\}\mathrm{d}V_f =$$

$$2\pi v_f\rho_f R_f^2\omega\,\sin^2(\omega t)\int_{S_1}^{S_2} \left\{ \frac{R_f^2}{4}\left[\frac{\partial^2 w(s)}{\partial s^2} + \frac{\phi(s)}{R_C} \right]\frac{\partial W_C(s)}{\partial s} - \frac{R_f^2}{4}\left[\frac{\partial w(s)}{R_C\partial s} - \frac{\partial \phi(s)}{\partial s} \right]\Phi_C(s) + \right.$$

$$\left. \frac{\partial w(s)}{\partial s}W_C(s) \right\}\mathrm{d}s \tag{4.70}$$

类似于式(4.12)，在 $s \in [S_j, S_{j+1}]$，对科氏效应引起的附加振动 $V^{(C)}(s) = [W^{(C)}(s) \quad \Phi^{(C)}(s)]^T$，引入 Hermite 插值，有

$$[V_{(i)}^{(C)}(s)] = \boldsymbol{XGCa}_i^{(C)} = \boldsymbol{XAa}_i^{(C)} \tag{4.71}$$

$$\boldsymbol{a}_i^{(C)} = [W(-1) \quad \Phi(-1) \quad W'(-1) \quad \Phi'(-1) \quad W''(-1)$$
$$W(+1) \quad \Phi(+1) \quad W'(+1) \quad \Phi'(+1) \quad W''(+1)]^T$$

考虑到

$$\pi v_f\rho_f R_f^2 = \pi R_f^2\rho_f\frac{\mathrm{d}s}{\mathrm{d}t} = \frac{\mathrm{d}m}{\mathrm{d}t} = Q_m \tag{4.72}$$

即为流过弹性测量管系统的质量流量 $Q_m(\mathrm{kg/s})$。

将式(4.71)、式(4.72)代入到式(4.70)，有

$$W_{Cf}^i = 2Q_m\omega\sin^2(\omega t)\int_{-1}^{+1} \boldsymbol{a}_i^{(C)T}\boldsymbol{A}^T\boldsymbol{b}_C l\,\mathrm{d}x \tag{4.73}$$

$$\boldsymbol{b}_C = [b_1^{(C)}X_2^{(1)} + b_2^{(C)}X_2^{(0)} \quad b_3^{(C)}\boldsymbol{X}_1^{(0)}]^T = [b_1^{(C)}(\boldsymbol{X}_2^{(1)})^T + b_2^{(C)}(\boldsymbol{X}_2^{(0)})^T \quad b_3^{(C)}(\boldsymbol{X}_1^{(0)})^T]$$

$$b_1^{(C)} = \frac{R_f^2}{4l}\left[\frac{\partial^2 w(s)}{\partial s^2} + \frac{\phi(s)}{R_C} \right],\ b_2^{(C)} = \frac{\partial w(s)}{\partial s},\ b_3^{(C)} = -\frac{R_f^2}{4}\left[\frac{\partial w(s)}{R_C\partial s} - \frac{\partial \phi(s)}{\partial s} \right]$$

应当指出：系数 $b_1^{(C)}$、$b_2^{(C)}$ 和 $b_3^{(C)}$ 取决于由式(4.33)计算得到的主振动振型 $w(s)$ 和 $\phi(s)$。

基于式(4.12)，有

$$\begin{aligned}
\frac{\partial w_i(s)}{\partial s} &= \frac{\partial w_i(x)}{l\partial x} = \frac{1}{l}X_2^{(1)}G_2W_i \\
\frac{\partial w_i^2(s)}{\partial s^2} &= \frac{\partial^2 w_i(x)}{l^2\partial x^2} = \frac{1}{l^2}X_2^{(2)}G_2W_i \\
\phi_i(s) &= \phi_i(x) = X_1^{(0)}G_1F_i \\
\frac{\partial \phi_i(s)}{\partial s} &= \frac{\partial \phi_i(x)}{l\partial x} = \frac{1}{l}X_1^{(1)}G_1F_i
\end{aligned}$$

于是

$$\int_{-1}^{+1} \boldsymbol{A}^{\mathrm{T}} \boldsymbol{b}_{\mathrm{C}} l \, \mathrm{d}x = \int_{-1}^{+1} A^{\mathrm{T}} \left\{ \frac{R_f^{\;2}}{4l} (X_2^{(1)})^{\mathrm{T}} \left[\frac{1}{l^2} X_2^{(2)} G_2 W_i + \frac{1}{R_{\mathrm{C}}} X_1^{(0)} G_1 F_i \right] + (X_2^{(0)})^{\mathrm{T}} \left(\frac{1}{l} X_2^{(1)} G_2 W_i \right) - \right.$$

$$\left. \frac{R_f^{\;2}}{4} (X_1^{(0)})^{\mathrm{T}} \left[\frac{1}{R_{\mathrm{C}} l} X_2^{(1)} G_2 W_i - \frac{1}{l} X_1^{(1)} G_1 F_i \right] \right\} l \, \mathrm{d}x =$$

$$\int_{-1}^{+1} \boldsymbol{A}^{\mathrm{T}} \boldsymbol{R}_{\mathrm{C}} \boldsymbol{A} \boldsymbol{a}_i l \, \mathrm{d}x = \boldsymbol{A}^{\mathrm{T}} \int_{-1}^{+1} \boldsymbol{R}_{\mathrm{C}} \mathrm{d}x \boldsymbol{A} \boldsymbol{a}_i l = \boldsymbol{A}^{\mathrm{T}} \boldsymbol{B}_{\mathrm{C}} \boldsymbol{A} \boldsymbol{a}_i l \qquad (4.74)$$

$$\boldsymbol{R}_{\mathrm{C}} = \begin{bmatrix} \dfrac{R_f^{\;2}}{4l^3} (X_2^{(1)})^{\mathrm{T}} (X_2^{(2)}) + \dfrac{1}{l} (X_2^{(0)})^{\mathrm{T}} (X_2^{(1)}) & \dfrac{R_f^{\;2}}{4R_{\mathrm{C}} l} (X_2^{(1)})^{\mathrm{T}} (X_1^{(0)}) \\[3mm] -\dfrac{R_f^{\;2}}{4R_{\mathrm{C}} l} (X_1^{(0)})^{\mathrm{T}} (X_2^{(1)}) & \dfrac{R_f^{\;2}}{4l} (X_1^{(0)})^{\mathrm{T}} (X_1^{(1)}) \end{bmatrix}$$

$$\boldsymbol{B}_{\mathrm{C}} = \int_{-1}^{+1} \boldsymbol{R}_{\mathrm{C}} \, \mathrm{d}x$$

式中 $\boldsymbol{a}_i$ 为利用方程(4.33)计算得到的反映弹性测量管系统振动位移的已知列向量。

因此,科氏效应引起的力载荷列向量为

$$\boldsymbol{F}_{\mathrm{C}}^{(i)} = 2Q_{\mathrm{m}} \omega \boldsymbol{A}^{\mathrm{T}} \boldsymbol{B}_{\mathrm{C}} \boldsymbol{A} \boldsymbol{a}_i = Q_{\mathrm{m}} \omega \overline{\boldsymbol{F}}_{\mathrm{C}}^{(i)} \qquad (4.75)$$

$$\overline{\boldsymbol{F}}_{\mathrm{C}}^{(i)} = 2 \boldsymbol{A}^{\mathrm{T}} \boldsymbol{B}_{\mathrm{C}} \boldsymbol{A} \boldsymbol{a}_i$$

$\overline{\boldsymbol{F}}_{\mathrm{C}}^{(i)}$ 定义为弹性测量管系统归一化科氏力载荷列向量,表示系统单位固有频率、流过管中的单位质量流量引起的科氏力载荷。

对于直管段单元,式(4.75)单元列向量对应着 $R_{\mathrm{C}} \rightarrow \infty$ 的情况。

利用式(4.31)和式(4.75),可以在整个弹性测量管系统 $s \in [0, L]$ 组合整体刚度矩阵和归一化科氏力载荷列向量。求解弹性测量管系统的附加副振动的有限元方程可以描述为

$$\boldsymbol{K}_{\mathrm{T}} \boldsymbol{a}^{(\mathrm{C})} - \overline{\boldsymbol{F}}_{\mathrm{C}} = 0 \qquad (4.76)$$

对于科氏质量流量传感器中应用的弹性测量管系统,其两端均为固支边界(同(4.34)条件),可以写为

$$\left. \begin{array}{ll} s = 0, & W(s) = W'(s) = \varphi(s) = 0 \\ s = L, & W(s) = W'(s) = \varphi(s) = 0 \end{array} \right\} \qquad (4.77)$$

结合边界条件式(4.77),对式(4.76)处理后便可以求出弹性测量管系统的附加副振动的归一振型向量 $\boldsymbol{a}^{(\mathrm{C})}$。利用式(4.12)就可以计算得到弹性测量管系统沿轴线方向分布的振型。显然,科氏力载荷引起的附加副振动的幅值与弹性测量管系统的固有频率 ω、流过管中的质量流量 Q_{m} 成正比。

4.4.3　密度的测量

流体流过弹性测量管系统时,对系统等效质量影响较大。事实上利用式(4.33)可以计算、分析流体密度对系统的谐振频率的影响规律。考虑到实际应用的质量流量传感器的弹性敏感元件是由弹性测量管系统与弹性连接装置共同构成的,因此,质量流量传感器实际的工作频率与式(4.33)计算得到的固有频率略有差异。基于弹性系统的工作原理以及能量原理,可以进行简要分析。

基于图 4.9 所示的谐振式直接质量流量传感器的结构与工作原理,测量管弹性系统的等效刚度可以描述为

$$k = k(E, \mu, L, R_C, R_f, h) = E \cdot k_0(\mu, L, R_C, R_f, h) \tag{4.78}$$

式中:$k(\cdot)$、$k_0(\cdot)$——描述弹性系统等效刚度的函数;

　　　R_C——U 形测量管圆弧部分的中轴线半径(m);

　　　L——U 形测量管直管段工作部分的长度(m);

　　　R_f——测量管的内半径(m);

　　　h——测量管的壁厚(m)。

测量管弹性系统的等效质量可以描述为

$$m = m(\rho_m, L, R_C, R_f, h) = \rho_m \cdot m_0(L, R_C, R_f, h) \tag{4.79}$$

式中:$m(\cdot)$、$m_0(\cdot)$——描述弹性系统等效质量的函数。

流体流过测量管引起的附加等效质量可以描述为

$$m_f = m_f(\rho_f, L, R_C, R_f) = \rho_f \cdot m_{f0}(L, R_C, R_f) \tag{4.80}$$

式中:$m_f(\cdot)$、$m_{f0}(\cdot)$——描述流体流过测量管引起的附加等效质量的函数;

　　　ρ_f——流体密度(kg/m³)。

于是,在流体充满测量管的情况下(实际测量情况),系统的固有角频率为

$$\omega_f = \left(\frac{k}{m + m_f}\right)^{0.5} = \left[\frac{E \cdot k_0(\mu, L, R_C, R_f, h)}{\rho_m \cdot m_0(L, R_C, R_f, h) + \rho_f \cdot m_{f0}(L, R_C, R_f)}\right]^{0.5} \text{(rad/s)} \tag{4.81}$$

式(4.81)描述了系统的固有角频率与测量管结构参数、材料参数和流体密度的函数关系,揭示了谐振式直接质量流量传感器可同时实现流体密度测量的机理。

由式(4.81)可知,当测量管没有流体时(即空管),有如下关系:

$$\omega_0^2 = \frac{k}{m} \tag{4.82}$$

而当测量管内充满流体时,有如下关系:

$$\omega_f^2 = \frac{k}{m + m_f} \tag{4.83}$$

结合式(4.78)~式(4.83)可得

$$\rho_f = K_D \left(\frac{\omega_0^2}{\omega_f^2} - 1\right) \tag{4.84}$$

$$K_D = \frac{\rho_m \cdot m_0(L, R_C, R_f, h)}{m_{f0}(L, R_C, R_f)}$$

式中:K_D——与测量管材料参数、几何参数有关的系数(kg/m³)。

4.4.4　双组分流体的测量

一般情况下,当被测流体是两种不互溶的混合液时(如油和水),可以很好地对双组分流体各自的质量流量与体积流量进行测量。

基于体积守恒与质量守恒的关系,考虑液体充满测量管,有

$$V = V_1 + V_2 \tag{4.85}$$

$$V \rho_f = V_1 \rho_1 + V_2 \rho_2 \tag{4.86}$$

式中:V_1、V_2——在测量管内的体积 V 中,密度为 ρ_1、ρ_2 的流体所占的体积($\mathrm{m^3}$);

ρ_1、ρ_2——组成双组分流体的组分 1 和组分 2 的密度($\mathrm{kg/m^3}$),为已知设定值;

ρ_f——实测的混合组分流体密度($\mathrm{kg/m^3}$)。

由式(4.85)、式(4.86)可得:密度为 ρ_1 的组分 1 与和密度为 ρ_2 的组分 2 在总的流体体积中各自占有的比例为

$$R_{V1} = \frac{V_1}{V} = \frac{\rho_f - \rho_2}{\rho_1 - \rho_2} \tag{4.87}$$

$$R_{V2} = \frac{V_2}{V} = \frac{\rho_f - \rho_1}{\rho_2 - \rho_1} \tag{4.88}$$

流体组分 1 与流体组分 2 在总的质量中各自占有的比例为

$$R_{m1} = \frac{V_1 \rho_1}{V \rho_f} = \frac{\rho_f - \rho_2}{\rho_1 - \rho_2} \cdot \frac{\rho_1}{\rho_f} \tag{4.89}$$

$$R_{m2} = \frac{V_2 \rho_2}{V \rho_f} = \frac{\rho_f - \rho_1}{\rho_2 - \rho_1} \cdot \frac{\rho_2}{\rho_f} \tag{4.90}$$

由式(4.89)与式(4.90)可得:组分 1 和组分 2 的质量流量分别为

$$Q_{m1} = \frac{\rho_f - \rho_2}{\rho_1 - \rho_2} \cdot \frac{\rho_1}{\rho_f} \cdot Q_m \tag{4.91}$$

$$Q_{m2} = \frac{\rho_f - \rho_1}{\rho_2 - \rho_1} \cdot \frac{\rho_2}{\rho_f} \cdot Q_m \tag{4.92}$$

式中:Q_m——质量流量传感器实测得到的双组分流体的质量流量($\mathrm{kg/s}$)。

组分 1 和组分 2 的体积流量分别为

$$Q_{V1} = \frac{\rho_f - \rho_2}{\rho_1 - \rho_2} \cdot \frac{1}{\rho_f} \cdot Q_m \tag{4.93}$$

$$Q_{V2} = \frac{\rho_f - \rho_1}{\rho_2 - \rho_1} \cdot \frac{1}{\rho_f} \cdot Q_m \tag{4.94}$$

利用式(4.91)~式(4.94)就可以计算出某一时间段内流过质量流量计的双组分流体各自的质量和各自的体积。

在有些工业生产中,尽管被测双组分流体不发生化学反应,但会发生物理上的互溶现象,即两种组分的体积之和大于混合液的体积。这时上述模型不再成立,但可以通过工程实践,给出有针对性的工程化处理方法。

4.5 传感器稳定可靠工作的实现

对于谐振式直接质量流量传感器,在一些工况较为复杂的应用场景,如在高动态批控灌装、油水气混合流体测量等应用方面,在露天使用、环境干扰因素较多的场地,会严重影响传感器的正常工作状态,使测量误差显著增大;极端情况下,会导致谐振敏感单元停振,传感器无法工作。因此,应采取措施,以提高谐振式直接质量流量传感器的抗干扰能力。这可以通过优化

设计谐振式直接质量流量传感器弹性敏感结构和传感器的闭环控制系统来实现。

　　一方面,可通过创新设计敏感元件边界结构、整体封装结构与传感器安装方式来优化传感器弹性敏感结构。提高谐振式传感器性能的关键是要确保敏感元件始终工作于理想的谐振状态,这就要求敏感元件的振动能量既不向外传递,外界干扰振动能量又不向内传递,以防影响谐振敏感元件的谐振状态,即必须解决传感器的耦合隔振难题。

　　通过采取主动抑制干扰的波节隔振解耦方法和边界封装正交隔振结构,结合多重定距板隔振,使谐振式直接质量流量传感器的敏感结构具有高的抗干扰能力。结合谐振式直接质量流量传感器的工作原理、信号之间的相互作用关系,图 4.12 所示为该传感器振动耦合关系的示意图。为此,针对振动能量的传播途径,提出了基于正交刚度法的解耦方案,以弹性测量管为主构成的质量流量谐振敏感元件的谐振状态与外界干扰振动状态正交,从根本上切断两者之间的联系,使它们的振动能量无法相互传递,以消除或削弱振动耦合的影响;从而提高了谐振敏感元件的抗干扰能力,有效维持了其机械品质因数处于一个较高的水平,保证了谐振式传感器敏感结构的工作状态。

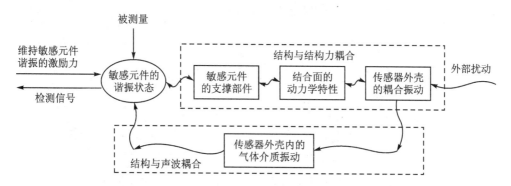

图 4.12　谐振式传感器振动耦合关系

　　另一方面,优化设计较为理想的传感器闭环控制系统,使以弹性测量管结构为主的谐振敏感单元工作时,处于较为理想的、接近于线性工作的谐振状态;同时让两个测量单元拾取到较为理想的振动信号,这就需要优化设计传感器中的激励单元 E 以及检测单元 B、B′。除了优化设计它们在弹性敏感结构上的位置外,还可以采用线性均匀磁场的激励与检测方案。

　　早期的谐振式传感器,多为模拟式闭环控制系统,只能实现一个最佳谐振点,测量范围较小、动态误差较大、易受温度影响;而对于谐振式直接质量流量传感器,其测量过程与被测流体的工况与流体介质的物性参数密切相关,因此,设计研制基于数字技术,具有一定智能化的闭环控制系统,是实现高性能谐振式直接质量流量传感器的重要技术保证。

　　图 4.13 所示为设计的一种基于高速(Field Programmable Gate Array,FPGA)的谐振式直接质量流量传感器数字闭环控制系统。该系统具有调节幅值增益、相位控制的功能,能够实现谐振式传感器在全测量范围内的最小相位误差,使传感器由一个最佳谐振点扩展到全测量范围的最优,实现了全测量范围对敏感元件固有频率的实时跟踪,解决了模拟闭环控制系统固有的缺陷。

　　图 4.14 所示为设计的一种谐振式直接质量流量传感器数字双闭环控制系统示意图。针对质量流量被测参数发生突变的应用情况,该系统设计了动态参数的主动调节控制策略,依据

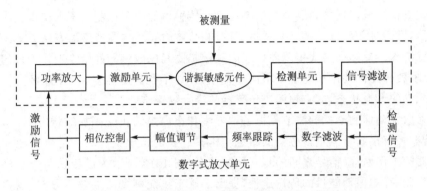

图 4.13　谐振式直接质量流量传感器数字闭环系统

被测参数突变引起的测量管响应进而实时调节幅值和相位,可以实现谐振式传感器最佳闭环工作状态。结合所提出的自跟踪工作频率采样方式和时域与频域综合分析方法,该控制系统大幅提高了质量流量传感器闭环系统的工作品质。实验结果表明,该控制系统能有效保证谐振式直接质量流量传感器在高动态批控灌装、气液两相流测量时的性能。

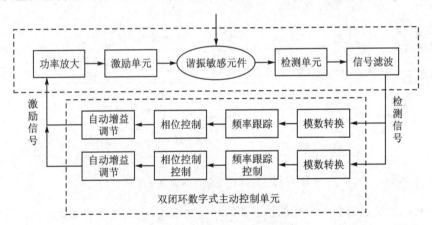

图 4.14　谐振式直接质量流量传感器数字双闭环控制系统

总之,通过优化设计谐振式直接质量流量传感器弹性敏感结构和传感器的数字式闭环控制系统,可以有效保证该传感器处于稳定可靠的高性能工作状态。

4.6　信号检测方案及其传感器系统实现方式

4.6.1　质量流量的信号检测

基于科氏质量流量传感器的工作原理和通过 B′、B 测量到的信号 $S_{B'}$、S_B,可以利用式(4.61)表述的解算模型,通过检测它们之间的相位差 $\varphi_{B'B}$ 直接解算质量流量 Q_m,参见 1.7.2 的有关内容。同样,也可以利用式(4.64)表述的解算模型,通过检测它们的"差"信号与"和"信号的幅值比 R_a 而直接解算质量流量 Q_m,参见 1.7.3 的有关内容。

　　基于科氏质量流量计的工作原理,可以通过敏感元件的主振动频率,即信号 S_B 或 $S_{B'}$ 的频率,利用式(4.84)表述的解算模型,实现对流过测量管中流体密度的测量。对于常规的科氏质量流量计,考虑到其检测信号的输出频率的变化范围在音频 60 Hz～1 kHz,不宜采用频率测量法,参见 1.7.1 的有关内容。

4.6.2　传感器系统的实现方式

　　传统的科氏质量流量计敏感元件中的弹性测量管采用的是精密合金材料。口径范围 1～250 mm。

　　科氏质量流量传感器中应用的弹性测量管结构有许多种形式,它们的一阶弯曲振动与由科氏效应诱导出的二阶弯曲振动的具体形式略有不同,因此相应的固有频率也有差别,反映在科氏质量流量传感器的具体工作模式、灵敏度、线性工作范围、动态响应特性、应用特点等也有一定不同。但实际的科氏质量流量传感器的弹性测量管结构多数可以看成是由直管段和圆弧形测量管段适当组合而成。事实上,对于任意结构,可近似成若干直线形和圆弧形单元的组合。图 4.4 所示为建立的有限元模型所规范的基本单元结构。图 4.15 所示为在科氏流量传感器中常用的四种弹性测量管结构。

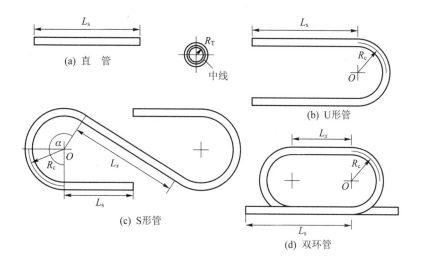

图 4.15　四种典型弹性测量管敏感元件结构

　　为便于分析、比较,本文选择等长的弹性测量管结构进行计算,有关参数如表 4.17 所列。如表 4.18 所列为上述四种结构的其他几何参数及相应的一、二阶弯曲振动的固有频率。

表 4.17　弹性测量管的基本参数

项　目	参　数	项　目	参　数
弹性模量(E)/Pa	1.945×10^{11}	截面平均半径(R_T)/m	0.008
泊松比(μ)	0.32	管壁厚(h)/m	0.002
密度(ρ_m)/(kg·m^{-3})	7.85×10^3	管子总长(L_T)/m	1

表 4.18　几种典型结构的几何参数及相应的一、二阶弯曲振动的固有频率

结构类型	几何参数	一阶弯曲振动的固有频率/Hz	二阶弯曲振动的固有频率/Hz
直管/mm	1 000	101	278
U形管/mm	直管段:311.5,半圆段半径:120	68	171
双环管/mm	端部直管段:190,中部直管段:130,半圆段半径:78	82	134
S形管/mm	端部直管段:135,中部直管段:234,半圆段半径:68	115	135

由表 4.18 的计算结果可知:以上四种弹性测量管敏感元件,一阶弯曲主振动的刚度由小到大的顺序为:U形管、双环管、直管和S形管。二阶弯曲副振动的刚度由小到大的顺序为:双环管、S形管、U形管和直管。因此,U形管最容易实现质量流量传感器的闭环自激系统,双环管次之,直管居三,S形管最难。而从实现对质量流量检测的灵敏度来说,双环管和S形管最大,U形管次之,直管最小。综合考虑:双环管系统是比较理想的敏感元件。但它是空间结构(参见图 4.15(d)),加工工艺要求相对较高。

计算结果进一步揭示了谐振式科氏质量流量传感器敏感的物理机制:在传感器敏感元件的选择上,比较理想的结构形式是:双半圆配合一定的直管段。如果想提高弹性测量管结构的一阶弯曲主振动的刚度,在几何结构上可选择关于中心点"反对称"的形式,如S形管。反之,选择"对称"的形式,如U形管、双环管。而对于二阶弯曲副振动的刚度,正好与上述结论相反。

近年来,随着 MEMS 技术的发展,科技人员研制出了硅片上的谐振式硅微结构科氏直接质量流量传感器,其通过流量的管横截面积约为 $10 \times 100~\mu m^2$。图 4.16 所示为其原理结构示意图。其中,图 4.16(a)为传感器三维视图;图 4.16(b)为传感器横截面视图。它与图 4.9 所示的科氏质量流量传感器工作原理一样,可以实现对质量流量的直接测量,同时也可以测量流体的密度。谐振式硅微结构质量流量传感器除了具有体积小的优势外,还具有一些独特的优势:成本低,响应快,分辨率高。

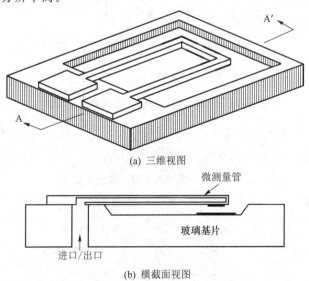

(a) 三维视图

(b) 横截面视图

图 4.16　谐振式硅微结构科氏直接质量流量传感器原理结构

如图 4.16 所示,该谐振式微结构科氏直接质量流量传感器的基本结构包括一个微管和一个玻璃底座。微管的根部与玻璃底座键合在一起,并且用一个硅片将它们真空封装起来。U 形弹性微管是在硅基底上通过深度的硼扩散形成的。微管的振动通过电容来检测,简单实用,精度高。

图 4.16(a)和图 4.16(b)为所研制的谐振式硅微结构科氏直接质量流量传感器的整体结构视图和横截面视图。微管的横截面可以制成矩形或梯形,其与硅基底平行。微管可以很方便地实现不同的形状和参数,例如,微管的横截面可以制成一根头发丝(100 μm)截面的大小,也可以制成一根头发丝截面 1/10 的大小(详见图 4.17 中的(b)、图 4.17(c))。

对于一个具体的谐振式硅微结构科氏直接质量流量传感器样机,实测的微管振动频率约为 16 kHz,机械品质因数为 1 000,具有 2 μg/s 非常出色的质量流量分辨率和优于 2.0 mg/cm³ 流体密度的分辨率。

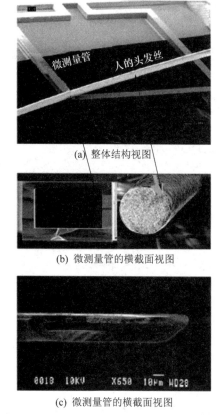

(a) 整体结构视图

(b) 微测量管的横截面视图

(c) 微测量管的横截面视图

图 4.17 谐振式硅微结构科氏直接质量流量传感器结构

4.6.3 传感器的分类

科氏质量流量计发展到现在已有 30 余种系列品种,其主要区别是在流量传感器测量管结构上设计创新;提高质量流量计精确度、稳定性、灵敏度等性能;增加测量管挠度,改善应力分布,降低疲劳损坏;加强抗振动干扰能力等。因而测量管出现了多种形状和结构(参见

图 4.18),这里仅就此从不同角度作些分类和讨论。

(a) Micro Motion   (b) Micro Motion   (c) Micro Motion

(d) Exac   (e) Foxboro   (f) K-Flow

(g) Krohne   (h) Krohne   (i) Smith

(j) Schlumberger   (k) Heinrich's   (l) Rheonik

(m) Endress+Hauser   (n) Fischer & Porter   (o) Danfoss

(p) Bailey   (q) Schlumberger

图 4.18　多种形状和结构的测量管谐振敏感元件

　　谐振式科氏质量流量传感器按测量管形状可分为弯曲形和直形;按测量管段数可分为单管型和双管型;按双管型测量管段的连接方式可分为并联型和串联型;按测量管流体流动方向和工艺管道流动方向间布置方式可分为并行方式和垂直方式。

1. 按测量管形状分类

(1)弯曲形
　　首先投入市场的测量管弯成 U 字形,现在已开发的弯曲形状有 Ω 字形、B 字形、S 字形、圆环形、长圆环形等。弯曲形测量管的质量流量计系列比直形测量管的质量流量计多。设计成弯曲形状是为了降低刚性,因与直管形相比可以采用较厚的管壁,质量流量计性能受磨蚀腐蚀影响较小;但易积存气体和残渣引起附加误差。此外,弹性弯管形的谐振式科氏质量流量传感器整机重量和尺寸要比直管形的大。

（2）直管形

直管形的谐振式科氏质量流量传感器不易积存气体及便于清洗。垂直安装测量浆液时,固体颗粒在暂停运行时不易沉积于测量管内。流量传感器尺寸小,重量轻。但刚度大,管壁相对较薄,测量值受磨蚀腐蚀影响大。

有些型号直管形质量流量传感器的激励频率较高,在 600～1 200 Hz(测量管形的工作频率仅 40～150 Hz),不易受外界工业振动频率的干扰。

近年来,直管形谐振式科氏质量流量传感器得到了快速发展。

2. 按测量管段数分类

这里所指测量管段是流体通过各自振动并检测科里奥利力划分的独立测量管。

（1）单管型

初期研发的产品是单管式,因易受外界振动干扰影响,后期开发的则多趋向于双管型,如图 4.18(q)所示。

（2）双管型

双管型可降低外界振动干扰的敏感性,容易实现相位差的测量,目前绝大多数型号采用双管型的结构。

3. 按双管型测量管的连接方式分类

（1）并联型

并联型如图 4.18(a)、(d)、(f)、(h)、(i)、(j)、(k)、(l)、(m)、(o)、(p)所示。流体流入传感器后经上游管道分流器分成二路进入并联的两根测量管段,然后经与分流器形状相同的集流器进入下游管道。采用这种方式的较多。分流器要求尽可能等量分配,但使用过程中分流器由于沉积黏附异物或磨蚀而改变原有的流动状态,引起零点漂移和产生附加误差。

（2）串联型

串联型如图 4.18(b)、(e)、(g)、(n)所示。流体流过第一测量管段再经导流块引入第二测量管段。这种方式流体流过两测量管段的量相同,不会产生因分流值变化所引起的缺点。

4. 按测量管流动方向和工艺管道流动方向布置方式分类

（1）平行方式

测量管的布置使流体流动方向和工艺管道流动方向平行。采用这种方式的较多,如图 4.18(b)、(d)、(f)、(g)、(j)、(k)、(l)、(m)、(o)、(p)、(q)所示。

（2）垂直方式

测量管的布置与工艺管道垂直,流量传感器整体不在工艺管道振动干扰作用的平面内,故抗管道振动干扰的能力较强,如图 4.18(a)、(e)、(h)、(i)、(n)所示。

4.7　主要应用领域及其特点

4.7.1　应用概况

科氏质量流量计主要用来测量流体的质量流量,其次测量流体的密度,同时还能附加测量流体的温度。利用所测得的流体的质量流量和流体的密度可以解算出测量双组分混合液中各组分的比例,包括质量流量和体积流量。科氏质量流量计应用最多的场合是需要考核流体介质质量为目标的计量总量或测量/控制流量,例如:贸易结算交接计量或企业内部核算计量;批量生产进料的分批计量(替代以前费工费时的称重计量);管道混合配比的控制等。

流体密度是科氏质量流量计测量的第二个参量,在生产过程中作为某些品质控制指标,如溶液稀释浓度,交接时防止卖方有意稀释;或求取溶液中溶质浓度,测量溶液中溶质流量或总量(如油井口流出油水混合液体中油的产量);还可辨别流动中液体的种类,以便进行分路发送(如区分管系成品液和清洗液交替流动,分送下游的不同管道等)。

科氏质量流量计对被测液体的黏度适应范围较宽,从低黏度液化石油气到高黏度原油和沥青液。科氏质量流量计还可应用于非牛顿流体和液固两相流体的质量流量和密度的测量,如乳胶、悬浮高岭土液、巧克力、肉糜浆等。

早期科氏质量流量计仅用于液体,随后扩展应用于高压气体,到 20 世纪 90 年代开始推出适用于测量中低压气体的质量流量计。

近年来,随着基于 MEMS 技术的发展,硅微结构科氏质量流量传感器的研制成功使谐振式科氏质量流量传感器的应用领域进一步扩展,特别是半导体工业、制药、生物等需要进行微流量测量的领域。

科氏质量流量计主要应用于化学工业、石油工业(包括炼制和储运)、食品工业等。

4.7.2　特　　点

谐振式直接质量流量传感器不仅具有谐振式传感器的一般优点,同时基于科氏质量流量传感器的工作原理、谐振敏感元件与整体结构特点,该流量传感器还具有如下独特优点:

① 科氏质量流量传感器可直接测量质量流量,且受流体的黏度、密度、压力等因素的影响很小,是目前精度最高的直接获取流体质量流量的传感器。

② 多功能性,可同步测出流体的密度(从而可以解算出体积流量);可解算出双组分液体(如互不相溶的油和水)各自所占的比例(包括体积流量和质量流量以及它们的累计量);同时,在一定程度上将此功能扩展到具有一定的物理相溶性的双组分液体的测量上。

③ 质量流量、密度的解算都是直接针对周期信号、全数字式的,便于与计算机连接构成分布式计算机测控系统;便于远距离传输;易于解算出被测流体的瞬时质量流量(kg/s)和累计质量(kg);也可以同步解算出体积流量(m^3/s)及累计量(m^3)。

④ 可测量的流体范围广泛,包括高黏度液的各种液体、含有固形物的浆液、含有微量气体的液体、密度较大的中高压气体。

⑤ 测量管路内无阻碍件和活动件,测量管的振动幅小,可视为非活动件。

⑥ 对流体速度分布不敏感,因而无上下游直管段要求。

⑦ 性能稳定,精度高,实时性好。

该流量传感器也有一些不足或需改进的方面,主要有:

① 谐振式科氏质量流量传感器零点不稳定容易形成零点漂移,影响其精确度的进一步提高,故许多型号的质量流量计只得采用基本误差和零点不稳定度两部分表示总误差。科氏质量流量计的零漂在一定程度上限制了其在一些需要长时间使用的场合的应用。

② 谐振式科氏质量流量传感器不能用于测量低密度介质(如低压气体);若液体中含气量超过某一限值(按型号而异)会严重影响测量结果,甚至导致传感器停止工作。

③ 谐振式科氏质量流量传感器对外界振动干扰较为敏感,为防止由于管道振动产生的影响,大部分型号的谐振式科氏质量流量传感器对固定安装要求较高。

④ 不能用于较大管径,目前尚局限于口径 300 mm 以下。

⑤ 测量管内壁磨损腐蚀或沉积结垢会影响测量精确度,尤其对薄壁管测量管的谐振式科氏质量流量传感器的影响更为显著。

⑥ 压力损失较大,与容积式流量计相当,有些结构形式的谐振式科氏质量流量传感器甚至比容积式流量计大 100%。

⑦ 大部分结构形式的谐振式科氏质量流量传感器重量和体积较大。

⑧ 价格昂贵。

4.8　干扰因素及其抑止

4.8.1　压力损失

科氏质量流量计测量上限与其他类型的流量计(如容积式和涡轮式)相比,具有较高的流体测量速度。以水的密度计算名义口径流体速度达 8～12 m/s,有些型号甚至高达 15～16 m/s,而容积式和涡轮式仅为 3～5 m/s。对于双管型的质量流量计,考虑到分流,测量管内流体速度更高,因此大部分型号科氏质量流量计的压力损失较大,用于水等低黏度液体时压力损失为 0.1～0.2 MPa,选用时应予注意。

关于压力损失对测量的影响,可以利用 4.3 节、4.4 节的有限元方程进行理论分析。深入的实验研究也是必需的。根据使用条件选择科氏质量流量计规格时,须考虑的主要因素之一是保证科氏质量流量计的压力损失(或称压力降)Δp 在测量管系统允许值之内。通常,为获得最佳测量精度,质量流量的上限测量值应尽可能接近科氏质量流量计允许的测量范围内的上限值。

科氏质量流量计的压力降随着流体黏度增加而增加。图 4.19 所示是某型质量流量计(口径 40 mm/50 mm)在双对数坐标系中的不同黏度流体流量-压力降关系线列图,$\mu = 1$ mPa·s 相当于常温下水的黏度,$\mu = 0.01$ mPa·s 相当于大部分气体的黏度,其斜率最大,表明当气体流量增加时,其压损增加的幅度相对于测量其他流体变化更显著。从图中可以看出,当流量较大时,黏度为 $\mu = 500$ mPa·s 液体的压力降为水的 10 倍。高黏度液体在质量流量计中呈层流流动,压力降 Δp 和流量 Q_m 之间呈线性关系(即 $\Delta p = KQ_m^n$,其中 K 为系数,指数 $n=1$),低黏度时为紊流流动,基本上为平方关系($n=2$),中等黏度关系为折线,小流量段呈层流,中高流量段为从层流转向紊流的过渡区流动,n 在 1 与 2 之间。

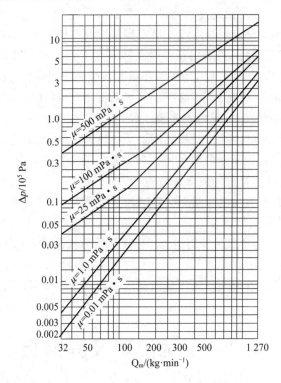

图 4.19　某型质量流量计(口径 40 mm/50 mm)的不同黏度流体流量-压力降关系线列图

若使用流体的黏度在图示线列之间,可以采用比例内插法进行近似计算。这种方法对于高黏度液体层流流动区较为适用。对于中低黏度黏度-压力损失呈指数关系的紊流区和过渡区适用性较差,只能是粗略估计。

由于科氏质量流量计存在较大的压力损失,实际应用中必须要核算动力泵的扬程,使其能够满足克服科氏质量流量计所增加的压力损失。

4.8.2　测量气体流量

测量气体流量时需要考虑是否达到规定的质量流量值,由于气体的密度低,必须要在很高的压力和很高的流体速度下才能达到。同一质量流量计用于测量气体时其性能低于测量液体。特别是在测量低压气体时测量误差会增加好几倍。

通常用于测量气体的科氏质量流量计多数不用气体对其进行检验,而是用水检验质量流量计的仪表常数。一般认为两者之间差别不大,实际上还是有些差别的。有研究表明:在试验后认为流体密度从 1 000 kg/m³(水)到 2 kg/m³(0.17 MPa 空气)很宽的范围内,用工厂校准的仪表常数,精确度优于 2%,一般误差小于±0.5%。

4.8.3 含有气体的液体

当被测液体中含有少量体积比的游离气体,这对测量值有较大的影响。其不仅使测量误差明显增大,而且会引起传感器不能正常工作,甚至停振。当测量气泡小而分布均匀的液体,例如冰淇淋和相似乳化液,情况会好一些。实验研究表明,在测量过程中,流体的压力、速度、黏度和气液混合方式等不同带来的影响也不一样。因此需要深入系统研究实际工况下的有关问题,为提高这类传感器的应用价值提供理论与实验依据。

作者实验室研制的一款图 4.20 所示的类直管形谐振式科氏直接质量流量传感器,由于采用了全数字式闭环系统,传感器系统的稳定性有了明显提高,实测结果表明含气量达到 12%时,仍然能够正常工作。

图 4.20 类直管形谐振式科氏直接质量流量传感器结构

4.8.4 含有固体的液体

科氏质量流量计可以用来测量含有少量固体的液体。当固体含量增加,由于固体具有强磨蚀性或者软固体(如食品汤汁中的蔬菜块),故应按流体的特点选用合适类型测量管的科氏质量流量计。

测量过程含有固体较多或含有软固体的流体时,为防止堵塞,最好选用单管型或双管型中的串联型。如用双管型中的并联型,分流器或汇流器上粘附杂物可改变二路分流量,产生误差;更为严重的情形是如一路堵塞可能不易被立即发现。

测量强磨蚀性的浆液时存在堵塞问题,且对分流管的磨蚀不均匀亦会改变原来的分流比,因此亦不宜选用双管并联型。最好采用单直管形状测量管且管壁较厚的科氏质量流量计。因为测量管形状复杂易产生管壁磨蚀不均匀。

4.8.5 流体工况或物性参量对测量的影响

近来的研究工作表明,科氏质量流量计的测量性能也会受流体的温度、静压、密度、黏度等弱影响因素变化的影响。必须开展深入系统的理论与实验研究,才能给出恰当的修正模型与补偿措施。

1. 温度影响

介质温度或环境温度变化会改变测量管的弹性模量和影响零漂的结构等,同时也会影响检测系统中的电子元器件的性能。

对弹性模量的温度系数的影响,可以通过电子线路补偿以减少其影响量;对零漂的影响体现在测量管几何形状和结构件的非对称性变化,相对而言优化较为困难。

2. 压力影响

流体介质对弹性测量管系统产生的内压会引起测量系统谐振频率和科氏效应的扰动,详见 4.3 节、4.4 节。事实上,管内静压增大会使测量振动管呈绷紧(Stiffening)现象,弯曲管还有布登管效应(Bourdon effect),产生一负向偏差。这两种压力效应虽然影响量很小,但是使用时静压与校准时相差较大时,对于高精度质量流量计其值的影响是不容忽视的。压力影响量取决于测量管管径、壁厚和形状,小口径质量流量计由于壁厚管径比大,影响量小;大口径质量流量计则壁厚管径比小,影响量大。

3. 密度影响

由 4.4.3 小节的分析知,由于流体介质密度对弹性测量管系统的频率有明显的影响,进而影响科氏效应。因此,科氏质量流量计对质量流量的测量性能受介质密度的影响。例如,采用水校准的质量流量计用于测量压缩空气时,会有小于 $\pm 0.5\% R$ 的测量误差,部分应归结于密度的影响。

4. 粘度影响

粘度较高的液体会吸收较多的科里奥利激励系统的能量,在流体流动开始或流体速度有较明显的变化时尤甚。对有些结构设计的科氏质量流量计,这一现象可能导致敏感元件暂时停止谐振,直到流体形成稳定的正常流动。

4.8.6　非线性振动与工频干扰的影响

实际应用的科氏质量流量计的输出信号中,除了传感器工作频率 f_0 外,还存在着 $2f_0$、$3f_0$ 和 50 Hz 的工频信号。其中 $2f_0$ 和 $3f_0$ 信号是由于传感器本身的非线性造成的,这与传感器的结构参数和工作状态有关;50 Hz 工频信号是传感器周围的工作环境产生的。实验分析表明,这些干扰信号对相位差计算的精度有较大的影响。因此在相位差计算之前,必须对信号进行滤波,提高信噪比。采用在 DSP 中进行数字带通滤波的方案可以解决该问题。

思考题

4.1　简要说明直接测量质量流量在流量测量中的重要性。

4.2　说明科里奥利(Coriolis)效应在谐振式直接质量流量传感器中的作用机理。

4.3　简要对比单管型谐振式直接质量流量传感器与双管型谐振式直接质量流量传感器的应用特点。

4.4 简述谐振式直接质量流量传感器输出信号检测的实现方式及其应用特点。

4.5 利用谐振式直接质量流量传感器,能够实现双组分测量的原理是什么? 有什么条件?

4.6 总结谐振式直接质量流量传感器的功能,并从传感器敏感原理与测试系统实现的角度进行说明。

4.7 说明影响谐振式直接质量流量传感器动态特性的因素,给出研究其动态特性的方案。

4.8 给出一种 MEMS 质量流量传感器的工作原理图,并进行简要说明。

4.9 论述谐振式直接质量流量传感器的智能化。

4.10 试比较图 3.24 与图 4.9 中应用的科氏效应的不同点。

4.11 简要说明图 4.9 所示的谐振式直接质量流量传感器采用数字式双闭环系统的应用特点。

4.12 简要说明流体工况与流体物性参数对谐振式直接质量流量传感器测量的影响。

第5章　声表面波谐振式传感器

基本内容:

声表面波

声表面波叉指换能器

叉指换能器的基本特性

叉指换能器的基本分析模型

声表面波谐振器及其特性

典型的声表面波谐振式传感器

5.1　概　　述

声表面波(Surface Acoustic Wave,SAW)谐振式传感器是一类特殊的谐振式传感器,其工作原理是基于声表面波谐振敏感元件的固有频率受被测量的影响规律。

声表面波是英国物理学家瑞利在 1886 年研究地震波的过程中发现的一种集中于地表面传播的声波。1965 年,美国的 R. M. White 和 F. M. Voltmov 发明了能在压电材料表面产生激励声表面波的叉指换能器(Interdigital Transducer,IDT)之后,大大加速了声表面波技术的发展,相继出现了许多各具特色的声表面波器件,使声表面波技术逐渐应用到通信、广播电视、航空航天、石油勘探和无损检测等许多领域。

20 世纪 90 年代以来,基于 SAW 器件频率特性对温度、压力、磁场、电场和某些气体成分等敏感的规律,设计、研制和开发的声表面波谐振式传感器(SAW Resonator transducer/sensor)逐渐引起了传感器技术领域的重视。SAW 谐振式传感器在欧美和日本发展非常迅速,已出现了十几种类型的 SAW 谐振式传感器。由于该传感器符合测控系统的小型化、数字化、智能化和高精度的发展方向,因而受到人们的高度重视。SAW 谐振式传感器具有如下一些独特的优点:

① 高精度、高灵敏度。例如,SAW 谐振式压力传感器的相对灵敏度可达 $0.01 \times 10^{-6} \ \mathrm{Pa}^{-1}$。若传感器的中心频率为 200 MHz,检测器能检测出 2 Hz 的频率变化,那么该传感器可反映出 1 Pa 压力的变化,约相当于 0.1 mm 水压力的变化。再如 SAW 温度传感器,它的理论分辨力可达 $10 \times 10^{-6} \ \mathrm{℃}$。因此,SAW 谐振式传感器非常适用于微小量程的测量。

② 结构工艺性好,便于批量生产。SAW 谐振式传感器是平面结构,设计灵活;片状外形,易于组合和实现单片多功能化;易于实现智能化;安装容易,并能获得良好的热性能和机械性能。SAW 谐振式传感器的核心是 SAW 谐振敏感元件,包括 SAW 谐振器(Surface Acoustic Wave Resonator,SAWR)或延迟线谐振敏感元件,极易集成化、一体化;同时,各种功能电路易组合和简化、结构牢固、质量稳定、重复性强、可靠性好。由于 SAW 谐振式传感器易于大规模生产,故可以降低成本。

③ 体积小,质量小,功耗低。由于采用平面结构,易于集成,所以 SAW 谐振式传感器体积非常小;由于声表面波 90% 以上的能量集中在距表面一个波长左右的深度内,因而损耗低;

此外,SAW 谐振式传感器电路相对简单,所以整个传感器的功耗很小。这对于煤矿、油井或其他有防爆要求的场合特别重要。

④ 与微处理器相连,接口简单。SAW 谐振式传感器直接将被测变化转换成频率的变化。这是准数字式信号,便于传输、处理,极易与微处理器直接配合,组成自适应实时处理系统。

⑤ 抗辐射能力强。由于 SAW 传感器利用的是晶体表面的弹性波,不涉及电子迁移过程,故可用在一些辐射强的场合。

5.2　声表面波叉指换能器

声表面波叉指换能器是一个非常重要的声表面波器件。叉指换能器的出现使声表面波技术以及声表面波谐振式传感器得到了具有实用价值的飞速发展。到目前为止,叉指换能器是唯一可实用的声表面波换能器。

5.2.1　基本特性

1. 叉指换能器的基本结构

叉指换能器的基本结构形式如图 5.1 所示。它由若干淀积在压电衬底材料上的金属膜电极组成。这些电极条互相交叉放置,两端由汇流条连在一起。其形状如同交叉平放的两排手指,故称为均匀(或非色散)叉指换能器。叉指周期长度 $T=2a+2b$。两相邻电极构成一电极对,其相互重叠的长度为有效指长,即换能器的孔径,记为 W。若换能器的各电极对重叠长度相等,则称等孔径(或等指长)换能器。

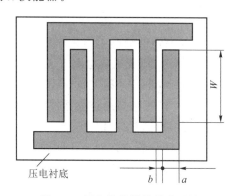

图 5.1　叉指换能器的基本结构

2. 叉指换能器激励 SAW 的物理过程

利用压电材料的逆压电效应与正压电效应,叉指换能器既可以作为发射换能器,用来激励 SAW,又可作为接收换能器,用来接收 SAW。因而这类换能器是可逆的。

当在发射叉指换能器上施加适当频率的交流电信号后,在压电基片内部的电场分布如图 5.2 所示。该电场可分解为垂直分量 E_V 与水平分量 E_H。由于基片的逆压电效应,该电场使指条电极间的材料发生形变,质点产生位移,E_H 使质点产生平行于表面的压缩(膨胀)位移。E_V 则产生垂直于表面的剪切位移。这种周期性的应变形成了沿叉指换能器两侧表面传播出去的 SAW,其频率等于所施加电信号的频率。一侧无用的波可用一种高损耗介质吸收,另一侧的波传播至接收叉指换能器,借正压电效应将 SAW 转换为电信号并输出。

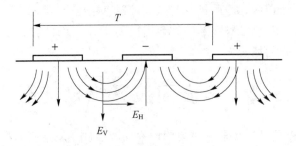

图 5.2　叉指电极下某一瞬间的电场分布

3. 叉指换能器的基本特性

(1)工作频率(f_0)高

由图 5.2 可知:基片在外加电场的作用下产生局部形变。当声波波长与电极周期长度一致时激励(同步)最大。这时电极的周期长度 T 即为声波波长 λ,可表示为

$$\lambda = T = \frac{v}{f_0} \tag{5.1}$$

式中:v——材料的表面波声速(m/s);

f_0——SAW 的工作频率,即外加电场的同步频率(Hz)。

当指宽 a 与间隔 b 相等时,$T = 4a$,则工作频率 f_0 为

$$f_0 = \frac{v}{4a} \tag{5.2}$$

可见,对于确定的声速 v,叉指换能器的最高工作频率只受工艺上所能获得的最小电极宽度 a 的限制。叉指电极由平面工艺制造,随着集成电路工艺技术的发展,现已能获得 0.3 μm 左右的线宽。对石英基片,换能器的工作频率可高达 3 GHz。实际上,目前已制成大量工作频率超过 1.5 GHz 的声表面波器件。工作频率高是这类器件的一大特点。

(2)时域(脉冲)响应与空间几何图形的对应性

叉指换能器的每对叉指电极的空间位置直接对应于时间波形的取样。在图 5.3 所示的多指对发射、接收情况下,将一个 δ 脉冲加到发射换能器上,在接收端收到的信号是到达接收换能器的声波幅度与相位的叠加,能量大小正比于指长。图中单个换能器的脉冲为矩形调制脉冲,如同几何图形一样,卷积输出为三角形调制脉冲。

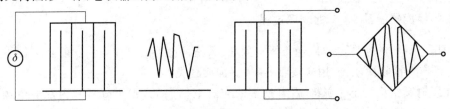

图 5.3　叉指换能器脉冲响应几何图形

换能器的传输(转移)函数为脉冲响应的傅氏变换。这一关系为设计换能器提供了极简单的方法。

(3)带宽直接取决于叉指对数

对于均匀,即等指宽、等间隔的叉指换能器,带宽可简单地表示为

$$\Delta f = \frac{f_0}{N} \tag{5.3}$$

式中:f_0——中心频率(工作频率)(Hz);

　　N——叉指对数。

由式(5.3)可知:中心频率一定时,带宽只决定于叉指对数。叉指对数越多,换能器带宽越窄。声表面波器件的带宽具有很大的灵活性,相对带宽可窄到 0.1%,可宽到 1 倍频程(即 100%)。

(4)具有互易性

作为激励 SAW 用的叉指换能器,同样(且同时)也可作接收用。这在分析和设计时都很方便,但因此也带来麻烦,如声电再生等次级效应将使器件性能变坏。

(5)可作内加权

由特性(2)可推知,在叉指换能器中,每对叉指辐射的能量与指长重叠的有效长度(即孔径)有关。这就可以用改变指长重叠的办法实现对脉冲信号幅度的加权。同时,因为叉指位置是信号相位的取样,因此刻意改变叉指的周期长度,就可实现信号的相位加权,如色散换能器;若幅度加权和相位加权同时使用,以获得某种特定的信号谱,如脉冲压缩滤波器。图 5.4 所示简单地表示了这种情况。其中,图 5.4(a)为幅度加权换能器;图 5.4(b)为相位加权换能器。

 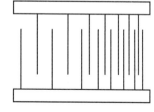

　　(a)　幅度加权换能器　　　　　　　　(b)　相位加权换能器

图 5.4　叉指换能器的内加权特性

(6)制造简单,重复性、一致性好

SAW 器件制造过程类似半导体集成电路工艺,一旦设计完成,制得掩膜母版,只要复印就可获得一样的器件。所以这种器件具有很好的一致性、互换性和重复性。

5.2.2　基本分析模型

为分析叉指换能器的工作机理和设计满足要求的 SAW 器件,必须研究其分析模型。下面介绍应用最广的两种模型。

1.δ 函数模型

叉指换能器截面的电场分布如图 5.5(a)所示。若近似地认为只有垂直表面的电场才激

励 SAW,那么可将电场分布简化为图 5.5(b)的形式。这时,认为电场仅存在于叉指电极的下方,而电极间无电场分量的作用,且各电极的电场是正负交替出现的。沿 x 传播方向的电场分布如图 5.5(c)所示。电场梯度最大的地方是在电极边缘处,如图 5.5(d)所示。这是一系列脉冲,且两两同号相间。即可将每条叉指的每个边缘看成相互独立的 δ 函数声源输出的叠加。

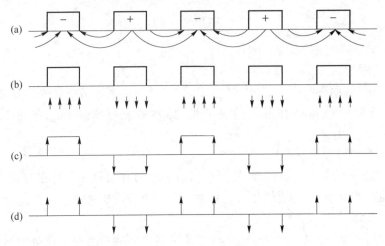

图 5.5　δ 函数模型电场分布及简化形式

设某一 IDT 有 N 个指边缘(即 $N/2$ 条指):$x_1,x_2,\cdots,x_n,\cdots,x_N$;δ 脉冲声源作用于指中心,且两个 δ 声源脉冲间距为 $\lambda_0/2$,如图 5.6(b)所示。各叉指重叠长度相等,即 $W_1=W_2=\cdots=W_n=W$。于是,对有 N 对指的换能器($2N+1$ 根指,$2N$ 个间隔),当考虑到 $\Delta\omega/\omega_0\ll1$ 时,其转移函数为

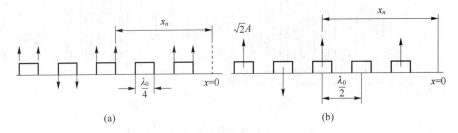

图 5.6　δ 函数模型的离散平面波源

$$H(\omega)=2NW\frac{\sin X}{X}e^{j\left[\omega_0 t-\left(\frac{2N-1}{2}\right)\pi\right]} \tag{5.4}$$

$$X=N\pi\frac{\Delta\omega}{\omega}$$

由式(5.4)可知:等指长的均匀叉指换能器的转移函数为辛格函数,其图形如图 5.7 所示。将主峰值下降 3 dB 时的频谱宽度定义为带宽。由此定义可求得

$$\left(\frac{\Delta\omega}{\omega}\right)_{3\,dB}\approx\frac{1}{N} \tag{5.5}$$

一个 SAW 器件有两个叉指换能器,分别用于发射与接收,其位置如图 5.8 所示。

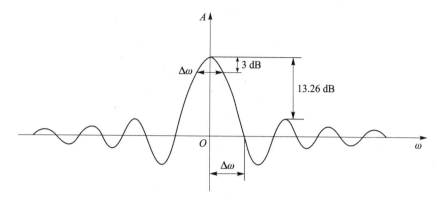

图 5.7　均匀、等孔径叉指换能器的转移函数波形

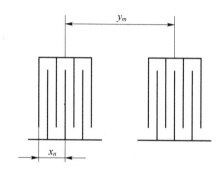

图 5.8　一对完全相同换能器时的 δ 函数模型分析

设两个 IDT 相同,且接收换能器有 M 个边缘,则总的输出应为 M 个边缘输出的叠加,其频率响应简化为

$$H(\omega) = \left[\sum_{n=1}^{N} W_n e^{j\frac{2\pi f}{v}x_n}\right]^2 \cdot e^{-j\frac{2\pi f}{v}B} \tag{5.6}$$
$$B = y_m - x_n$$

式中: y_m——两个叉指换能器中心之间的距离(m)(见图 5.8);

$e^{-j\frac{2\pi f}{v}B}$——固定延迟。

δ 函数模型的主要优点在于简单、直观。在同步频率附近,δ 函数模型能给出通带形状的较好描述。

2. 脉冲响应模型

IDT 的一个特性是其脉冲响应与叉指电极的几何形状有一一对应的关系。这一关系提供了一个直观而简便的模型——脉冲响应模型。

图 5.9 所示的一对换能器,若接收换能器为一宽带换能器,有足够的孔径将全部发射声波束收集起来,则总的频率响应为

$$H(\omega) = H_1(\omega) \cdot H_2(\omega) \tag{5.7}$$

按卷积定理,总脉冲响应 $h(t)$ 为两个换能器的脉冲响应之卷积,即

$$h(t) = \int_{-\infty}^{\infty} h_1(\tau) h_2(t-\tau) \, \mathrm{d}\tau \tag{5.8}$$

利用脉冲响应模型,可求得换能器的转移函数。

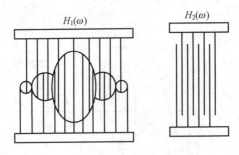

图 5.9　叉指换能器对的频率响应

5.3　声表面波谐振敏感元件

5.3.1　结构与原理

SAW 谐振式传感器的核心是 SAW 谐振器。该谐振器有两种结构形式:SAW 谐振子(SAW Resonator,SAWR)或 SAW 延迟线与放大器以及匹配网络组成。SAWR 是目前在甚高频和超高频段实现高 Q 值的唯一器件。SAWR 由叉指换能器和金属栅条式反射器构成,如图 5.10 所示。两个叉指换能器一个用作发射声表面波,一个用作接收声表面波。叉指换能器及反射器是用半导体集成工艺将金属铝淀积在压电基底材料上,再用光刻技术将金属薄膜刻成一定尺寸及形状的特殊结构。叉指换能器的指宽、叉指间隔以及反射器栅条宽度、间隔都必须根据中心频率、Q 值的大小、对噪声抑制的程度和损耗大小来进行设计、制作。

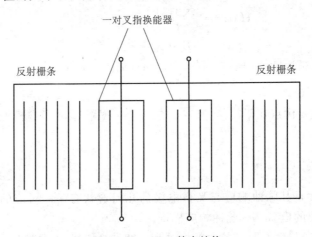

图 5.10　SAWR 基本结构

SAWR 是一种平板电极结构。它是采用光刻技术在一个合适的压电材料上制成的。其工作原理和通常的压电石英谐振器一样。SAW 由叉指换能器产生,叉指换能器可将机械信号变换成电信号,或将电信号变换成机械信号。SAW 被限制在谐振腔内。谐振腔的 Q 值由材料的插入损耗和空腔泄漏损耗决定。只要严格地控制制造工艺,SAWR 同样也能达到体波石英谐振器所具有的优良的频率控制特性。图 5.11 所示是三种常用谐振器的简图。图 5.11(a)是单叉指换能器式谐振器,是最简单的一种,属于单端对、单通道谐振器结构。

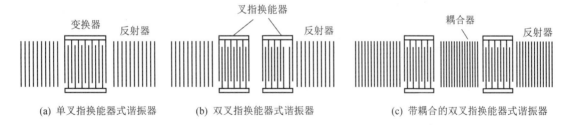

(a) 单叉指换能器式谐振器　　　(b) 双叉指换能器式谐振器　　　(c) 带耦合的双叉指换能器式谐振器

图 5.11　SAWR 不同的谐振腔结构

图 5.11(a)所示的 SAWR 相互干扰低和插入损耗低。而图 5.11(b)和图 5.11(c)所示的是双叉指换能器式谐振器和带耦合的双叉指换能器式谐振器的结构,由于在谐振腔中心,声信号的传播损耗大,而使整个 SAWR 的插入损耗高。但它们都具有受正反馈 SAWR 控制的振荡结构所必需的 180°相移。

在输入或输出换能器两边有许多周期性排列的反射栅条。当 SAW 的波长近似等于栅条周期长度的 2 倍时,反射栅的作用就像一面镜子。在这个频率范围内,所有的表面波能量都被限制在由这两个栅条组成的谐振腔内。每个栅条如同一个阻抗不匹配的传输线产生反射。用足够数目的栅条,那么所有反射栅条的总反射几乎等于来自叉指换能器的入射波;在谐振频率上,所有的反射叠加在一起,就产生一个高 Q 值的窄带信号。

虽然单端对 SAWR 有许多合乎要求的特性,但它没有双端对 SAWR 设计起来更灵活。当用它组成 SAWR 电路时,单端对 SAWR 反馈到 SAWR 放大器的输入端的信号必须设计成具有 180°的相移。实际上,单端对 SAWR 所要求的 180°相移虽然能够得到,但相位噪声却超过了双端对 SAWR。

在选择 SAWR 基片材料时,可考虑下面一些因素:相对带宽、插入损耗、工作温度要求以及与温度有函数关系的频率稳定度等。不同压电材料的应用特性不大相同。当要求宽频带且温度系数小于等于 $10^{-4}℃^{-1}$ 时,可采用高耦合材料——铌酸锂;而石英材料由于插入损耗大,不适合应用于宽频带;当要求窄频带时,则石英晶体由于有很高的稳定性而常常被采用。在 $0\sim80$ ℃的温度范围内,使用温度补偿振荡电路,也可使石英晶体制作的 SAWR 标称频漂小于 10^{-4}。

由 SAWR 组成的 SAW 谐振式传感器的结构原理如图 5.12 所示。

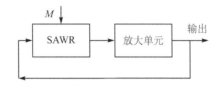

图 5.12　SAWR 组成的谐振式传感器结构原理

SAWR 的输出信号经放大后,正反馈到对应的输入端。只要放大器的增益能补偿谐振器及其连接导线的损耗,同时又能满足一定的相位条件,那么谐振敏感元件就可以起振、自激。起振后的 SAWR 的谐振频率会随着温度、压电基底材料的变形等因素影响而发生变化。因此,SAWR 可用来做成测量各种物理量的传感器。

若用声表面波延迟线做成 SAW 谐振敏感元件,并在两叉指电极之间涂覆一层对某种气体或湿度敏感的材料,就可制成 SAW 谐振式气体或 SAW 谐振式湿度传感器。

5.3.2　频率的温度稳定性

为了提高 SAW 谐振敏感元件的频率稳定性,需要在电路中加入一定的补偿电路。这样,在很宽的温度范围内,SAW 谐振敏感元件就能以高精度在一个给定的频率上振荡。

为了提高稳定性,在制造 SAW 器件时,必须在工作频率范围内(例如 300～400 MHz)进行老化试验,以确定 SAW 器件老化特性受几种因素的影响。例如,为减小老化的影响,必须采取密封装置、真空烘干和抽真空封装等措施。另外,在安装 SAW 器件的密封盒中,避免有挥发性的物质,也不要在 SAW 空腔谐振器内喷涂单分子有机物或其他材料,以免影响谐振器长期工作性能或导致频率漂移及稳定性的降低。以上措施都将会大大提高 SAW 谐振敏感元件的频率稳定度。

定量分析谐振器的老化情况是分析研究稳定度的一个主要任务。无论是石英谐振器、体波谐振器还是 SAW 谐振敏感元件,它们的特性随时间的变化都是很小的。谐振器工作一年以后,其频率稳定精度仍可达 10^{-7} 或更小。这是因为谐振器是无源装置,一般都是将谐振器作为频率反馈元件而构成谐振电路。另外,采用集成温度补偿、双通道 SAW 谐振敏感元件以及先进的高真空封装技术,可使频率的温度稳定度达到很高水平。

5.4　SAW 谐振式应变传感器

在力或力矩等被测量的作用下,SAWR 均产生应变,如图 5.13 所示。因此,许多被测量的检测,可以通过对由其引起的应变的测量来实现。

图 5.13　加力后 SAWR 产生的变形

通常,SAWR 的谐振频率可表示为

$$f = \frac{v}{\lambda} \tag{5.9}$$

式中:v——声波在压电基底材料表面传播的速度(m/s),$v \approx \left(\dfrac{E}{\rho_m}\right)^{0.5}$;

　　λ——声波的波长(m)。

对于均匀分布的叉指换能器,声表面波的波长 λ 与叉指换能器两相邻电极中心距 d 之间有下列关系,即

$$\lambda = 2d \tag{5.10}$$

图 5.14 所示为激振后 SAWR 表面状态的示意图。若指宽 a 与指间距 b 相等,则

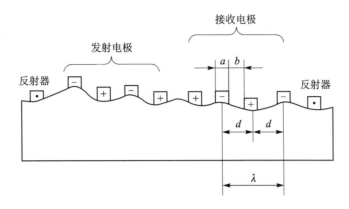

图 5.14　激振后 SAWR 表面状态

$$a=b=\frac{\lambda}{4} \tag{5.11}$$

设未加载的 SAWR 表面波传播速度为 v_0,波长为 λ_0,则谐振频率为

$$f_0=\frac{v_0}{\lambda_0} \tag{5.12}$$

当作用力沿着声波传播方向加在 SAWR 基片上时,使之产生应变 ε(参见图 5.13),则有

$$\varepsilon=\frac{\Delta l}{l} \tag{5.13}$$

由于叉指电极是淀积在压电基底材料上的,所以两叉指中心距 d 也因基底材料应变而改变。这样,SAWR 的应变也可写成

$$\varepsilon=\frac{\Delta d}{d_0} \tag{5.14}$$

声表面波器件受力作用产生应变之后,叉指中心距 d 与应变 ε 的关系为

$$d(\varepsilon)=d_0+\Delta d=d_0+\varepsilon d_0=d_0(1+\varepsilon) \tag{5.15}$$

又因 $\lambda_0=2d_0$,所以

$$\lambda(\varepsilon)=2d(\varepsilon)=2d_0(1+\varepsilon)=\lambda_0(1+\varepsilon) \tag{5.16}$$

式(5.16)表明:压电材料表面声波的波长随着应变 ε 的增加而增加。

同时,在压电材料发生应变时,会引起材料密度 ρ 的变化,从而影响声波传播速度的变化。应变 ε 对传播速度 v 的影响可用下面的形式表示,即

$$v(\varepsilon)=v_0(1+k_\varepsilon\varepsilon) \tag{5.17}$$

式中:k_ε——材料常数。

因此,SAWR 的谐振频率与应变 ε 有关,即可描述为

$$f(\varepsilon)=\frac{v(\varepsilon)}{\lambda(\varepsilon)}=\frac{v_0(1+k_\varepsilon\varepsilon)}{\lambda_0(1+\varepsilon)} \tag{5.18}$$

由应变所引起的谐振频率的绝对变化为

$$\Delta f=f(\varepsilon)-f_0=f_0\left(\frac{1+k_\varepsilon\varepsilon}{1+\varepsilon}-1\right)=f_0\frac{\varepsilon(k_\varepsilon-1)}{1+\varepsilon} \tag{5.19}$$

一般情况下,由于 $\varepsilon < 10^{-3}$,故式(5.19)分母中的 ε 可以略去不计,于是得到下面的近似线性关系式:

$$\Delta f = f(\varepsilon) - f_0 \approx f_0 \varepsilon (k_\varepsilon - 1) \tag{5.20}$$

$$f(\varepsilon) = f_0 + \Delta f \approx f_0 (1 - k\varepsilon) \tag{5.21}$$

$$k = 1 - k_\varepsilon$$

若 SAWR 的基底材料是石英晶体,则有

$$k_\varepsilon = -0.4$$

$$k = 1 - k_\varepsilon = 1 - (-0.4) = 1.4$$

所以

$$f(\varepsilon) = f_0 + \Delta f = f_0 (1 - 1.4\varepsilon) \tag{5.22}$$

由理论分析可知,叉指换能器的电极对声波在基底材料表面的传播速度 v 有影响。其影响程度与叉指电极覆盖的厚度有关,如图 5.15 所示。实际上,由于叉指电极是非常薄的金属镀层($t/\lambda = 0.01 \sim 0.1$),因此,叉指电极对传播速度的影响不大,在计算中可忽略。

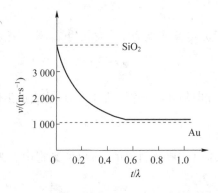

t—质量覆盖层厚度;λ—声波波长。

图 5.15   石英晶体上覆盖质量对声波传播速度的影响

SAW 谐振式应变传感器是一类物理量 SAW 谐振传感器的基础。这类 SAW 谐振式传感器基于被测量改变敏感结构的应变,是通过 SAWR 来实现的。因此,对于这类 SAW 谐振式传感器的设计、分析、研究,首要的就是研究其敏感结构的应变特性。

5.5   SAW 谐振式压力传感器

5.5.1   结构与原理

图 5.16 所示为 SAW 谐振式压力传感器的结构原理示意图。这是一个具有温度补偿的差动结构 SAW 谐振式传感器。该 SAW 谐振式传感器的关键部件是在石英晶体膜片上制备的压力敏感芯片,其上制备有两个完全相同的 SAWR,分别置于膜片的中央和边缘。

两个 SAWR 分别连接到放大器的反馈回路中,构成输出频率的谐振器。两路输出的频率经混频、低通滤波和放大,得到一个与外加压力一一对应的差频输出。

由图 5.16 可知:因为敏感膜片上的两个谐振器相距很近,故认为环境温度变化对两个谐振器的影响所引起的频率偏移近似相等,经混频取差频信号就可以减小或抵消温度对输出的影响,即具有差动结构的 SAW 谐振式压力传感器可以实现温度补偿。

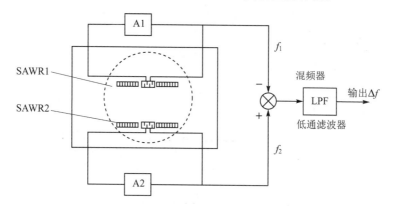

图 5.16　差动式双谐振器 SAW 谐振式压力传感器的结构原理框图

在两个振荡回路内,设计的放大器增益不仅能补偿谐振器的插入损耗,而且能满足一定的相位条件,使系统起振,实现闭环工作。借助于式(1.14),式(1.15),起振条件可以表述为

$$G_A > L_S(f) \tag{5.23}$$

$$\varphi_R + \varphi_A = 2n\pi \quad (n \text{ 为整数}) \tag{5.24}$$

式中:G_A——放大器增益;

$\quad\quad L_S(f)$——谐振器的插入损耗;

$\quad\quad \varphi_R$、φ_A——谐振器的相移(rad)和放大器的相移(rad)。

5.5.2　差动检测模式的特性方程

1. 圆平膜片的应变特性

依据板的小挠度变形理论,当膜片受对称载荷时,在其中面只有法线方向位移 $w(\rho)$,在平行于中面的其他面内还有半径方向位移 $u(\rho, z)$,如图 5.17 所示。圆平膜片上 M 点位移矢量可以描述为

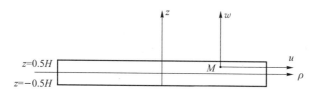

图 5.17　圆平膜片位移

$$\boldsymbol{V} = u(\rho, z)\boldsymbol{e}_\rho + w(\rho)\boldsymbol{e}_z \tag{5.25}$$

式中:$\boldsymbol{e}_\rho$、$\boldsymbol{e}_z$——圆平膜片沿半径方向、法线方向的单位矢量。

根据圆平膜片的几何特征及其小挠度振动,半径方向位移可以用法线方向位移表述为

$$u(\rho, z) = -\frac{\partial w(\rho)}{\partial \rho} z \qquad (5.26)$$

圆平膜片的应变为

$$\left. \begin{array}{l} \varepsilon_\rho = -\dfrac{d^2 w(\rho)}{d\rho^2} z \\[2mm] \varepsilon_\theta = -\dfrac{dw(\rho)}{\rho\, d\rho} z \\[2mm] \varepsilon_{\rho\theta} = 0 \end{array} \right\} \qquad (5.27)$$

圆平膜片的弹性势能为

$$U = \frac{1}{2} \iiint\limits_V (\sigma_\rho \varepsilon_\rho + \sigma_\theta \varepsilon_\theta + \sigma_{\rho\theta} \varepsilon_{\rho\theta})\, dV = \pi D \int_0^R \left[\left(\frac{d^2 w}{d\rho^2}\right)^2 + \frac{2\mu}{\rho} \frac{dw}{d\rho} \frac{d^2 w}{d\rho^2} + \frac{1}{\rho^2} \left(\frac{dw}{d\rho}\right)^2 \right] \rho\, d\rho$$

$$(5.28)$$

$$D = \frac{EH^3}{12(1-\mu^2)}$$

式中：D——膜片的抗弯刚度；

$\quad\ V$——膜片的体积积分域。

均布压力 p 对膜片做的功为

$$W = \iint\limits_S p w(\rho) \rho\, d\rho\, d\theta = 2\pi \int_0^R p w(\rho) \rho\, d\rho \qquad (5.29)$$

式中：S——膜片中面的面积积分域。

周边固支圆平膜片的几何边界条件为

$$\left. \begin{array}{ll} \rho = 0, & \dfrac{dw}{d\rho} = 0 \\[2mm] \rho = R, & w = \dfrac{dw}{d\rho} = 0 \end{array} \right\} \qquad (5.30)$$

于是，圆平膜片的法线方向位移分量可以近似表述为

$$w(\rho) = C_0 \left(1 - \frac{\rho^2}{R^2}\right)^2 = C_0 \left(\frac{\rho^4}{R^4} - 2\frac{\rho^2}{R^2} + 1\right) = C_0 g_0(\rho) \qquad (5.31)$$

式中：C_0——圆平膜片的最大法线方向位移(m)。

由式(5.29)、式(5.31)可得圆平膜片的弹性势能为

$$U = \pi D \int_0^R \left[\left(\frac{d^2 w}{d\rho^2}\right)^2 + \frac{2\mu}{\rho} \frac{dw}{d\rho} \frac{d^2 w}{d\rho^2} + \frac{1}{\rho^2} \left(\frac{dw}{d\rho}\right)^2 \right] \rho\, d\rho =$$

$$\pi D C_0^2 \int_0^R \left[g_3^2(\rho) + 2\mu g_2(\rho) g_3(\rho) + g_2^2(\rho) \right] \rho\, d\rho = \frac{32\pi D C_0^2}{3R^2} = q_{10} C_0^2 \qquad (5.32)$$

$$q_{10} = \frac{32\pi D}{3R^2} \qquad (5.33)$$

将式(5.31)代入式(5.29)可得

$$W = 2\pi \int_0^R p w(\rho) \rho\, d\rho = 2\pi p C_0 \int_0^R g_0(\rho) \rho\, d\rho = \frac{\pi R^2 p C_0}{3} = q_{00} C_0 \qquad (5.34)$$

$$q_{00} = \frac{\pi R^2 p}{3} \qquad (5.35)$$

结合式(5.32)~式(5.35),建立泛函

$$\pi_1 = U - W = q_{10} C_0^2 - q_{00} C_0 \tag{5.36}$$

利用 $\dfrac{\partial \pi_1}{\partial C_0} = 0$,可得

$$2 q_{10} C_0 - q_{00} = 0$$

即

$$C_0 = \frac{q_{00}}{2 q_{10}} = \frac{R^4 p}{64 D} \tag{5.37}$$

将式(5.37)代入式(5.31)得

$$w(\rho) = \overline{W}_{R,\max} H \left(1 - \frac{\rho^2}{R^2} \right)^2 \tag{5.38}$$

$$\overline{W}_{R,\max} = \frac{3 p (1 - \mu^2)}{16 E} \cdot \left(\frac{R}{H} \right)^4$$

式中:$\overline{W}_{R,\max}$——圆平膜片的最大法线方向位移与其厚度的比值,量纲为一。

由式(5.26)可得圆平膜片上表面($z = H/2$)的半径方向位移为

$$u(\rho) = \frac{3 p (1 - \mu^2)(R^2 - \rho^2)\rho}{8 E H^2} \tag{5.39}$$

由式(5.39)、式(5.27)可得圆平膜片上表面应变为

$$\left. \begin{array}{l} \varepsilon_\rho = \dfrac{3 p (1 - \mu^2)(R^2 - 3\rho^2)}{8 E H^2} \\[2mm] \varepsilon_\theta = \dfrac{3 p (1 - \mu^2)(R^2 - \rho^2)}{8 E H^2} \\[2mm] \varepsilon_{\rho\theta} = 0 \end{array} \right\} \tag{5.40}$$

均布压力 p 作用下的圆平膜片上表面半径方向位移 $u(\rho)$,圆平膜片法线方向位移 $w(\rho)$ 和上表面沿半径方向分布的正应变 ε_ρ、ε_θ 的规律分别如图 5.18~图 5.20 所示。

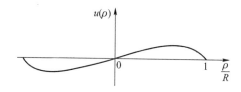

图 5.18　周边固支圆平膜片上表面半径方向位移

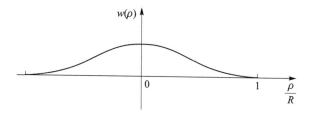

图 5.19　周边固支圆平膜片法线方向位移

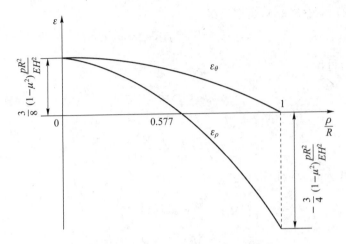

图 5.20　周边固支圆平膜片上表面应变

2. SAWR 的谐振频率分析

由式(5.13)可知:SAWR 的谐振频率(Hz)为

$$f = \frac{v}{\lambda}$$

对于均匀叉指换能器,SAW 波长 λ 是叉指电极中心距 d 的 2 倍,即 $\lambda = 2d$。所以,当外力作用于敏感膜片上时,基片受应力作用产生应变,使叉指电极的中心距发生变化,亦即波长 λ 发生变化。同时,材料弹性模量和密度也发生变化,使声表面波速度发生变化。波长 λ 及声速 v 的变化引起谐振器输出频率变化,其变化大小与外加压力的大小有对应的关系。

由于基片中传播的声速 v 和叉指电极中心距 d 都是压力和温度的函数,因此谐振频率也是压力 p 和温度 T 的函数,可以描述为

$$f(p,T) = \frac{v(p,T)}{\lambda(p,T)} \tag{5.41}$$

由式(5.41)可知

$$\mathrm{d}f = \frac{\mathrm{d}v}{\lambda} - \frac{v\,\mathrm{d}\lambda}{\lambda^2} = \frac{v}{\lambda}\left(\frac{\mathrm{d}v}{v} - \frac{\mathrm{d}\lambda}{\lambda}\right) \tag{5.42}$$

又因为

$$\mathrm{d}v = \frac{\partial v}{\partial p}\mathrm{d}p + \frac{\partial v}{\partial T}\mathrm{d}T \tag{5.43}$$

$$\mathrm{d}\lambda = \frac{\partial \lambda}{\partial p}\mathrm{d}p + \frac{\partial v}{\partial T}\mathrm{d}T \tag{5.44}$$

则当压力和温度都发生变化时,由式(5.42)～式(5.44)可知:这两种因素变化引起的谐振频率的相对变化量为

$$\frac{\mathrm{d}f}{f} = \frac{\mathrm{d}v}{v} - \frac{\mathrm{d}\lambda}{\lambda} = -(\alpha_p \mathrm{d}p + \alpha_T \mathrm{d}T) \tag{5.45}$$

$$\alpha_p = \frac{1}{\lambda}\frac{\partial \lambda}{\partial p} - \frac{1}{v}\frac{\partial v}{\partial p} \tag{5.46}$$

$$\alpha_T = \frac{1}{\lambda} \frac{\partial \lambda}{\partial T} - \frac{1}{v} \frac{\partial v}{\partial T} \tag{5.47}$$

式中：α_p、α_T——一阶压力系数(1/Pa)和一阶温度系数(1/℃)。

叉指换能器各电极的中心距 d 与沿着声表面波传播方向上的应变 ε_l 有关，其关系式为

$$d + \Delta d = d(1 + \varepsilon_l) \tag{5.48}$$

由式(5.48)及 $\lambda = 2d$，可得到

$$\frac{1}{\lambda} \cdot \frac{\partial \lambda}{\partial p} = \frac{1}{d} \cdot \frac{\partial d}{\partial p} = \frac{\partial \varepsilon_l}{\partial p} \tag{5.49}$$

而 SAW 速度与应变间的关系可以表示为

$$v + \mathrm{d}v = v(1 + \delta_1 \varepsilon_1 + \delta_2 \varepsilon_2) \tag{5.50}$$

式中：ε_1、ε_2——与 SAW 传播方向平行和垂直的表面弯曲应变；

δ_1、δ_2——实验测定的应变系数，对于 ST 切型石英，$\delta_1 = -0.044 \pm 0.002$，$\delta_2 = -0.164 \pm 0.01$。

将式(5.49)、式(5.50)代入式(5.48)可得一阶压力系数为

$$\alpha_p = \frac{\partial \varepsilon_1}{\partial p} - \delta_1 \frac{\partial \varepsilon_1}{\partial p} - \delta_2 \frac{\partial \varepsilon_2}{\partial p} \tag{5.51}$$

借助于圆平膜片在均布压力作用下其上表面各处的应变关系式(5.40)，同时考虑到叉指换能器的孔径与圆平膜片的半径相比是小量，因此，可给出周边固支的圆平膜片上 SAWR 的平均压力系数为

$$\overline{\alpha}_p(x_0, y_0) = \overline{\alpha}_{p0}\left[(\delta_1 - 1 + \delta_2) - \left(\frac{x_0}{R}\right)^2(\delta_1 - 1 + 3\delta_2) - \left(\frac{y_0}{R}\right)^2\left(\delta_1 - 1 + \frac{\delta_3}{3}\right)\right] \tag{5.52}$$

$$\overline{\alpha}_{p0} = \frac{3(1 - \mu^2)}{8E}\left(\frac{R}{H}\right)^2 \tag{5.53}$$

式中：R、H——圆膜片的半径(m)和厚度(m)；

E、μ——基片材料的弹性模量(Pa)和泊松比，对 ST 切型石英，$E = 8.3 \times 10^{10}$ Pa，$\mu = 0.26$；

x_0、y_0——SAW 叉指换能器中心点位置(m)。

3. 差动输出模式

针对图 5.16 所示的差动式双谐振器 SAW 谐振式压力传感器的结构，由于两个谐振器在一个圆膜片上且靠得很近，故认为所受环境温度影响近似相等，在工作过程中有相同的温度变化量 ΔT。

由式(5.45)经简单推导，可以写出两路通道的输出频率分别为

$$\left.\begin{array}{l} f_1 = f_{10}\left[1 - \overline{\alpha}_{p1}p - \overline{\alpha}_T \Delta T\right] \\ f_2 = f_{20}\left[1 - \overline{\alpha}_{p2}p - \overline{\alpha}_T \Delta T\right] \end{array}\right\} \tag{5.54}$$

式中：f_{10}、f_{20}——设置于圆膜片中心和边缘处的谐振子 1 和 2 在未加压时的输出频率(Hz)；

$\overline{\alpha}_{p1}$、$\overline{\alpha}_{p2}$——圆膜片中心和边缘处的平均压力系数(1/Pa)；

$\overline{\alpha}_T$——基片的平均温度系数(1/℃)；

ΔT——温度的变化量(℃)。

由式(5.38)可得传感器的输出差频

$$f_D = f_1 - f_2 = f_{D0} - (\overline{\alpha}_{p1} \cdot f_{10} - \overline{\alpha}_{p2} \cdot f_{20})p - \overline{\alpha}_T(f_{10} - f_{20})\Delta T \tag{5.55}$$

其中 $f_{D0} = f_{10} - f_{20}$，是未加压力时两个谐振器的差频输出，所以由外加压力而引起的频率偏移为

$$\Delta f_{Dp} = f_D - f_{D0} = -(\overline{\alpha}_{p1} \cdot f_{10} - \overline{\alpha}_{p2} \cdot f_{20})p \tag{5.56}$$

由温度差 ΔT 引起的漂移为

$$\Delta f_{DT} = -\overline{\alpha}_T f_{D0}\Delta T = -\overline{\alpha}_T(f_{10} - f_{20})\Delta T = -(\overline{\alpha}_T f_{10}\Delta T - \overline{\alpha}_T f_{20}\Delta T) = \Delta f_{1T} - \Delta f_{2T}$$
$$\tag{5.57}$$

式中：Δf_{1T}、Δf_{2T}——由于温度变化而引起的两个谐振器频率偏移(Hz)。

　　分析式(5.56)可知：只要参数选择合适，采用差动结构的 SAW 谐振式压力传感器，其灵敏度相对于单通道结构大大提高。从式(5.41)可知：如果使 $f_{D0} = f_{10} - f_{20} \ll f_{10}$(或 f_{20})，则由温度变化引起的差频输出偏移远小于由温度所引起的单通道内的频率偏移 Δf_{1T} 或 Δf_{2T}。这样，就得到一个具有温度补偿功能的高灵敏度的 SAW 谐振式压力传感器。

5.6　SAW 谐振式加速度传感器

5.6.1　结构与原理

　　SAW 谐振式加速度传感器采用悬臂梁式弹性敏感结构，在由压电材料(如压电石英晶体)制成的悬臂梁的表面上设置 SAWR 结构。加载到悬臂梁自由端的敏感质量块感受到被测加速度，在敏感质量块上产生惯性力，使谐振器区域产生表面变形，改变 SAW 的波速，导致谐振器的中心频率变化。因此，SAW 谐振式加速度传感器实质上是加速度-频率变换器。输出的频率信号经相关处理，就可以得到被测加速度值。

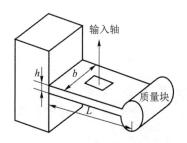

图 5.21　SAW 悬臂梁谐振式加速度传感器的结构

　　图 5.21 所示为长 L、宽 b、厚 h 的一端固支的悬臂梁，其自由端通过加载直径为 D 的质量块来感受加速度。

5.6.2　频率特性方程

1.受法线方向力悬臂梁的应变特性

　　图 5.22、图 5.23 所示为悬臂梁受法线方向力作用时的结构示意图和坐标系。

　　如图 5.23 所示，在梁的中面建立直角坐标系。梁的一端($x=0$)固定，另一端受法线方向作用力 F。

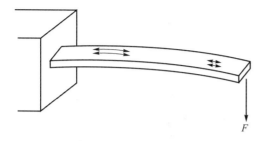

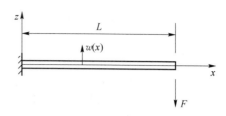

图 5.22　悬臂梁受法线的方向力　　　图 5.23　受法线方向作用力的悬臂梁位移

考虑梁的弯曲振动,在梁的中面只有沿 z 轴的法线方向位移 w,而在平行于中面的其他面内,除有上述位移外还有轴线方向位移 u,且有

$$u = -\frac{\partial w}{\partial x} z \tag{5.58}$$

梁的应变为

$$\varepsilon_x = \frac{\partial u}{\partial x} = -\frac{\partial^2 w}{\partial x^2} z \tag{5.59}$$

应力为

$$\sigma_x = E\varepsilon_x = -E\frac{\partial^2 w}{\partial x^2} z \tag{5.60}$$

取图 5.24 所示的微元体,讨论其力平衡问题,在 x 截面上作用有弯矩 M_x 和剪力 Q,对 $x + \mathrm{d}x$ 截面取矩有

$$(-M_x) + \left(M_x + \frac{\mathrm{d}M_x}{\mathrm{d}x}\mathrm{d}x\right) - Q\mathrm{d}x = 0$$

即

$$Q = \frac{\mathrm{d}M_x}{\mathrm{d}x} \tag{5.61}$$

由于 M_x 是 σ_x 所形成的,依图 5.25 所示,有

$$M_x = \int_{-\frac{h}{2}}^{\frac{h}{2}} b\sigma_x z\,\mathrm{d}z = -EJ\frac{\mathrm{d}^2 w}{\mathrm{d}x^2} \tag{5.62}$$

$$J = \frac{bh^3}{12}$$

式中:J——梁的截面惯性矩(m^4);

　　EJ——梁的抗弯刚度($\mathrm{N} \cdot \mathrm{m}^2$)。

即作用于梁截面上的剪力为

$$Q = -EJ\frac{\mathrm{d}^3 w}{\mathrm{d}x^3} \tag{5.63}$$

在 $x = L$ 处有边界条件

$$\left.\begin{array}{l} Q = -F \\ M_x = 0 \end{array}\right\} \tag{5.64}$$

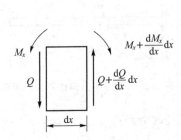

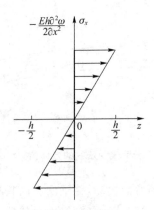

图 5.24　微元体受力情况　　　　　图 5.25　应力分布

利用式(5.63)、式(5.64)可得

$$EJ\,\frac{\mathrm{d}^2 w}{\mathrm{d}x^2}-Fx+FL=0 \tag{5.65}$$

方程(5.65)的几何边界条件为

$$x=0,\ w(x)=w'(x)=0 \tag{5.66}$$

利用边界条件式(5.66),对式(5.65)积分得

$$w(x)=\frac{x^2}{6EJ}(Fx-3FL) \tag{5.67}$$

由式(5.59)、式(5.67),可得梁上表面($z=h/2$)的应变为

$$\varepsilon_x(x)=\frac{-6ma(L-x)}{Ebh^2} \tag{5.68}$$

式中:$-ma$——由加速度引起的惯性力(N)。

2. SAWR 的谐振频率

由式(5.1)可知,未加载时 SAWR 的谐振频率为

$$f_0=\frac{v_0}{\lambda_0} \tag{5.69}$$

$$v_0\approx\left(\frac{E_s}{\rho_s}\right)^{0.5}$$

式中:v_0——表面波的传播速度(m/s);

λ_0——表面波的波长(m);

E_s——表面波材料的弹性模量(Pa);

ρ_s——表面波材料的密度(kg/m³)。

对于均匀分布的叉指换能器,声表面波的波长与叉指换能器两相邻电极中心距之间的关系为

$$\lambda_0=2d_0 \tag{5.70}$$

式中:d_0——叉指换能器两相邻电极中心距(m)。

参照 5.4 节的有关内容,当 SAWR 置于悬臂梁的(x_1,x_2)时,利用式(5.68),可得 SAWR

感受到的平均应变为

$$\bar{\varepsilon}_x(x_1,x_2) = \frac{-6ma[L-0.5(x_1+x_2)]}{Ebh^2} \tag{5.71}$$

利用式(5.22)、式(5.71),可得

$$f(a) = f_0\left\{1 + \frac{8.4ma[L-0.5(x_1+x_2)]}{Ebh^2}\right\} \tag{5.72}$$

式(5.72)就是图 5.21 所示的 SAW 谐振式加速度传感器的特性方程。利用该方程可以对加速度传感器进行灵敏度的检测,来设计悬臂梁的有关结构参数和敏感质量块的结构参数。

5.6.3　动态特性分析

对于加速度传感器,需要考虑动态测量过程。由于悬臂梁的厚度相对于其长度较小,因此其最低阶固有频率较低,这将限制其所测加速度的动态频率范围。

当不考虑悬臂梁自由端处敏感质量块的附加质量,讨论其固有振动时,基于 2.7.2 小节,梁的弹性势能和动能分别为

$$U = \frac{1}{2}\iiint_V \varepsilon_x \sigma_x \mathrm{d}V = \frac{Ebh^3}{24}\int_x \left(\frac{\partial^2 w}{\partial x^2}\right)^2 \mathrm{d}x = \frac{EJ}{2}\int_x \left(\frac{\partial^2 w}{\partial x^2}\right)^2 \mathrm{d}x \tag{5.73}$$

$$T = \frac{\rho_m}{2}\iiint_V \left[\left(\frac{\partial w}{\partial t}\right)^2 + \left(\frac{\partial u}{\partial t}\right)^2\right]\mathrm{d}V =$$

$$\frac{\rho_m bh}{2}\int_x \left\{\left(\frac{\partial w}{\partial t}\right)^2 + \frac{h^2}{12}\left[\frac{\partial}{\partial t}\left(\frac{\partial w}{\partial x}\right)\right]^2\right\}\mathrm{d}x \approx \frac{\rho_m bh}{2}\int_x \left(\frac{\partial w}{\partial t}\right)^2 \mathrm{d}x \tag{5.74}$$

依 $\delta\pi_2 = \delta(U_T - T) = 0$ 可得梁的微分方程为

$$\frac{Eh^2}{12} \cdot \frac{\partial^4 w}{\partial x^4} + \rho_m \frac{\partial^2 w}{\partial t^2} = 0 \tag{5.75}$$

设方程(5.75)的解为

$$w = w(x,t) = w(x)\cos \omega t \tag{5.76}$$

式中:ω——梁的固有角频率(rad/s);

$w(x)$——梁沿轴线方向分布的振型。

将式(5.76)代入式(5.75),可得

$$w(x) = A\sin \lambda x + B\cos \lambda x + C\operatorname{sh} \lambda x + D\operatorname{ch} \lambda x \tag{5.77}$$

$$\lambda = \left(\frac{12\omega^2 \rho_m}{Eh^2}\right)^{0.5} \tag{5.78}$$

悬臂梁的几何边界条件

$$\left.\begin{array}{ll} x=0, & w(x)=w'(x)=0 \\ x=L, & w''(x)=w'''(x)=0 \end{array}\right\} \tag{5.79}$$

利用式(5.77)~式(5.79),可得

$$1 + \cos \beta L \operatorname{ch} \beta L = 0 \tag{5.80}$$

进一步地,可以得到悬臂梁的最低阶固有频率为

$$f_{B1} = \frac{0.162h}{L^2}\left(\frac{E}{\rho_m}\right)^{0.5} \tag{5.81}$$

显然,考虑敏感质量块后悬臂梁的最低阶弯曲振动固有频率远比由式(5.81)描述的弯曲振动固有频率要低得多,因此没有实用价值。

借助于式(5.67),当把悬臂梁看成一个感受弯曲变形的弹性部件时,以其自由端的位移W_{max}作为参考点,其等效刚度为

$$k_{eq} = \left|\frac{F}{W_{max}}\right| = \frac{Ebh^3}{4L_{eq}^3} \tag{5.82}$$

$$L_{eq} = L - 0.5D \tag{5.83}$$

式中:L_{eq}——带有敏感质量块的悬臂梁的有效长度(m);

D——敏感质量块圆形截面的直径(m)。

于是,图5.21所示SAW谐振式加速度传感器的整体敏感结构的最低阶弯曲振动的固有频率为

$$f_{B,m} = \frac{1}{2\pi}\sqrt{\frac{k_{eq}}{m_{eq}+m}} \approx \frac{1}{2\pi}\sqrt{\frac{k_{eq}}{m}} = \frac{1}{4\pi}\sqrt{\frac{Ebh^3}{L_{eq}^3 m}} \tag{5.84}$$

$$m = \frac{\rho_m \pi D^2 b}{4}$$

式中:m——敏感质量块的质量(kg);

m_{eq}——加速度敏感结构最低阶弯曲振动状态下,悬臂梁自身的等效质量(kg),它远远小于敏感质量块的质量,故可以进行上述简化。

利用式(5.84)可以针对SAW谐振式加速度传感器的最低固有频率,来设计悬臂梁的有关结构参数和敏感质量块的结构参数。

5.7 SAW谐振式角速度传感器

当SAW谐振器发生转动时,由于科氏效应的作用,SAW的传播特性将发生变化,从而形成SAW中的陀螺效应。利用这种SAW中的陀螺效应可以构成SAW角速度传感器。SAW角速度传感器除了具有5.1节提到的SAW谐振式传感器的优点外,与现有的角速度传感器相比,它是一个全固态器件,无机械转动部件,因此耐冲击、耐振动、可长期可靠地工作;而且测量范围宽,便于构成捷联式系统。

如图5.26所示,假设SAW在均匀且各向同性的半无限厚介质上,以速度v沿着y轴正方向传播;被测角速度Ω沿着x轴正方向。当考虑声子在传播过程中有y轴与z轴的相对速度$\frac{du_y}{dt}$、$\frac{du_z}{dt}$时,转动角速度Ω将分别产生沿着z轴与y轴的科氏效应,引起的科氏加速度为

$$\left.\begin{array}{l} a_{yc} = -2\Omega\dfrac{du_z}{dt} \\[2mm] a_{zc} = 2\Omega\dfrac{du_y}{dt} \end{array}\right\} \tag{5.85}$$

式中,负号表示沿着坐标轴的反方向。

　　研究表明,科氏效应会引起压电材料等效弹性模量的变化,从而引起声速的变化。于是, 解算沿 x 轴正方向的角速度 Ω 的模型为

$$\Omega = 2\pi f K(\mu) \frac{\Delta v}{v_0} \tag{5.86}$$

式中: f——SAW 的频率(Hz);

　　v_0、Δv——SAW 的速度与速度的变化量(m/s);

　　$K(\mu)$——与材料泊松比有关的无量纲系数。

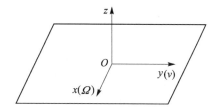

图 5.26　SAW 陀螺效应分析坐标系

　　需要说明的是,上述简单分析以及给出的模型,是针对 SAW 的行波情况。而对两束 SAW 干涉形成的驻波,波动质点振动的轨迹呈一直线,整个驻波中不存在相位的传递过程。 这是因为对于不同方向传播的 SAW,由于科氏效应的方向不同,由科氏效应的作用而引起的 SAW 加速度变化的符号也不一样。当两束 SAW 波干涉形成驻波时,其波动质点的运动的迭 加效果相互抵消,这就导致了介质的弹性常数没有发生变化,所以 SAW 的速度也不会发生改 变。从而得出一个非常重要的结论:对于 SAW 驻波,不存在陀螺效应,即排除了用 SAWR 检 测陀螺效应的可能性,而要采用 SAW 延迟线型谐振敏感元件检测陀螺效应。

5.8　SAW 谐振式流量传感器

5.8.1　结构与原理

　　SAW 谐振式流量传感器主要由 SAW 延迟线谐振敏感元件、加热器、放大器以及供流体 流动的通道等部分组成,如图 5.27 所示。其基本工作原理是:加热器对 SAW 基片加热,在热

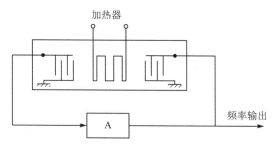

图 5.27　SAW 谐振式流量传感器原理结构

平衡状态时,基片温度 T_{SAW} 保持恒定;当有流体流过时,基片热量散失,引起 SAW 波速变化,从而使谐振器频率改变。这实质上就是 SAW 延迟线谐振敏感元件的工作频率受到流量的调制,频率的变化对应着流量的变化量。

5.8.2 频率特性方程

当气体流动时,热量的损耗是通过热传导、自然对流和热辐射三种方式实现的。它们可以分别描述为

$$q_{cond} = G_{th}(T_{SAW} - T_0) \tag{5.87}$$

$$q_{nc} = h_n A(T_{SAW} - T_0) \tag{5.88}$$

$$q_{rad} = k\varepsilon A(T_{SAW}^4 - T_0^4) \tag{5.89}$$

式中:q_{cond}、q_{nc}、q_{rad}——热传导损耗、自然对流损耗及热辐射损耗(W);

T_0、T_{SAW}——周围环境温度(K)和 SAW 基片温度(K);

G_{th}——基片与环境间热传导系数(W/K);

h_n——自然对流系数(W/(m^2K));

A——基片的表面积(m^2);

k——玻耳兹曼常数,$k = 1.381 \times 10^{-23}$ J/K;

ε——基片的辐射系数($m^{-2} s^{-1} K^{-3}$)。

通常,辐射损耗相对较小,可以忽略,故当热输入功率为 P_{th} 时,在热平衡状态下有

$$P_{th} = q_{cond} + q_{nc} = (G_{th} + h_n A)(T_{SAW} - T_0) \tag{5.90}$$

在 SAW 谐振式流量传感器中,SAW 器件与周围物体是隔热的。若装置用厚度为 d 的绝热体将它与壳体隔离,则

$$G_{th} = \frac{KA}{d} \tag{5.91}$$

式中:K——绝热材料的热传导系数。

进一步地引入

$$G_0 \overset{def}{=\!=\!=} G_{th} + h_n A \overset{def}{=\!=\!=} Ag_0 \tag{5.92}$$

$$g_0 = \frac{K}{d} + h_n$$

式中:G_0——在没有气体流动的情况下,基片和环境间的有效热导(W/K)。

由式(5.90)、式(5.92)可得

$$T_{SAW} - T_0 = \frac{P_{th}}{G_0} = \frac{P_{th}}{Ag_0} \tag{5.93}$$

气体流动引入了附加的热损耗源,即强迫对流。其损耗 q_{fc} 可以描述为

$$q_{fc} = h_f A(T_{SAW} - T_0) \tag{5.94}$$

式中:h_f——强迫对流的对流系数(W/($m^2 \cdot$ K)),它是流速 v_f 的函数,如可描述为 $h_f(v_f)$,考虑到流速是时间的函数,可以表述为 $h_f[v_f(t)]$。

当出现强迫对流冷却时,式(5.93)应修改为

$$T_{\mathrm{SAW}} - T_0 = \frac{P_{\mathrm{th}}}{A\left[g_0 + h_{\mathrm{f}}\left[v_{\mathrm{f}}(t)\right]\right]} \tag{5.95}$$

由式(5.95)可得由于流量(流速)或强迫对流的对流系数变化而引起的 SAW 基片温度变化,即

$$\Delta T_{\mathrm{SAW}}(v_{\mathrm{f}}) = \frac{-P_{\mathrm{th}}\Delta h_{\mathrm{f}}(v_{\mathrm{f}})}{A\left[g_0 + h_{\mathrm{f}}(v_{\mathrm{f}})\right]^2} = \frac{-(T_{\mathrm{SAW}} - T_0)\Delta h_{\mathrm{f}}(v_{\mathrm{f}})}{g_0 + h_{\mathrm{f}}(v_{\mathrm{f}})} \tag{5.96}$$

SAW 延迟线谐振敏感元件的谐振频率变化 Δf 与流速引起的温度变化 $\Delta T_{\mathrm{SAW}}(v_{\mathrm{f}})$ 的关系式为

$$\frac{\Delta f}{f_0} = \alpha \Delta T_{\mathrm{SAW}}(v_{\mathrm{f}}) \tag{5.97}$$

式中:f_0——流速为零时的 SAW 延迟线谐振敏感元件的谐振频率值(Hz);

α——SAW 器件频率温度系数(1/K 或 1/℃)。

$$\alpha = \frac{\Delta f}{\Delta T_{\mathrm{SAW}} f_0} = \frac{1}{\Delta T_{\mathrm{SAW}}}\left(\frac{\Delta v}{v} - \frac{\Delta l}{l}\right) \tag{5.98}$$

式中:$\dfrac{\Delta v}{v}$、$\dfrac{\Delta l}{l}$——基片温度变化而引起 SAW 延迟线谐振敏感元件速度相对变化和路径的相对变化。

由式(5.97)、式(5.98),可得到

$$\Delta f = \alpha f_0 \Delta T_{\mathrm{SAW}}(v_{\mathrm{f}}) = \frac{-\alpha f_0 (T_{\mathrm{SAW}} - T_0)\Delta h_{\mathrm{f}}(v_{\mathrm{f}})}{g_0 + h_{\mathrm{f}}(v_{\mathrm{f}})} \tag{5.99}$$

体积流量 Q_V 与平均流速 v_{f} 的函数关系为

$$Q_V = A_{\mathrm{C}} v_{\mathrm{f}} \tag{5.100}$$

式中:A_{C}——基片上方通过流动气体的横截面积(m^2)。

基于式(5.99)与式(5.100),就可以利用 SAW 延迟线谐振敏感元件的谐振频率偏移 Δf,解算出流体的体积流量 Q_V。

由式(5.100)可知:若想获得高灵敏度的传感器,就要求基片具有大的频率温度系数 α,并应使基片与环境之间有良好的热隔离(即 g_0 很小)。传感器在较高的基片静态温度 T_0 下工作可获得较高的灵敏度。为降低加热功率,在给定的基片温度下,SAW 装置的表面积要小。

5.9　SAW 谐振式湿度传感器

SAW 谐振式湿度传感器,一般采用 SAW 延迟线组成谐振敏感元件。在延迟线两叉指电极之间涂有感湿材料薄膜层。当满足一定的幅值、相位条件时,由 SAW 延迟线组成的谐振敏感元件的振荡系统就会以一个特定的中心频率 f_0 谐振,则有

$$f_0 = (N - \varphi_{\mathrm{E}}) \cdot \frac{v_0}{L} \tag{5.101}$$

式中:N——叉指电极的叉指对数;

φ_{E}——振荡回路中电路的附加相位(rad);

v_0——在无感湿材料时,SAW 的传播速度(m/s);

L——两叉指中心之间的距离(m)。

在 SAW 延迟线谐振敏感元件传播路径上涂覆感湿材料,使 SAW 延迟线谐振敏感元件产生频率漂移;产生频率偏移的程度取决于湿度的大小,两者之间存在着确定关系。通过对频率偏移的测量就可以检测出湿度的大小。对于通常的感湿材料,频率偏移可以近似描述为

$$\Delta f = A_H f_0^2 \rho_H h \tag{5.102}$$

式中:A_H——感湿材料的特性参数($m^2 \cdot s/kg$);

ρ_H——感湿薄层材料的密度(kg/m^3);

h——感湿薄层材料的厚度(m)。

式(5.102)近似描述了 SAW 谐振式湿度传感器的延迟线谐振敏感元件的频率偏移与所感受湿度的函数关系。研究表明:当相对湿度在 0%~60%,线性关系较好;当相对湿度大于 60%时,曲线变陡。这说明在整个湿度范围内,频率偏移与相对湿度呈非线性关系。

由式(5.102)可知:SAW 谐振式湿度传感器的灵敏度与感湿材料薄膜层的厚度 h 成正比。若从提高灵敏度角度出发,则感湿膜层越厚越好。但在实际的应用过程中,为使传感器具有较宽的测量范围,压电基片表面的负载不能过重,否则有可能导致延迟线谐振敏感元件的停振。同时,薄膜层的厚度过大,上述理论结果也失去实际指导意义。所以,感湿材料薄膜层的厚度应适中,一般要求不超过 SAW 波长的 1%。

式(5.102)还表明:SAW 谐振式湿度传感器的灵敏度与 SAW 延迟线谐振敏感元件的基频 f_0 平方成正比,因此,提高谐振器的基频可提高灵敏度。但对于 SAW 延迟线谐振敏感元件,系统的噪声及 SAW 延迟线谐振敏感元件的衰减都随基频的增加而显著加大,这些不利因素反过来又影响检测的准确度。另外,由式(5.101)可知:要使 f_0 增加,必须增加叉指电极的指对数,在不改变电极的其他参数情况下,则需要增加器件的体积;若改变电极其他参数(如减小指宽及指间距),又会增加器件制作的难度,成本提高。通常采用半导体光刻技术,可使指条宽度控制在 1 μm 左右,再细则需要采用电子束加工技术。因此,必须综合考虑才能得到好的效果。

5.10 SAW 谐振式气体传感器

近年来,人们对污染环境的各种气体越来越重视。从家庭使用的煤气、液化石油气到工厂排出的硫化合物,甚至战场环境的剧毒化学气体等,都对环境造成极大的污染,因此,必须应用相应的气体传感器对特定的气体进行检测。目前,各国科学工作者都在研制灵敏度高、选择性好且小型廉价的多种气体传感器。其中 SAW 谐振式气体传感器的发展尤为突出。

检测周围空气中特定气体微小浓度的最流行的方法是采用半导体气敏传感器。半导体与金属不同,它是可以控制载流子数量的材料。当载流子数量很少时,半导体会呈现出明显的表面效应。半导体气敏传感器的基本工作原理就是利用其在表面上的吸附反应改变载流子的数量,即利用电阻变化作为检测气体浓度的一种手段。现在比较成熟的半导体气敏传感器有烧结型、接触燃烧型和传导型。但它们有一个共同的缺点,就是必须要工作在加热状态,一般加热温度为 300~500℃。这就导致半导体材料内部晶粒不断生长,使传感器性能恶化,灵敏度下降,稳定度变差,寿命缩短,响应速度变慢。同时,半导体气敏传感器通常采用电阻式或电容式,输出为模拟信号,必须经 A/D 转换才能与微处理器接口,这样,又使精度下降。

SAW 谐振式气体传感器的研究工作开展迅速,可检测的气体种类越来越多。目前可检

测的气体主要有 SO_2、水蒸气、丙酮、H_2、H_2S、CO、CO_2 和 NO_2 等。

5.10.1　传感器的工作原理

早期的 SAW 谐振式气体传感器是以单通道 SAW 延迟线谐振敏感元件为基础的。在延迟线的 SAW 传播路径上覆盖一层选择性吸附膜,该薄膜只对其敏感的气体具有吸附作用。吸附了气体的薄膜使 SAW 谐振敏感元件的谐振频率发生变化,故通过精确测量谐振敏感元件的频率变化量就可得到所需测量的气体浓度。目前,SAW 谐振式气体传感器大部分采用双通道延迟线谐振敏感元件结构,以实现对环境温度变化等共模干扰影响的补偿。图 5.28 所示为双通道 SAW 谐振式气体传感器的结构示意图。

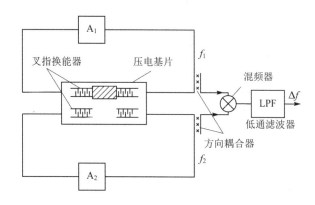

图 5.28　双通道 SAW 谐振式气体传感器结原理

在双通道 SAW 延迟线谐振敏感元件结构中,一个通道的 SAW 传播路径被气敏薄膜所覆盖而用于感知被测气体成分,另一个通道未覆盖薄膜而用于参考。两个振荡器的频率经混频器后,取差频输出,以实现对共模干扰(主要是环境温度变化)的补偿。

在 SAW 谐振式气体传感器中,除 SAW 延迟线谐振敏感元件之外,最关键的部件就是有选择性的气敏薄膜。SAW 谐振式气体传感器的敏感机理随气敏薄膜的种类不同而不同。当薄膜用各向同性绝缘材料时,它对气体的吸附作用转变为覆盖层密度的变化,SAW 延迟线谐振敏感元件传播路径上的质量负载效应使 SAW 波速发生变化,进而引起 SAW 延迟线谐振敏感元件的谐振频率的偏移。对这种情况,SAW 谐振式气体传感器提供的信号可以近似描述为

$$\Delta f = f_0^2 h \rho_f (k_1 + k_2 + k_3) \tag{5.103}$$

式中:Δf——覆盖层由于吸附气体而引起的 SAW 延迟线谐振敏感元件的频率偏移(Hz);

k_1、k_2、k_3——压电基片材料常数($m^2 \cdot s \cdot kg^{-1}$);

f_0——SAW 延迟线谐振敏感元件的初始谐振频率,即被测气体浓度为零时的工作频率(Hz);

h——薄膜厚度(m);

ρ_f——薄膜材料的密度(kg/m^3)。

表 5.1 所列为一些常用压电基片材料的声速 v_R 和材料常数 k_1、k_2、k_3。

表 5.1　一些常用压电基片的材料常数

基　片	切　型	传播方向	$v_R/(m \cdot s^{-1})$	$k_1/(10^{-9} m^2 \cdot s \cdot kg^{-1})$	$k_2/(10^{-9} m^2 \cdot s \cdot kg^{-1})$	$k_3/(10^{-9} m^2 \cdot s \cdot kg^{-1})$
石英	Y	x	3 159.3	-41.65	-10.23	-93.34
$LiNbO_3$	Y	z	3 487.7	-17.30	0	-37.75
$LiTaO_3$	Y	z	3 229.9	-21.22	0	-42.87
ZnO	Z	$x+45°$	2 639.4	-20.65	-55.40	-54.69
Si	Z	x	4 921.2	-63.32	0	-95.35

当薄膜采用导电材料或金属氧化物半导体材料时,由于薄膜的电导率随所吸附气体的浓度而变化,引起 SAW 波速变化和衰减,因此谐振频率发生变化。在这种情况下,SAW 谐振式气体传感器的输出响应可描述为

$$\Delta f = -f_0 \cdot \frac{k^2}{2} \cdot \frac{\sigma_0^2 h^2}{\sigma_0^2 h^2 + v_R^2 c_f^2} \tag{5.104}$$

式中:k——机电耦合系数;

　　　c_f——薄膜材料常数(A/V);

　　　σ_0——薄膜电导率(A $\cdot$ V^{-1} $\cdot$ s^{-1});

　　　v_R——SAW 的声速(m/s)。

由式(5.104)可知:当采用导电膜或金属氧化物半导体膜时,膜层电导率的变化是 SAW 谐振式气体传感器响应被测量的主要机理。

5.10.2　薄膜与传感器特性之间的关系

覆盖的薄膜是 SAW 谐振式气体传感器直接的敏感部分,其特性与传感器的性能指标有着紧密的关系。下面进行简要分析。

1. 薄膜与传感器的选择性

薄膜与传感器的选择性是 SAW 谐振式气体传感器的一项重要性能指标。薄膜对气体的选择性决定了 SAW 谐振式气体传感器的选择性。不同种类的化学气体需要使用不同材料的薄膜。目前用于 SAW 谐振式气体传感器的敏感膜主要有三乙醇胺薄膜(敏感 SO_2)、Pd 膜(敏感 H_2)、WO_3 膜(敏感 H_2S)、酞菁膜(敏感 NO_2)等。可以说,只要研制出实用的可选择吸附某种特定气体的敏感膜,就能实现检测这种气体的 SAW 谐振式传感器。因此,对于 SAW 谐振式气体传感器而言,研制选择性好的吸附膜是一项非常关键的任务。

2. 薄膜与传感器的可靠性

作为传感器,其输出响应必须是可重复和可靠的。SAW 谐振式气体传感器输出的可靠性在很大程度上取决于敏感膜的稳定性,而敏感膜特性的可逆性和高稳定性是对敏感膜的基本要求。

可逆性是指敏感膜对气体既有吸附作用,又有解吸作用。当待测气体浓度升高时,薄膜所

吸附的气体量随之增加;而当待测气体浓度降低时,薄膜还能解吸待测气体。吸附过程与解吸过程应是严格互逆的,而且是相当快速的。这是气体传感器正常可靠工作的前提。

薄膜的稳定性取决于它的机械性质。薄膜中的内应力以及该薄膜与基片之间的附着力不适当,都会使薄膜产生蠕变、裂缝或脱落。而薄膜的机械性质在很大程度上取决于它的结构,即与薄膜的淀积方法有关。一般用溅射法制备的薄膜,其内应力较小;同时,由于在其制备过程中,注入的粒子具有较高的能量,在基片上产生缺陷而增大结合能,所以溅射薄膜的附着力优于用其他方法制备的薄膜。

3. 薄膜与传感器的响应时间

SAW 谐振式气体传感器与其他传感器一样,希望其响应时间越短越好。SAW 谐振式气体传感器的响应时间与敏感层的厚度及延迟线谐振敏感元件的工作频率密切相关。工作频率较高时,由于气体扩散和平衡的速度更快,响应速度相应提高。但较高的工作频率也产生了较大的基底噪声,妨碍了对气体最低浓度的检测。当敏感层的厚度减小时,由于气体扩散的时间与膜层厚度的平方成正比,这就大大缩短了传感器的响应时间。一般而言,随着 SAW 延迟线谐振敏感元件工作频率的提高和更薄膜层的使用,SAW 谐振式气体传感器的响应时间可大大降低。

4. 薄膜与传感器的分辨率

SAW 谐振式气体传感器的分辨率主要由敏感薄膜的稳定性决定。研究结果表明:其分辨率与所使用膜层的稳定度处于同一数量级。目前,已经能研制出很高分辨率的气体传感器。例如声表面波 H_2S 传感器,产生可重复响应的 H_2S 气体的最低浓度低于 10^{-8}。

当薄膜涂覆在 SAW 延迟路径上时,不但被覆盖的延迟线谐振敏感元件的谐振频率发生偏移,而且 SAW 信号也产生衰减。当待测气体浓度足够高时,膜层吸附了足够的被测气体,以至于当 SAW 沿着被膜层覆盖的延迟线谐振敏感元件传播时,信号很快衰减而使振荡器无法工作。这样就产生了传感器的检测上限问题。提高检测上限的一个有效方法是:减小由气敏膜所覆盖的延迟路径长度,以减小 SAW 信号衰减;但这样做可能会使传感器的灵敏度降低。所以在设计各项性能指标时要综合考虑。

最后还应指出,薄膜的制备是研制 SAW 谐振式气体传感器中的一个关键环节,有关内容可以参考其他资料,本书不作介绍。

思考题

5.1　总结声表面波的特点以及声表面波谐振式传感器的主要应用特点。

5.2　简述声表面波叉指换能器工作机理,主要功能参数。

5.3　说明声表面波叉指换能器的基本分析模型,各有什么应用特点?

5.4　如何实现声表面波谐振器,并对两类典型的声表面波谐振器进行比较。

5.5　对于延迟线谐振敏感元件,基于其工作机理,简要分析其发射叉指换能器与接受叉指换能器的结构参数设计问题。

5.6　简述 SAW 谐振式应变传感器的工作机理和应用特点。

5.7　简述 SAW 谐振式传感器工作于差动模式的必要性。

5.8　说明图 5.21 所示的 SAW 谐振式加速度传感器的工作原理。

5.9　说明图 5.21 所示的 SAW 谐振式加速度传感器在稳态和动态测量时的应用特点与相应的测量模型。

5.10　简要说明 SAW 谐振式角速度传感器的工作原理与应用特点。

5.11　针对图 5.27 所示的 SAW 流量传感器,说明其在稳态测量和瞬态测量时的应用特点,并给出相应的测量模型。

5.12　说明图 5.27 所示的 SAW 流量传感器受环境温度影响的情况,给出减小该影响的可能措施。

5.13　说明图 5.28 所示的 SAW 谐振式气体传感器的工作原理与应用特点。

5.14　说明图 5.28 所示的 SAW 谐振式气体传感器中应用的薄膜与传感器性能的关系。

5.15　给出一种 SAW 谐振式温度传感器的原理结构示意图,说明其工作原理与应用特点。

主要参考文献

［1］ Alper S E，Azgin K，Akin T. High-performance SOI-MEMS gyroscope with decoupled oscillation modes［C］. Proceedings of the 19th IEEE International Conference on Micro Electro Mechanical Systems，2006：70-73.

［2］ Beckwith T. G. ，Marangoni R. D. Mechanical Measurements (Fourth Edition)［M］. Addison-Wesley Publishing Company，1990.

［3］ Bongsang Kim，Chandra Mohan Jha，Taylor White，et al. Temperature Dependence Of Quality Factor in Mems Resonators［C］. MEMS 2006，2006，1，Istanbul，Turkey.

［4］ Budynas R. G. Advanced Strength and Applied Stress Analysis (Second Edition)［M］. McGraw-Hill Book Company，北京：清华大学出版社，2001.

［5］ Cai Chengguang，Fan Shangchun. Frequency Characteristics Testing of Micromachined Resonant Pressure Sensor［C］. Proceedings of the 3rd international symposium on instrumentation science and technology，Xi'an，2004，3：0512-0516.

［6］ Chi-Yuan Lee，Shuo-Jen Lee and Guan-Wei Wu. Fabrication of micro temperature sensor on the lexible substrate［J］. IEEE Review of Advancements in Micro and Nano Technologies，2007：1050-1053.

［7］ Damir Ilic，Josip Butorac. Use of Precise Digital Voltmeters for Phase Measurements ［J］. IEEE Transactions on Instrumentation and Measurements. 2001，50(2)：449-452.

［8］ Doebelin E. O. Measurement Systems Application and Design (Third Edition)［M］. McGraw-Hill Book Company，1983.

［9］ Fan Shangchun，Lee Man Hyung. The Frequency Characteristics Of The Beam Resonator Of The Thermal Excited Silicon Resonant Pressure Sensor［C］. The Proceedings of 2003 IEEE/ASME International Conference on Advanced Intelligent Mechatronics，Kobe，2003，460-464.

［10］ Fan ShangChun，Li Yan，Guo ZhanShe，et al. Dynamic characteristics of resonant gyroscopes study based on the Mathieu equation approximate solution［J］. Chinese Physicas. B，2012，21(5).

［11］ Grandke T，KO W. H. Sensors［M］，Smart sensors，1989，1(12).

［12］ Guenter Martin，Reinhard Kunze，Bert Wall. Temperature-Stable Double SAW Resonators［J］. IEEE Transactions on Ultrasonics，Ferroelectrics，and Frequency Control，2008，55(1)：199-207.

［13］ Istvan Kollar，Jerome J. Blair. Improved Determination of the Best fitting Sine Wave in ADC Testing［J］. IEEE Transactions on Instrumentation and Measurement，2005，54 (5)：1978-1983.

[14] Luo R C. Sensor Technologies and microsensor issues for mechatronics systems (Invited Paper)[J] IEEE/ASME Trans. on Mechatronics, 1996,1(1):39-49.

[15] Manus Henry. Self-validating digital Coriolis mass flow meter[J]. Computing & control engineering journal, 2000:219-227.

[16] Nathan Siwak, Xiao Zhu Fan, Dan Hines, et al. Indium Phosphide MEMS Cantilever Resonator Sensors Utilizing a Pentacene Absorption Layer[J]. Journal of Microelectromechanical Systems, 2009, 18(1): 103-110.

[17] N. W. McLACHLAN. Theory and Application of Mathieu Functions[M]. Dover Publicatons, Inc. , 1945.

[18] Prasad N. Enjeti,Ashek Rahman,et al. Economic Single-Phase to Three-Phase Converter Topologies for Fixed and Variable Frequency Output[J]. Transactions on power electronics,1993,1.8(3).

[19] Qingfeng Li, Shangchun Fan, Zhangyang Tang. Non-linear dynamics of an electrothermally excited resonant pressure sensor[J]. Sensors and actuators A,2012,88:19-28.

[20] Qingfeng Li, Shangchun Fan, Zhangyang Tang, et al. Nonlinear vibration in resonant silicon bridge pressure sensor: theory and experiment[C]. 16th International Solid-State Sensors, Actuators and Microsystems Conference (TRANSDUCERS'2011): 1685-1688.

[21] Levy R, Janiaud D, Traon O L, et al. A new analog oscillator electronics applied to a piezoelectric vibrating gyro[C]. presented at 2004. IEEE International Proceedings of Frequency Control Symposium and Exposition, 2004:326 - 329.

[22] Said Emre Alper, Tayfun Akin. A Single-Crystal Silicon Symmetrical and Decoupled MEMS Gyroscope on an Insulating Substrate[J]. Journal Of Microelectromechanical Systems, 2005, 14(4).

[23] Samer Guirguis , Fan ShangChun. Modeling of Coriolis mass flow meter of a general plane-shape pipe[J]. Flow Measurement and Instrumentation, 2010, 21:40-47.

[24] Shangchun Fan, Guangyu Liu. Finite-element modelling and simulation on frequency characteristics of the silicon beam resonator attached to an E-type round diaphragm for measuring the concentrated force[J], Sensors and ActuatorsA ,1997,63:169-176.

[25] Rajendran S, Liew K M. Design and Simulation of an Angular-Rate Vibrating Microgyroscope[J], Sensors and Actuators A, 2004, 116: 241-256.

[26] Yan Li,Shangchun Fan, Zhanshe Guo. Frequency measurement study of resonant vibratory gyroscopes[J]. Journal of Sound and Vibration, 2012, 331:4417-4424.

[27] Zhuang Haihan, Fan Shangchun. Dynamic characteristics analysis of vibrating cylinder pressure transducers (VCPT)[J]. Sensors and Actuators A, 2010,157:219-227.

[28] Zhangyang Tang, Shangchun Fan, Weiwei Xing. An electrothermally excited dual beams silicon resonant pressure sensor with temperature compensation[J]. Microsyst

Technol，2011，17：1481-1490.

［29］Zhanshe Guo，Zhou Feng，Le Cao，et al. Theoretical and experimental study of capacitance considering fabrication process and edge effect for MEMS comb actuator［J］. Microsystem Technology，2011，11：71-76.

［30］Zheng Dezhi，Wang Shuai，Fan Shangchun. Nonlinear vibration characteristics of coriolis mass flowmeter［J］，Chinese Journal of Aeronautics，2009，22（2）：198-205.

［31］Zheng Dezhi，Fan Shangchun. A novel digital Coriolis mass flowmeter［A］. The 12th international conference on flow measurement［C］，2004.455-460.

［32］［美］S 铁木辛柯，S 沃诺斯基. 板壳理论［M］. 板壳理论翻译组，译. 北京：科学出版社，1997.

［33］［苏］B B 马洛夫. 压电谐振传感器［M］. 翁善臣，译. 北京：国防工业出版社，1984.

［34］王艳东，程鹏. 自动控制原理：第 3 版［M］. 北京：高等教育出版社，2020.

［35］蔡武昌，孙怀清，纪纲. 流量测量方法和仪表的选用［M］. 北京：化学工业出版社，2001.

［36］蔡晨光. 硅微机械谐振式压力传感器闭环的研究与实现［D］. 北京航空航天大学博士论文，2007.

［37］樊大钧，刘广玉. 新型弹性敏感元件设计［M］. 北京：国防工业出版社，1995.

［38］樊尚春，刘广玉. 热激励谐振式硅微结构压力传感器［J］. 航空学报，2000（9）：474-476.

［39］樊尚春. 科里奥利直接质量流量计. 中国学术期刊文摘［J］，1999（12）：1551-1554.

［40］樊尚春，刘广建，宋治生. 谐振式科里奥利质量流量计［J］. 北京航空航天大学学报，2000（12）：653-655.

［41］樊尚春. 传感器技术及应用：第 4 版［M］. 北京：北京航空航天大学出版社，2022.

［42］樊尚春，周浩敏. 信号与测试技术：第 2 版［M］. 北京：北京航空航天大学出版社，2010.

［43］樊尚春，刘广玉. 新型传感器技术及应用：第 3 版［M］. 北京：高等教育出版社，2022.

［44］黄俊钦. 测试系统动力学及应用［M］. 北京：国防工业出版社，2013.

［45］黄俊钦，樊尚春，刘广玉. 微机械传感器最新发展［J］. 航空计测技术，2003（1）：1-8.

［46］刘广玉，樊尚春，周浩敏. 微机械电子系统及其应用［M］. 北京航空航天大学出版社，2003.

［47］刘广玉. 几种新型传感器——设计与应用［M］. 北京：国防工业出版社，1988.

［48］秦自楷. 压电石英传感器［M］. 北京：电子工业出版社，1980.

［49］邢维巍. 硅微机械谐振式传感器参数辨识层的理论与实现［D］. 北京航空航天大学博士论文，2007.

［50］郑德智. 科氏质量流量计非线性影响因素的研究［D］. 北京航空航天大学博士论文，2006.

［51］Roger C. Baker，Coriolis flowmeters：industrial practice and published information，Flow Measurement and Instrumentation［J］. 1994，5（4）：229-246.

［52］Bunch J S，Zande A M V D，Verbridge S S，et al. Electromechanical resonators from graphene sheets［J］. Science，2007，315（5811）：490-493.

［53］ Kwon O K，Kim K S，Park J，et al. Molecular dynamics modeling and simulations of graphene-nanoribbon-resonator-based nanobalance as yoctogram resolution detector［J］. Computational Materials Science，2013，67:329-333.

［54］ Kang J W，Lee J H，Hwang H J，et al. Developing accelerometer based on graphene nanoribbon resonators［J］. Physics Letters A，2012，376(45):3248-3255.

［55］ Jie W，Hu F，Wang X，et al. Acceleration sensing based on graphene resonator［C］. International conference on photonics and optical engineering. 2017:102562E.

［56］ 樊尚春,朱黎明,邢维巍. 石墨烯纳机电谐振式传感器研究进展［J］,计测技术,2019,39-04,1-11.

［57］ 樊尚春,石福涛,邢维巍. 一种差动式石墨烯谐振梁加速度传感器［P］. 北京：CN107015025A,2017-08-04.